El Hábitat Mesolítico en el Cantábrico Occidental

Transformaciones Ambientales y Medio Físico durante el Holoceno Antiguo

Miguel Ángel Fano Martínez

BAR International Series 732
1998

Published in 2019 by
BAR Publishing, Oxford

BAR International Series 732

El Hábitat Mesolítico en el Cantábrico Occidental

© Miguel Ángel Fano Martínez and the Publisher 1998

The author's moral rights under the 1988 UK Copyright,
Designs and Patents Act are hereby expressly asserted.

All rights reserved. No part of this work may be copied, reproduced, stored,
sold, distributed, scanned, saved in any form of digital format or transmitted
in any form digitally, without the written permission of the Publisher.

ISBN 9780860549673 paperback
ISBN 9781407350530 e-book

DOI https://doi.org/10.30861/9780860549673

A catalogue record for this book is available from the British Library

This book is available at www.barpublishing.com

BAR Publishing is the trading name of British Archaeological Reports (Oxford) Ltd.
British Archaeological Reports was first incorporated in 1974 to publish the BAR
Series, International and British. In 1992 Hadrian Books Ltd became part of the BAR
group. This volume was originally published by John and Erica Hedges in conjunction
with British Archaeological Reports (Oxford) Ltd / Hadrian Books Ltd, the Series
principal publisher, in 1998. This present volume is published by BAR Publishing,
2019.

BAR titles are available from:

BAR Publishing
122 Banbury Rd, Oxford, OX2 7BP, UK
EMAIL info@barpublishing.com
PHONE +44 (0)1865 310431
FAX +44 (0)1865 316916
www.barpublishing.com

a mis padres

ÍNDICE

PRÓLOGO, por Mª Soledad Corchón Rodríguez V

PREFACIO VII

INTRODUCCIÓN IX

I. MEDIO FÍSICO 1

    1. Paleoambiente: antecedentes y evolución del medio durante el Holoceno antiguo 1

        1.1. Información procedente de los yacimientos antrópicos del
            extremo occidental de la región cantábrica (Asturias) 1

            a) Sedimentología 1

            b) Análisis polínicos y antracológicos 3

            c) Fauna 3

        1.2. Información procedente de contextos no antrópicos, con referencia a
            aquellos ubicados en la región cantábrica y en áreas colindantes 4

        1.3. Síntesis 6

2. La transgresión flandriense y su impacto en el registro arqueológico 8

    2.1. La transgresión en el Cantábrico y sus efectos 8

    2.2. Conclusiones 10

3. Geología y Relieve 11

    3.1. Contexto general e introducción a la Geología de Asturias 11

    3.2. Apuntes sobre el relieve asturiano 11

    3.3. El substrato geológico como condicionante del poblamiento y
de nuestra percepción del registro 12

        a) La franja costera oriental 13

        b) La franja costera central 13

        c) La franja costera occidental 14

II. ANTECEDENTES DE NUESTRA INVESTIGACIÓN Y ENTRONQUE HISTÓRICO 15

1. Una visión retrospectiva de la investigación sobre el Mesolítico
en Asturias (1914-1998) 15

    1.1. Introducción 15

    1.2. El comienzo de la investigación: primeras décadas del s. XX 16

    1.3. Un paréntesis en la historia de la investigación 17

    1.4. Los trabajos de Fco. Jordá 17

    1.5. Los años 70: Los primeros hallazgos en la costa occidental y central.
El C14 y la vuelta a las ideas de Vega del Sella 17

    1.6. Los últimos años: solidez cronoestratigráfica y avance cuantitativo y
cualitativo en el conocimiento del registro arqueológico 18

    1.7 Conclusiones 19

2. Entronque histórico 21

    2.1. La relación Epipaleolítico/Mesolítico 21

        a) Introducción 21

        b) El registro aziliense en Asturias 21

        c) Discusión 23

  2.2. Evolución histórica posterior 27

    a) Planteamiento del problema 27

    b) La relación conchero-cerámica en Asturias 29

    c) Discusión 30

III. LA INFORMACIÓN ARQUEOLÓGICA DISPONIBLE 35

 1. Introducción 35

 2. Yacimientos y hallazgos aislados en la costa central y occidental de Asturias 38

 3. Yacimientos de la costa oriental I. Concejo de Ribadesella 44

 4. Yacimientos de la costa oriental II. Concejo de Llanes 49

 5. Yacimientos de la costa oriental III. Concejo de Ribadedeva 65

 6. Yacimientos de la depresión prelitoral. Concejo de Cabrales (Arangas) 70

IV. HABITAT Y CONCHEROS: INTERROGANDO AL REGISTRO 72

 1. Introducción 72

 2. El hábitat en la costa oriental de Asturias durante el Holoceno antiguo 75

  2.1. Enfoque del problema 75

  2.2. Los planteamientos previos 76

  2.3. Un estudio sobre las condiciones ambientales de los asentamientos mesolíticos ubicados en los concejos de Llanes y Ribadedeva (Asturias) 77

    a) La modelización de la insolación potencial: objetivos y metodología 77

    b) Resultados: valoración y perspectivas de trabajo 80

  2.4. Estudio de otras variables relacionadas con el hábitat 88

  2.5. Análisis de los datos 90

    a) Metodología 90

    b) Resultados 91

  2.6. Otras observaciones de interés 93

  2.7. Valoración de las evidencias disponibles 94

       3. Los concheros: algunas notas interpretativas 97

            3.1. El transporte 97

            3.2. El tratamiento de los recursos transportados 98

            3.3. La distribución de los asentamientos por el territorio 99

CONCLUSIONES FINALES 102

SUMMARY 106

APÉNDICE I. Información adicional sobre la modelización de la insolación potencial 108

APÉNDICE II. Análisis estadísticos 114

BIBLIOGRAFÍA 125

CARTOGRAFÍA BÁSICA 140

ÍNDICE ALFABÉTICO DE YACIMIENTOS 142

PRÓLOGO

El hábitat mesolítico en el Cantábrico occidental. Transformaciones ambientales y medio físico durante el Holoceno antiguo es el fruto de más de cuatro años de trabajo del autor, desarrollado como Becario de Investigación del Gobierno Vasco. Esta obra, madura y plena de sugerencias, constituye la Tesis Doctoral de Miguel A. Fano, defendida en la Universidad de Salamanca en 1997 y que obtuvo la máxima calificación.

La investigación realizada por Miguel A. Fano nos ofrece una visión de los inicios del Holoceno (circa 9000 a 6000 BP) en el sector occidental de la Cornisa Cantábrica desde una perspectiva nueva: el *hábitat*. El análisis realizado por el autor va más allá de la consideración de la cultura material, los aspectos medioambientales y las implicaciones que tuvo para el hombre del Asturiense el cambio climático que sobreviene con el final de los tiempos glaciares. El ascenso del nivel del mar implica, nos indica Miguel A. Fano, la modificación de los territorios de explotación económica y, lo que es más importante, también debió destruir una parte significativa del registro arqueológico. Esta última circunstancia mueve al autor a complementar la perspectiva anterior, tradicional y obligada introducción en estos estudios, con una novedosa aproximación al análisis de los espacios habitacionales. Así, nos presenta para este período crítico de la Prehistoria una sólida investigación de la insolación potencial de las cavernas con indicios de ocupaciones durante el Mesolítico.

Efectivamente, esta obra pretende arrojar nueva luz sobre un tema clásico de la Prehistoria Cantábrica: el Asturiense. Estos estudios, que iniciara el Conde de la Vega del Sella (1923) en la marina oriental de Asturias, cuentan con una amplia tradición historiográfica que jalonan, brillantemente, los estudios de F. Jordá (1959), G. A. Clark (1976) y M. R. González Morales (1982). Las investigaciones de la década siguiente (Clark 1989; Arias 1991; González Morales 1995 y 1996; Fano 1996, entre otros) abordaron cuestiones fundamentales como la cronología, las características del registro arqueológico, la discusión sobre los aspectos funcionales, la estacionalidad de las ocupaciones, y el debate, aún candente, acerca de las relaciones entre las ocupaciones azilienses y asturienses. Ahora, en sintonía con los brillantes resultados que están obteniendo las actuales investigaciones sobre el Mesolítico en la Costa Cantábrica, el autor profundiza en la línea apuntada en trabajos anteriores (Fano 1995 y 1996), que aportaron una base de datos actualizada sobre el Mesolítico y nuevas precisiones sobre el extenso lapso temporal (X° al VI° mil. cal. BC) que abarcan los concheros estudiados.

En este libro se estudian 81 yacimientos asturienses, todos ubicados en la marina oriental de Asturias. El emplazamiento de los yacimientos cerca de la costa actual, aunque la mayoría no directamente en las inmediaciones de la misma, y también la variada fauna consumida pone de manifiesto, según el autor, la diversidad de los recursos explotados. Se consumen los moluscos de la zona intermareal, concentrados en extensos concheros con la asociación característica de *Patella*, *Monodonta* y *Paracentrotus*. Pero también se analiza en esta monografía la significación de la abundante fauna de ungulados, propia de los bosques y de los abruptos roquedos del entorno, presentes en los yacimientos. Sin embargo, el acercamiento progresivo de la línea de costa a su nivel actual habría sumergido, sin duda, numerosos yacimientos mesolíticos, privándonos de una información crucial sobre las diferentes actividades económicas de los grupos humanos, y su incidencia en la elección del tipo de asentamiento.

Esta circunstancia mueve a Miguel A. Fano a centrar su atención en un factor que, presumiblemente, no ha variado significativamente desde la primera mitad del Holoceno: la insolación potencial de los *hábitats* catalogados por el autor, con evidencias del Asturiense. Para ello desarrolla una novedosa metodología de investigación, diseñando un modelo de los factores físicos -topografía del entorno-, y geométricos -la órbita solar-, que determinan aquella variable, mediante un S.I.G. (Sistema de Información Geográfica).

La hipótesis de partida del autor, ampliada en un trabajo de investigación posterior (Fano 1998) contempla la posibilidad de que el factor de insolación fuese determinante en la elección del lugar de asentamiento, e incluso de la estación del año en que se ocupa (habida cuenta de las notables variaciones en la trayectoria solar, y consiguientemente de la insolación de un lugar, en función de la época del año, la topografía, etc.). La amplia muestra de yacimientos analizados constituye el fruto de un exhaustivo trabajo de prospección sistemática del territorio. Y también es el resultado de una meticulosa búsqueda de nuevos datos, que rellenaran las lagunas de información detectadas por el autor en algunos sectores del territorio, mediante la revisión de las Cartas Arqueológicas de los Concejos asturianos, aún inéditas y en algunos casos en curso de elaboración.

Así, el libro que el lector tiene en sus manos constituye una sólida contribución al estudio del Mesolítico, con una cuidada selección bibliográfica y una puesta al día de la información arqueológica existente para este período en el Cantábrico occidental. Y, en particular, aporta a los especialistas en el tema una metodología inédita y una nueva perspectiva para el estudio de las viejas cuestiones que atañen a la naturaleza y características de las ocupaciones asturienses en la Cornisa Cantábrica.

En suma, el trabajo de Miguel A. Fano, que cursó brillantemente la especialidad de Prehistoria y posteriormente sus estudios de Doctorado en la sede salmantina, nos presenta un enfoque novedoso en el estudio de la Prehistoria asturiana. Y también alimenta una línea de investigación que, en nuestros días, centra los esfuerzos de prestigiosos grupos de investigación asentados en las universidades del Norte de la Península Ibérica, fundamentalmente en Cantabria. A su vez, la Universidad de Salamanca, activamente vinculada a las investigaciones arqueológicas de campo que se desarrollan en Asturias, en una fructífera tradición científica que inaugurara el Prof. Dr. Francisco Jordá desde su cátedra salmantina, se enorgullece de continuar aportando a la Arqueología asturiana el esfuerzo de los jóvenes doctores formados en sus aulas.

Mª SOLEDAD CORCHÓN RODRÍGUEZ
Catedrática de Prehistoria y Directora del Deptº de Prehistoria,
Historia Antigua y Arqueología de la Universidad de Salamanca.

PREFACIO

El libro recoge la tesis doctoral del autor, defendida el día 12 de Diciembre de 1997 en la Facultad de Geografía e Historia de la Universidad de Salamanca. En la versión que ahora presentamos, se han valorado las acertadas observaciones del tribunal que juzgó la tesis: Dres. Manuel R. González Morales, Juan A. Fernández-Tresguerres Velasco, Ángel Esparza Arroyo, Pablo Arias Cabal y Fco. Javier González-Tablas Sastre. Asimismo, hemos tratado de hacer hincapié en los aspectos más relevantes del trabajo de investigación desarrollado.

Muchas de las personas con las que hemos tenido la fortuna de relacionarnos durante estos años, han facilitado de una u otra manera nuestra labor; y no queremos comenzar a hablar de Prehistoria sin antes mencionarlas, ya que, sin la ayuda prestada, hubiera resultado imposible elaborar este trabajo, cuyos defectos son responsabilidad exclusiva del autor.

Siempre agradeceremos a la Dra. Mª Soledad Corchón el haber asumido la dirección de nuestra tesis doctoral. Su apoyo y sus consejos han sido fundamentales a lo largo de estos años. No olvidamos igualmente al Departamento de Prehistoria, Historia Antigua y Arqueología de la Universidad del Salamanca, el cual nos facilitó la infraestructura necesaria para llevar a cabo nuestra investigación. Creemos recordar que fue Carl-Alex Moberg quien escribió que toda investigación es un diálogo; nosotros hemos tenido la suerte de dialogar, discutir y aprender con varios profesores del área de Prehistoria del citado Departamento: Dres. Fco. Javier González-Tablas, Ángel Esparza y Julián Bécares entre otros.

La contribución de especialistas de diferentes disciplinas resultó fundamental a la hora de realizar determinadas partes del trabajo. Mención especial merece la Dra. Mª Fernanda Sánchez Goñi (Université de Bordeaux I), por la ayuda prestada en la elaboración del apartado dedicado al paleoambiente del Holoceno antiguo. Igualmente importante fue la colaboración del Dr. J. Ramón Colmenero (Dpto. de Estratigrafía, Univ. de Salamanca) a la hora de abordar cuestiones relacionadas con la Geología. Agradecemos igualmente al Dr. A. Manuel Felicísimo (Indurot, Univ. de Oviedo) que se interesara por el proyecto que le propusimos, aplicando la metodología de los estudios sobre insolación potencial del territorio a la investigación en Prehistoria. Teresa Cabero (Dpto. de Estadística, Univ. de Salamanca) contribuyó a paliar nuestros problemas con la Estadística. Asimismo, a lo largo de los últimos años, han sido varios los investigadores que han allanado nuestro trabajo: Dres. Manuel R. González Morales y Pablo Arias (Univ. de Cantabria), Marco de la Rasilla y J. Adolfo Rodríguez Asensio (Univ. de Oviedo), y la Dra. Joaquina Soares (Museu de Arqueologia e Etnografia do distrito de Setúbal, Portugal), con quien tuvimos la oportunidad de trabajar gracias a una estancia corta en Portugal financiada por el Gobierno Vasco. Nuestra gratitud también para Matilde Escortell (Museo Arqueológico Provincial de Oviedo) por su amabilidad.

Especial gratitud merecen aquellas personas que nos acompañaron en el trabajo de campo: Txomin del Pozo, Luis R. Menéndez Bueyes, Carmen T. Mateos y, sobre todo, Alberto Ugarteburu, quien también nos ayudó a preparar el manuscrito definitivo. Nuestro agradecimiento también para Iñaki Azkoaga, autor de las fotografías que aparecen en el libro. Aún a riesgo de olvidar a alguien, cabe citar también a aquellos otros que nos prestaron su ayuda en algún momento: Carlos Pérez, María Noval, Dra. Gema Adán, Esteban Álvarez, Juan C. Camporro, Javier Ruiz y la compañera de Departamento Dra. Mª Rosario Valverde. Agradecemos igualmente al Departamento de Educación, Universidades e Investigación del Gobierno Vasco la concesión, en 1993, de una beca de investigación con la que se ha financiado este trabajo. Finalmente, quien más merece nuestro agradecimiento es la familia.

INTRODUCCIÓN

Presentamos un trabajo de investigación sobre el hábitat mesolítico en el Cantábrico occidental. Ese hábitat al que hace referencia el título del libro, se ha estudiado desde una doble perspectiva. En primer lugar, y siguiendo la acepción geográfica del término, nos hemos ocupado del espacio geográfico en el que se desarrolló la vida del hombre en un período concreto de la Prehistoria. En segundo lugar, y de manera ya más concreta, se han estudiado los espacios habitacionales utilizados por aquellas poblaciones que tan vinculadas estaban al ambiente intertidal.

Han pasado más de ochenta años desde que los concheros asturienses comenzaron a ser estudiados; hecho que ha facilitado nuestra labor, ya que esta dilatada historia de la investigación (*cf.* Vega del Sella 1923, Clark 1976 y González Morales 1982 fundamentalmente) nos ha proporcionado una trascendental base informativa que nosotros hemos tratado de actualizar. Lejos de pretender una revisión global del trabajo desarrollado hasta la fecha, añadimos los nuevos datos a la información recogida durante décadas, con el objetivo de aproximarnos al hábitat de los cazadores-recolectores responsables de la formación de los concheros mesolíticos de la costa oriental de Asturias. No se trata de un registro espectacular, más bien todo lo contrario; pero dada su naturaleza, se sitúa entre aquellos que más atraen a los que tenemos la inferencia como vocación.

Las condiciones medioambientales determinan el modo en que el hombre se protege de la naturaleza; por lo que consideramos ineludible definir, con la precisión que la información disponible permite, el paleoambiente de la primera mitad del Holoceno en la región cantábrica. En primer lugar, trabajamos con la información sedimentológica, polínica, antracológica y faunística proveniente de aquellos yacimientos arqueológicos de Asturias con niveles correspondientes al final del Tardiglaciar y al Holoceno antiguo. En segundo lugar, nos centramos en los resultados obtenidos en las investigaciones efectuadas en yacimientos no antrópicos; recogiendo la información obtenida en los sondeos marinos, así como la procedente de los trabajos palinológicos desarrollados en yacimientos continentales situados en el Cantábrico y en áreas colindantes.

Tal y como han apuntado I. Hodder y C. Orton, un mapa de distribución de yacimientos nos proporciona "[...] la evidencia empírica que permite construir una teoría" (Hodder & Orton 1990: 27). Sin embargo, esa teoría tendrá escasa validez si no se tiene en cuenta que el dato arqueológico "[...] sobrevive y se recoge de manera bastante desigual" (Hodder y Orton 1990: 27). Es decir, conocemos únicamente el *contexto de recuperación* (Sullivan 1978: 198); por lo que habrá que examinar la fiabilidad que nos ofrece un determinado mapa de distribución de sitios arqueológicos, valorando los posibles factores de distorsión.

En primer término, hemos valorado los efectos que la transgresión flandriense pudo tener sobre el registro arqueológico de la primera mitad del Holoceno; un problema igualmente asumido por la investigación sobre el Mesolítico en el resto de la fachada atlántica europea. Asimismo, se ha realizado un seguimiento de la naturaleza del substrato geológico del territorio considerado en el estudio; un factor clave a la hora de evaluar un determinado mapa de distribución de yacimientos. En segundo término, hemos hecho hincapié en la historia del descubrimiento del registro mesolítico en Asturias; con la idea de poder valorar la intensidad del trabajo de campo desarrollado en las diferentes partes del territorio a lo largo de algo más de ocho décadas de investigación.

Tampoco hemos obviado la necesidad de situar en el tiempo histórico los restos arqueológicos de los que nos hemos servido para aproximarnos un poco más a la conducta del hombre en un período concreto de la Prehistoria. Se ha insistido en la dificultad que supone el hecho de que en la gran mayoría de los casos, la información sobre los yacimientos procede exclusivamente de la prospección de superficie. También nos hemos referido a los problemas de "conexión cronológica" existentes entre el Aziliense y el Mesolítico por un lado, y entre el Mesolítico y el Neolítico por otro.

Desde el principio asumimos la necesidad de actualizar la información arqueológica. Al margen de las publicaciones, resultó especialmente interesante la consulta de las cartas arqueológicas de los concejos asturianos. Con la realización de estas cartas se pretende conocer el patrimonio arqueológico de la región para poder protegerlo. La reciente elaboración de las cartas correspondientes a los concejos costeros nos llevó a consultar dicha documentación. La puesta en valor de los nuevos datos procedentes de estas cartas, junto con aquellos otros provenientes de la investigación previa sobre el período, nos permitió elaborar una base de datos preliminar (Fano 1995a).

En Prehistoria, difícilmente puede llegar a obtenerse una base de datos definitiva; pero la realización de un trabajo de investigación requería la existencia de una base de datos a partir de la cual pudiera desarrollarse la labor de análisis. Para obtener esa base de datos "definitiva", era necesario llevar a cabo una investigación de campo. Dos fueron los objetivos planteados. Por un lado, nuestra intención era trabajar con métodos cuantitativos a partir de un volumen importante de yacimientos. Una vez confirmada la idea de que es la marina oriental la parte del territorio cuyo mapa de distribución de yacimientos mayores garantías ofrece a la interpretación, fue ahí donde centramos la mayor parte de nuestros esfuerzos. Durante el trabajo de prospección recorrimos, previa petición de los correspondientes permisos, la totalidad de la marina oriental (Ribadesella, Llanes y Ribadedeva) y reconocimos *in situ* 80 de los yacimientos de la costa oriental incluidos en el inventario de yacimientos de este trabajo. Los objetivos de la prospección fueron varios: visualizar sobre el terreno los nuevos datos; así como realizar observaciones específicas, tanto en los yacimientos inéditos como en los ya conocidos -localización geográfica precisa, tipo de cavidad, distribución espacial de los depósitos de conchero en la caverna, etc.-. Otros yacimientos incluidos en el plan de prospección no pudieron ser inspeccionados, debido fundamentalmente a referencias incorrectas y a su ocultamiento por la vegetación.

Por otro lado, a nivel más general, tratamos de abordar un problema interesante: la supuesta desaparición del poblamiento costero en cueva al oeste de Berbes (Ribadesella). La naturaleza del substrato geológico del territorio inmediato por el oeste al concejo de Ribadesella no parece apoyar precisamente esa ruptura en el poblamiento. A este problema se dedicó una campaña de prospección en los concejos de Villaviciosa, Colunga y Caravia durante el verano de 1995.

Todo el trabajo descrito hasta el momento está recogido en los tres primeros capítulos del libro. El primero, dedicado al medio físico, se divide en tres apartados: paleoambiente del Holoceno antiguo; ascenso del nivel del mar desde el máximo glacial; y aproximación al territorio por el que se distribuyen los yacimientos, desde el punto de vista geológico fundamentalmente. El segundo capítulo está dividido en dos apartados. Utilizando como hilo conductor del discurso la controvertida cuestión de la cronología del Asturiense, en el primero de ellos se valora la intensidad de la investigación de campo desarrollada en las diferentes partes del territorio. Una vez fijada la cronología del registro que nos ocupa, en el segundo apartado se analiza la relación (cronológica) del Mesolítico con el período que le precede y con el que le sucede. Finalmente, en el tercer capítulo se recoge un inventario actualizado de los yacimientos mesolíticos en Asturias; en cuya introducción se presentan, de manera crítica, los argumentos -en ocasiones negativos- que permiten defender una cronología mesolítica para aquellos yacimientos -la mayoría- cuya información procede de la prospección de superficie.

Nuestra intención ha sido que el trabajo detallado hasta el momento tuviese entidad propia. Tal es el caso, por ejemplo, de la síntesis sobre el paleoambiente -un esquema evolutivo del medio ambiente en el que se desarrolló la vida de los pobladores del Cantábrico, con fuertes contrastes desde la última pulsación fría del Dryas hasta el máximo térmico del Atlántico-; o de las reflexiones acerca de la transgresión flandriense, de mayor peso aún para los paleolitistas que para nosotros.

Sin embargo, toda esta labor resultaba imprescindible para afrontar con garantías el estudio del hábitat, concebido éste como el lugar en el que el cazador-recolector fija, de una manera más o menos estable, su residencia (cuarto capítulo). Ciertamente, no parecía adecuado abordar dicho estudio sin considerar el paleoambiente del Holoceno antiguo. Por otro lado, resultaba necesario obtener una muestra representativa de yacimientos. Por ello, antes de elegir un territorio concreto sobre el que trabajar, se realizó un análisis del medio físico y un seguimiento de la actividad de campo desarrollada. Tras mostrar las posibilidades que ofrecía la marina oriental de Asturias, los trabajos de gabinete y de campo proporcionaron una sólida base de datos. Asimismo, parecía ineludible dedicar algunas páginas al contexto histórico de los yacimientos arqueológicos con los que se iba a trabajar; así como al problema que supone el hecho de que en la mayor parte de los casos la información arqueológica procede exclusivamente de la prospección de superficie.

En el cuarto capítulo se trabaja con una serie de variables descriptoras de los yacimientos y directamente relacionadas con la cuestión del hábitat (Figs.: 1 & 2). Cabe citar, como aportación metodológica más significativa, el estudio de la insolación potencial en la zona de estudio; que nos ha permitido estimar el número de horas de sol incidente sobre un sitio arqueológico concreto en ausencia de nubosidad. El análisis de ésta y otras variables, apoyado por algunas observaciones de campo, nos ha permitido defender un determinado punto de vista sobre la localización de las áreas habitacionales. La última parte del capítulo la hemos dedicado a reflexionar acerca de dos hechos íntimamente relacionados con los concheros arqueológicos: el transporte de los recursos acuáticos desde la zona intermareal hasta las zonas de hábitat; y el tratamiento del alimento una vez trasladado. Concluimos con unas breves notas críticas sobre las pautas de ocupación del espacio de la marina oriental durante la primera mitad del Holoceno.

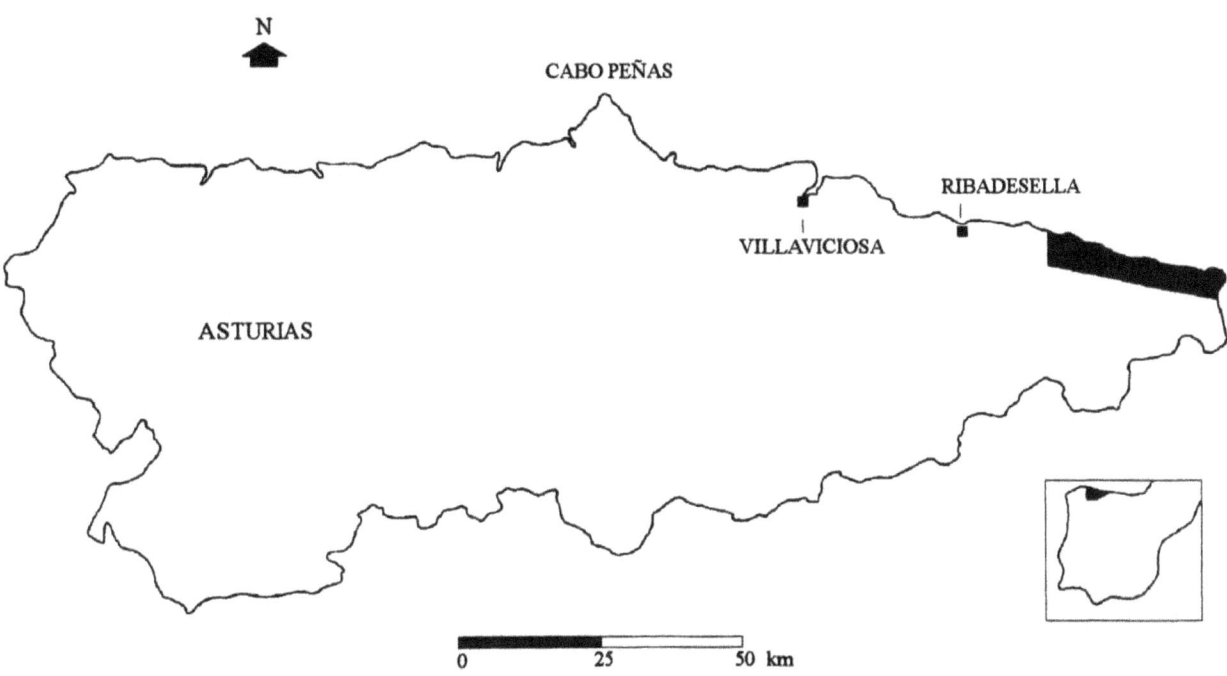

Fig.: 1. Localización en el mapa de Asturias del territorio representado en la fig. 2 (parte centro-oriental del concejo de Llanes y concejo de Ribadedeva), donde se sitúan los yacimientos considerados en el estudio que se presenta en el cuarto capítulo del libro.

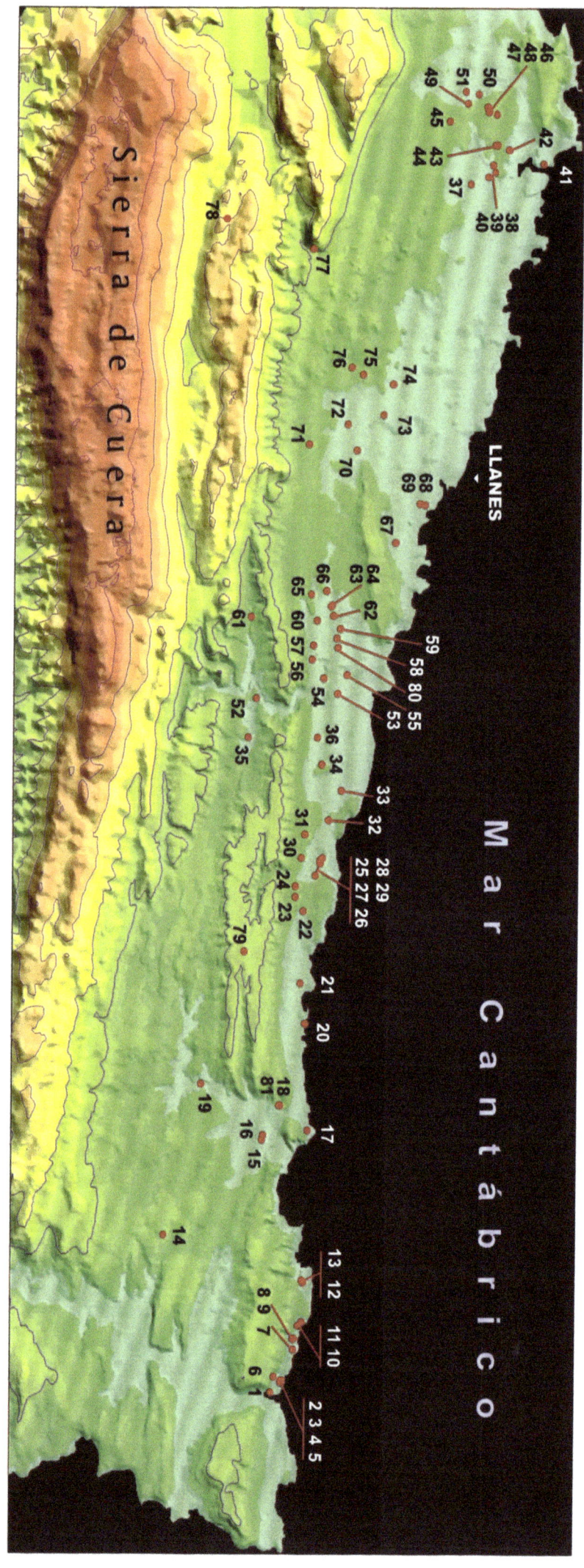

Fig.: 1. Ubicación de los yacimientos considerados en el estudio de las variables relacionadas con la cuestión del hábitat. 1. Cueva de la Barra; 2. Tina 8; 3. Tina 5; 4. Tina 6; 5. Tina 7; 6. Cuesta Piniango 1; 7. Cueva de la Cabrera; 8. Tina 2; 9. Tina 3; 10. Abrigo de San Emeterio; 11. El Pindal; 12. Cuevona de Tronía; 13. Abrigo de Tronía; 14. Las Covariellas; 15. Mazaculos I; 16. Mazaculos II; 17. Cueva de la Huerta l'Monje; 18. Toralete I; 19. Molino de Gasparín; 20. Cueva de la Silluca; 21. Abrigo de Arenillas; 22. Abrigos de Penducles; 23. Abrigos de la Jartosa; 24. Cueva de Novales; 25. Abrigo II de la Torre; 26. Covacha de la Torre; 27. Abrigo II del Puerto de Vidiago; 28. Abrigo I del Puerto de Vidiago; 29. Cueva de Solleo; 30. Cueva de las Madalenas; 31. Cueva de Sta. Marina; 32. Covacho de Trescuetu; 33. Cueva de Maragateo; 34. Cueva de Cáraba; 35. Cueva de Juan de Covera; 36. Cueva de Entencueva; 37. Abrigo del Alloru; 38. Abrigo de la Llongar; 39. Cueva de la Boriza; 40. Cuevas de la Boriza; 41. Cuevas de la Boriza; 42. Cueva de Vega Chica I; 44. Cueva de Vega Chica II; 45. Cueva de Los Menores; 46. Cueva El Muro; 47. Cueva de la Boriza; 48. Cueva Mary; 49. Abrigo de Quintana; 50. Cueva de Trescalabres; 51. Abrigos del Castiello; 52. Cuetu Molín; 53. Cueva de Cordoveganes; 54. Abrigo del Puente de Puertas; 55. Abrigo del río Purón; 56. Cueva del Águila; 57. Cueva del Águila II; 58. Cueva de la Sonraxa; 59. Cueva de la Horadada; 60. Cueva Ciemes; 61. Covacho de la Peña; 62. Cueva de Sohornos; 63. Cueva del Toral I; 64. Cueva del Toral II; 65. Cueva de Collamosa; 66. Cueva Collubina; 67. La Cuevona (Cue); 68. Cueva del Elefante; 69. Conchero de Toró; 70. Cueva de Cuartamentero; 71. Cueva de la Colmenera; 72. Abrigo de la Pallota; 73. Cueva del Toral III; 74. Abrigo de Parres o Sanecueva; 75. Cueva de Covajorno; 76. Cueva de Gustianroi; 77. Entrelascuevas (Grandiella); 78. Abrigo de Torrevidiego; 79. Sierra Plana de la Borbolla; 80. Cueva de la Llana; 81. Toralete II.

I. MEDIO FÍSICO

1. PALEOAMBIENTE: ANTECEDENTES Y EVOLUCIÓN DEL MEDIO DURANTE EL HOLOCENO ANTIGUO.

1.1. Información procedente de los yacimientos antrópicos del extremo occidental de la región cantábrica (Asturias).

No son muchos los casos en los que la modernidad de las excavaciones ha permitido recoger de manera precisa información destinada a la reconstrucción paleoambiental. En este apartado, presentamos una síntesis de la información sedimentológica, polínica, antracológica y faunística procedente de aquellos yacimientos arqueológicos con niveles del final del Tardiglacial y del Holoceno antiguo. Tratamos, por tanto, de valorar los datos que los asentamientos humanos nos aportan acerca del medio ambiente en el que se desarrolló la existencia de aquellas poblaciones que tanto frecuentaron la zona intermareal (Mesolítico).

La información proveniente de los emplazamientos azilienses nos permite esbozar los antecedentes medioambientales de nuestro período de estudio; y conocer, de esta manera, el medio habitado por los cazadores-recolectores portadores de un bagaje cultural que cruzó el umbral del Holoceno (Aziliense). A los datos recopilados en este apartado habrá que añadir, en breve, aquellos otros procedentes de los diferentes análisis que en la actualidad se llevan a cabo a partir del registro arqueológico de diferentes yacimientos ubicados en el extremo occidental de la región cantábrica: fundamentalmente La Llana, los Canes, Arangas, Mazaculos I y Mazaculos II.

a) Sedimentología.

A partir de los análisis sedimentológicos, los niveles 4, 3e y quizá 3d de Los Azules se han atribuido con una cierta seguridad a la fase Würm IV-Cantábrico IX; la última fase fría del Tardiglacial, Dryas III de la cronología polínica (Hoyos 1995: 67). En el nivel 4 son evidentes las manifestaciones de unas heladas no demasiado intensas; en 3e y 3d los elementos crioclásticos son, en cambio, de pequeño tamaño y aparecen en menor proporción, por lo que quizá puedan representar, sobre todo 3d, "[...] el tránsito al Holoceno" (Hoyos 1995: 67). De hecho, los niveles 3a y 3b, suprayacentes a un nivel sin significado climático (3c), corresponden ya a un clima templado. En general, esta fase sedimento-climática se caracteriza por un clima menos frío que el de las fases estadiales anteriores. Así, en el caso de Los Azules, se han detectado fenómenos de solifluxión tras la ocupación aziliense (Fernández-Tresguerres 1979: 746), quizá atribuibles al comienzo del Boreal (Fernández-Tresguerres 1980: 127).

En la campaña de excavación de 1985 en La Lluera, pudieron distinguirse dos subniveles (A y B) dentro del nivel II. Ambos subniveles están separados por fragmentos de caliza procedentes del techo y de las paredes de la cueva, evidencia de un momento frío (Rodríguez Asensio 1990: 16). El subnivel IIB se atribuye al Magdaleniense final, mientras que la atribución de IIA al Aziliense no es segura. En cualquier caso, la fase fría documentada en el nivel II de La Lluera se situaría en un momento previo al Preboreal; tal y como cabría deducir de la fecha obtenida para el nivel I (10280 ± 230 BP).

A la espera de los resultados definitivos de los estudios paleoambientales en curso, los excavadores de la cueva de los Canes manejan una hipótesis de trabajo acerca del final del Tardiglacial y del comienzo del Holoceno en el yacimiento (Arias & Pérez 1995). Se atribuye a la oscilación templada de Alleröd el hiato sedimentario identificado entre las unidades estratigráficas 2C y 3B. Este último nivel - considerado aziliense y en el que se halló una "Gran concentración de cantos calizos de unos 5 cm de longitud" (Arias & Pérez 1995: 85)- se relaciona con el frío del Dryas III. Asimismo, la unidad estratigráfica 3C -también con industria aziliense- correspondería a una etapa más templada, quizá al Preboreal.

El estudio sedimentológico llevado a cabo por H. Laville reveló que el nivel 27 de La Riera se formó bajo condiciones frías y húmedas. El nivel superior, ya claramente aziliense, parece poder atribuirse a la misma fase climática, matizada por un mayor grado de humedad (Laville 1986: 42). Laville, en su propuesta cronológica, atribuye los niveles 27 y 28 al Dryas III y el conchero mesolítico (n. 29) a una fase avanzada del Preboreal. El nivel estalagmítico (n. 30), formado durante un episodio muy húmedo, se sitúa en el Boreal; una atribución complicada por la fecha Gak-3046 (6500 ± 200 BP) procedente del contacto de los niveles 29 y 30 (Laville 1986: 45).

La gran mayoría de los yacimientos arqueológicos que centran nuestra investigación -superior al centenar- no ha sido excavada; razón por la que han resultado escasos los análisis sedimentológicos efectuados a partir de niveles mesolíticos. Sin embargo, la mayor parte de los depósitos de conchero en cueva aparecen cementados. Las costras estalagmíticas se asocian a este registro y contribuyen a caracterizarlo. Recuérdese, en este sentido, la descripción de Vega del Sella acerca del costrón estalagmítico que cubría en La Riera la capa de marisco. Asimismo, resulta habitual la presencia de fragmentos de costra en los niveles de yacimientos en cueva correspondientes al período considerado (González Morales 1995a: 68, Arias & Pérez 1995: 85). La formación de este tipo de depósitos en las cavidades, producto de un determinado proceso fisicoquímico, "[...] suggest a temperate or warm climate and a humid or subhumid moisture regime" (Butzer 1964: 204).

El estudio sedimentológico llevado a cabo por K. W. Butzer y D. Bowman, a partir de una serie de muestras procedentes de los sondeos efectuados por G. A. Clark con motivo de su investigación sobre el Asturiense, reveló la inexistencia de un clima más frío que el actual; así como la presencia de un régimen de precipitaciones similar al del presente (Butzer & Bowman 1976: 353). En síntesis, los concheros estudiados se vinculan a un tipo de sedimentación incluida por los sedimentólogos entre los procesos propios de un clima templado.

Una vez presentada la información climática que cabría deducir de la sedimentología, no podemos obviar las críticas vertidas sobre la posibilidad de inferir cambios climáticos a partir del estudio sedimentológico de depósitos antrópicos; tal y como se hace en los trabajos citados hasta el momento. En La Lluera y en los Canes las observaciones son preliminares, pero la existencia de depósitos clásticos en ciertos niveles ya se asocia de manera mecánica a un clima desfavorable. Hace algunos años, F. Mª Ugarte consideró la necesidad de considerar "[...] varios factores más, entre ellos el tipo de litología de la roca encajante y otros parámetros físico-mecánicos de las rocas" (Cearreta & Ugarte 1992: 446). En el mismo debate, J. Marquínez fue más allá al señalar que, en el caso de depósitos originados en el interior de cavidades cársticas, la utilización del criterio de la intensidad y morfología de la fragmentación de las rocas para la deducción de conclusiones paleoclimáticas debe desecharse (Cearreta & Ugarte 1992: 447).

En este mismo sentido se expresó por la mismas fechas J. P. Texier, dado que "[...] l'interprétation ne s'appuie sur aucun référentiel actuel bien défini (notamment les phénomènes cryogéniques associés aux milieux boréaux et arctiques actuels)" (Texier 1990: 17 y s.). A partir de una serie de observaciones, como "[...] la mise en place de niveaux aux caractères typiquement cryoclastiques au cours de périodes très courtes et dans des conditions climatiques très tempérées" (Campy 1990: 12), M. Campy también consideró demasiado simple la asociación de la fracción grosera del sedimento a un determinado clima. Según Campy, son varios los factores que intervienen en la sedimentación de los depósitos cársticos. Así, la sedimentación depende en gran medida del contexto geomorfológico y evoluciona con la modificación de dicho contexto. El clima tiene su incidencia, pero no debe ser sobrevalorada. La dificultad que entraña el discernir la influencia de cada uno de los factores que intervienen en el proceso sedimentario, lleva también a M. A. Courty a mostrarse prudente a la hora de inferir conclusiones de tipo climático (Courty 1986: 288).

Finalmente, en un reciente trabajo de J. Maroto (1992), se critican abiertamente los métodos tradicionales de estudio de los sedimentos de abrigos y cuevas. Maroto considera no justificada la relación de causa-efecto establecida entre determinados procesos sedimentarios y el clima; máxime cuando, como también apunta Texier, no se han experimentado los procesos de sedimentación que, bajo diferentes circunstancias, acontecen actualmente en las cavidades. Asimismo, el autor no considera metodológicamente aceptable inferir el clima exterior a partir del clima interior (cueva). El rechazo de esta posibilidad viene avalado por la variedad y complejidad de los microclimas de las cavidades, que no permiten generalizar acerca de la profundidad que la influencia del clima exterior alcanza en la cueva.

b) Análisis polínicos y antracológicos.

Los resultados obtenidos en el análisis polínico de Los Azules, realizado a partir de muestras tomadas desde la parte inferior del nivel 2 hasta el nivel 4, no concuerdan con la información procedente de la sedimentología: "[...] los niveles estudiados hay que situarlos en el PREBOREAL, habiendo un porcentaje alto de árboles para este período climático" (López 1981: 248). En su reinterpretación del diagrama polínico, Mª F. Sánchez Goñi lo atribuye al Boreal o al comienzo del Atlántico; una cronología no admitida para el desarrollo del Aziliense en la región, aunque, según la palinóloga, quizás haya que pensar en una contaminación de polen procedente de los niveles suprayacentes (Sánchez Goñi 1993a: 98 y ss., 1994: 382). Asimismo, los análisis antracológicos han puesto de manifiesto la presencia de *Pinus sylvestris*, *Quercus robur* y en menor medida *Betula* como elementos característicos del espectro antracológico de los niveles 3g, 3f y 3e. Estos niveles arqueológicos se corresponden con un período caracterizado por el retroceso de la cobertera vegetal arbórea y por el avance de las herbáceas (Uzquiano 1995: 79).

El análisis palinológico realizado a partir del nivel aziliense de Oscura de Ania reveló la presencia de los géneros *Pinus* y *Quercus*; en un contexto, según A. Leroi-Gourhan, de transición del Dryas II al Alleröd (Leroi-Gourhan & Renault-Miskovsky 1977: fig. 6). Según Sánchez Goñi (1993a: 106, 1994: 384), la información palinológica aportada por el diagrama no permite una interpretación paleoecológica y tampoco, por tanto, cronológica.

El análisis polínico realizado en La Riera detectó la existencia de polen arbóreo (roble, olmo, avellano y nogal), así como de polen de helechos en los niveles 27 sup. y 28 (Leroi-Gourhan 1986: 62). Leroi-Gourhan considera que ambos niveles corresponden a una fase fresca del primer tercio del Alleröd. A partir de un esquema interpretativo diferente, en el que la palinología de los niveles 21 a 28 se considera "[...] typique de l'amélioration climatique d'un interstade ou d'un début d'interglaciaire", Sánchez Goñi interpreta la palinología del nivel 27 como propia del Preboreal y estima una perduración del Aziliense (n. 28) hasta el Boreal (Sánchez Goñi 1993a: 103 y ss.), al menos desde el punto de vista polínico (Sánchez Goñi, com. per.; *vid*.: Sánchez Goñi 1996a: 19). Por lo que respecta a los niveles mesolíticos, cabe destacar el importante porcentaje de avellano en ambos niveles (29 y 30); así como la presencia de otros árboles termófilos acompañados por una gran cantidad de helechos en el nivel 30. El espectro polínico de ambos niveles -con el predominio de *Corylus* como hecho más significativo- sería propio del Boreal; lo que indicaría, según la interpretación del diagrama por parte de Leroi-Gourhan, la existencia de un *hiatus* sedimentario en esta parte de la secuencia (Renault-Miskovsky & Leroi-Gourhan 1981: 122, Leroi-Gourhan 1986: 62 y s.).

El análisis antracológico llevado a cabo a partir de muestras tomadas del depósito interior de Mazaculos II (7000-5000 BP), ha revelado el predominio de *Quercus robur/petraea*, acompañado de *Corylus*, *Fraxinus*..., de las especies de matorral espinoso y de los elementos del encinar cantábrico, *Quercus ilex* y sobre todo *Arbutus unedo*. *Betula* y *Pinus* aparecen sin embargo de una manera muy discreta (Uzquiano 1995: 79). En opinión de P. Uzquiano, nos encontraríamos ante una cobertera vegetal "[...] symptomatique de la paléoécologie de la période Boréal-Atlantique" (Uzquiano 1995: 81). En el primer análisis realizado, se detectó -entre unos restos de madera quemada correspondientes al depósito exterior (9000-7000 BP)- *Quercus robur* y quizá, en mucha menor proporción, *Betula* (González Morales *et al.* 1980: 57 y 60).

Desgraciadamente, la pobreza de polen en el yacimiento hizo que el análisis polínico llevado a cabo por K. C. Volman careciese de significación estadística. El análisis efectuado por P. López en 1983 confirmó la escasa existencia de polen en Mazaculos II. "A falta de resultados más amplios" (López 1986: 147), el diagrama -con dominio de *Pinus* y *Corylus* entre la vegetación arbórea- se sitúa en el paso del Preboreal al Boreal. Sánchez Goñi (1993a: 107, 1994: 384), en cambio, considera que la pobreza polínica impide toda interpretación climática, botánica o cronológica. En el caso de la cueva de Balmori, dos análisis sucesivos demostraron que la concentración de polen en el yacimiento era muy baja. Ello hizo que resultara imposible obtener unas conclusiones estadísticamente fiables (Clark & Clark 1975: 52 y s.).

En una serie de trabajos recientes, se ha revisado la metodología del análisis polínico en su aplicación al registro arqueológico cárstico, teniendo en cuenta una serie de criterios de base tafonómica (*vid.* entre otros Coles *et al.* 1989, Sánchez Goñi 1993a y 1993b). Ello, unido a una interpretación más independiente del diagrama polínico -con respecto a otros estudios llevados a cabo en el yacimiento: estratigrafía, industrias, dataciones... -, el cual se data por comparación con las secuencias polínicas de referencia (lagos y turberas), ha conducido a Sánchez Goñi a realizar una serie de reinterpretaciones de diagramas polínicos de yacimientos arqueológicos de la región cantábrica. Como ha podido observarse, algunos de ellos se sitúan en nuestra zona de estudio.

c) Fauna.

A pesar de no contar con una información cuantitativa precisa, en Los Azules cabe destacar la abundancia de *Sus scrofa* durante el Aziliense (Fernández-Tresguerres 1980: 41); especie cuyo aumento en la región en los inicios del Holoceno se asocia a la expansión del bosque caducifolio (Altuna 1992a: 26, 1995: 104), aunque no fue una especie desconocida en los últimos momentos del Tardiglacial (Altuna 1992b: 27, Castaños 1992: 50). No obstante, al manejar síntesis como la de P. Castaños, no debe obviarse el problema que supone -tal y como apunta el propio paleontólogo (pág. 46)- la usual falta de dataciones en los yacimientos. Escaso en el Magdaleniense cantábrico, el jabalí se adapta mal a la nieve, y aunque puede penetrar en la estepa, prefiere unas condiciones climáticas atemperadas (Altuna 1995: 81).

Igualmente significativa resulta la desaparición de *Littorina littorea* en las capas superiores del nivel 3 de Los Azules (Fernández-Tresguerres 1980: 46); un fenómeno ligado al aumento de la temperatura, que en la región cantábrica provocó la sustitución de dicha especie por *Monodonta lineata*. En los trabajos experimentales de R. C. Newell y otros sobre la resistencia de *Littorina littorea* y *Monodonta lineata* a las altas temperaturas (de 30° a 40°C) -realizados a partir de ejemplares previamente aclimatados a unas determinadas temperaturas (5°, 10,5°C, etc.)-, se constata una mayor resistencia de la segunda especie a las temperaturas elevadas (Newell *et al.* 1971: 528 y 530). Esta sustitución ha sido datada de manera precisa en el tránsito del nivel aziliense al nivel mesolítico en el abrigo de la Peña del Perro (Cantabria) (González Morales & Díaz Casado 1991-92, Moreno 1995a: 228). No obstante, el caracol de aguas frías sigue apareciendo - en muy escasa proporción - en los niveles holocenos.

En La Riera, cabe señalar la presencia de *Microtus oeconomus* -especie indicativa, en general, de épocas frías- en el nivel 27 inf. ; en el nivel 27 sup. aparece en cambio *Glis glis*. Ausente en los momentos fríos del Würm III y IV, el lirón es una especie propia del ambiente de bosque (Pemán 1990: 261); hecho que cabe relacionar con la expansión de polen arbóreo documentada en el análisis polínico (Altuna 1986: 267). Tanto en el nivel 28 como en el 29 se volvió a documentar la presencia de *Glis glis*. Asimismo, resulta destacable la desaparición de *Littorina littorea* en el conchero asturiense; debido a las condiciones climáticas favorables, poco aptas para la supervivencia de un molusco que sí fue recolectado en cambio durante el Aziliense (Ortea 1986: 290 y 294).

Entre la macrofauna de La Riera, cabe destacar el aumento considerable de los restos de *Capreolus capreolus* en el nivel 28. El corzo, especie característica de las zonas boscosas, pasa a ser en dicho nivel la segunda especie representada tras el ciervo (Altuna 1995: 102). Más presente que el jabalí durante el Tardiglacial, los restos de corzo se incrementan a partir del Preboreal, aunque su representación durante el frío del Dryas III es notable con respecto a las fases precedentes (Castaños 1992: 49 y s.). En el nivel 28, llama poderosamente la atención la presencia de tres restos de *Halichoerus gryphus*. La foca es un mamífero propio de ambientes fríos, pero en la actualidad desciende hasta la costa portuguesa (Altuna 1986: 267). La escasa muestra de macrofauna recuperada en el nivel 29 no permite obtener conclusiones fiables; de hecho, *Sus scrofa* -especie que ya había sido documentada en los niveles azilienses- no está presente en este nivel (Altuna 1986: 268).

En Mazaculos II no aparece *Littorina littorea*. Al igual que ocurría en el nivel 29 de La Riera, esta especie da paso a *Monodonta lineata*, caracol de aguas más cálidas y propio de los concheros mesolíticos de la región. Tampoco el erizo de mar y el mejillón -bien representados en dichos yacimientos- admiten los fríos rigurosos (Madariaga 1994: 133 y s., 136). La macrofauna fría no aparece en el yacimiento, vuelve a predominar el ciervo, que está acompañado entre otros por el jabalí y el corzo (González Morales 1982: 68). La caza de ambas especies resulta difícil, ya que el jabalí se muestra agresivo cuando es acosado, mientras que el corzo es noctívago. Por ello, la abundancia de restos en los yacimientos parece relacionarse más con el incremento de los ecosistemas que los favorecieron, tal y como ha sugerido P. Arias (1991a: 290), que con una selección antrópica.

1.2. Información procedente de contextos no antrópicos, con referencia a aquellos ubicados en la región cantábrica y en áreas colindantes.

En este apartado presentamos la información de interés paleoclimático proveniente de yacimientos no antrópicos. En primer lugar, mostramos los datos obtenidos en los sondeos marinos. En segundo lugar, nos referimos a los trabajos palinológicos; realizando un seguimiento de oeste a este, es decir, desde el Noroeste hasta los Pirineos, con algunas incursiones en la Meseta.

El frío del Dryas III aparece bien definido en el estudio efectuado sobre las paleotemperaturas de la superficie del mar a partir de la composición de los conjuntos de foraminíferos recuperados en sondeos realizados frente a las costas de Irlanda y en el Golfo de Bizkaia (Duplessy *et al.* 1981: 131 y ss.). El comienzo de la deglaciación del océano se sitúa en torno a 13000 BP, y la última pulsación fría del Tardiglacial se considera "[...] a transient phenomenon linked to the deglacial warming of the European continent" (Duplessy *et al.* 1981: 140). Durante el período 11000-10000 BP, el Golfo de Bizkaia sufrió unas temperaturas tan bajas como las del último máximo glacial, todo ello en relación con el descenso latitudinal del frente polar (Ruddiman & McIntyre 1981). Asimismo, el desplazamiento altitudinal de dicho frente hacia Groenlandia y la Península del Labrador, registrado entre 10000 y 9000 BP, coincide con el aumento generalizado de la temperatura de la superficie marina, un aumento vinculado al comienzo del Holoceno. También se ha apuntado la posibilidad de relacionar el Dryas reciente con la rápida afluencia de aguas frías producto de la fusión de las placas de hielo; fenómeno vinculado a un momento de máxima radiación solar datado en torno a 11000 BP (Bard *et al.* 1987: 791).

El estudio de los foraminíferos, diatomeas, etc. de los sedimentos de la Ría de Vigo ha proporcionado información acerca de la paleoclimatología del Boreal y el Atlántico en el Noroeste peninsular (Margalef 1956). El hallazgo de dos diatomeas propias de costas cálidas -*Anaulus mediterraneus* y *Terpsinoë american*- en los sedimentos correspondientes al

Boreal, es indicativo de una elevada temperatura media a lo largo del período. Durante el Atlántico la temperatura se mantiene o desciende un poco. Asimismo, existen indicadores de precipitaciones elevadas, como las diatomeas de agua dulce.

El rigor climático del Dryas reciente aparece bien definido en los estudios sobre paleovegetación llevados a cabo en la Montaña del Noroeste ibérico. Tanto en las Sierras Meridionales (Lagoa do Marinho) como en la Depresión de A Limia (Lagoa de Antela), se produce un descenso global de los táxones arbóreos en favor de las comunidades estépicas, tales como *Poaceae, Asteraceae* y *Artemisia* (Ramil 1993: 47). En las Sierras Septentrionales, el final del Dryas III está caracterizado por la sustitución de las formaciones estépicas "[...] por un brezal que progresivamente va siendo colonizado por especies arbóreas, donde los porcentajes de *Pinus* ejercen una clara hegemonía" (Ramil 1993: 48). Asimismo, el comienzo del Holoceno se vincula a un proceso inicial de colonización arbórea (*Betula-Pinus*). Inmediatamente después se desarrollan los elementos de carácter atlántico; entre 9500 y 8500 BP se produce la expansión regional de *Quercus* y en torno a 8500 BP la de *Corylus*.

Sin embargo, en las Sierras Meridionales (Lagoa do Marinho) no se constata una fase expansiva de *Corylus* durante el inicio del Holoceno. Desde 8500-7000 BP hasta 6000-5500 BP en la mayoría de las regiones montañosas se advierte la hegemonía del bosque, "[...] con densas formaciones cubriendo las laderas y valles, mientras que en las zonas de cumbres y sobre las laderas más escarpadas se desarrollarían formaciones arbustivas y herbáceas" (Ramil 1993: 49). Este dominio de las formaciones boscosas, constituidas fundamentalmente por *Quercus* caducifolios y *Corylus* en las Sierras Septentrionales, se debilita en las Sierras Meridionales y Orientales debido a la mayor continentalidad y altitud. Por otro lado, el estudio efectuado en las turberas de la Sierra del Bocelo ha señalado el desarrollo del bosque caducifolio -con predominio de *Quercus*- durante el Atlántico. Asimismo, este estudio sugirió una disminución de los bosques de *Pinus-Betula* (Aira *et al.* 1992: 251).

En la secuencia de la Laguna de las Sanguijuelas (Zamora) se ha detectado, hacia la mitad del período Boreal (en torno a 8160 BP), un cambio violento en la cobertera vegetal: "*Pinus* y *Betula* ceden la predominancia al Quercetum mixtum, casi exclusivamente formado por *Quercus*, pero *Pinus* se mantiene pasablemente" (Menéndez Amor & Florschütz 1961: 85).

Durante el Preboreal, las temperaturas del continente aumentaron, "[...] aunque el clima siguió fresco y seco" (Dupré 1988: 118); idea también apuntada por J. Menéndez Amor en 1950 a partir del estudio de las turberas del oriente de Asturias (Menéndez Amor 1950a: 816; 1950b: 363). En la zona de San Vicente de la Barquera, límite entre Asturias y Cantabria, G. Mary y J. Medus han advertido un cambio significativo en la cobertera vegetal del período Atlántico con respecto al Preboreal. Durante el Preboreal, *Pinus* representa la parte esencial de la lluvia polínica, acompañado por una buena representación de herbáceas. Durante el Atlántico, en cambio, *Quercus* y *Corylus* dominan los porcentajes, mientras que *Pinus* continúa (Mary & Medus 1993: 962). No se cuenta con datos para el Boreal.

La turbera de los Puertos de Riofrío (parte meridional de los Picos de Europa, Cantabria) ha revelado la presencia de una vegetación estépica durante el Dryas reciente (Menéndez Amor & Florschütz 1963: 127). A lo largo del Preboreal el clima mejora, pero el pino continúa con su dominio acompañado por las herbáceas. Hasta el Boreal no se desarrollan ampliamente las especies termófilas: "Parece probable pues, que al fin del Tardiglaciar existiera allí una estepa arbolada, reemplazada durante el Preboreal por un paisaje de parque que más tarde fue sustituido por densos bosques de *Pinus, Quercus* y *Betula* sin que *Corylus* faltara" (Florschütz & Menéndez Amor 1962: 73). En el diagrama polínico de la turbera del valle de la Nava (Burgos), encontramos una evolución similar a la observada en los Puertos de Riofrío durante los períodos Preboreal y Boreal, "[...] hecho lógico si tenemos en cuenta la relativa proximidad de estas turberas" (Menéndez Amor 1968: 38 y s.).

En la turbera del Cueto de la Avellanosa (Cantabria), el análisis polínico parece indicar la existencia de un clima favorable durante la última parte del período Boreal, marcado por la abundancia de *Corylus*. Sin embargo, en torno a 6000 BP el pino comenzó a desplazar paulatinamente al avellano. Éste y otros cambios en la paleovegetación parecen relacionarse, según B. Mariscal Alvarez, con un aumento de las precipitaciones y una sensible disminución de las temperaturas; quizá en parte relacionado con la localización de la turbera, cuya distribución de pólenes "[...] indica en conjunto unas condiciones climáticas más frías y lluviosas que las existentes en zonas más bajas y próximas a la costa" (Mariscal Álvarez 1983: 215).

Por tanto, la mejora climática postglacial se vincula al avance del bosque mixto caducifolio de *Quercus* y *Corylus*. El período previo a 10000 BP viene marcado en el norte peninsular por la ausencia de vegetación arbórea en los ambientes de montaña. Según Mª C. Peñalba (1993: 400), la vegetación arbórea (abedul, pino y roble) se desarrollaría únicamente en fondos de valle y lugares protegidos. En una fase posterior (10000-8000 BP), dicha vegetación (abedul, pino, etc.) alcanza la montaña y *Quercus* se extiende a una menor altitud. En la siguiente fase (8000-6000 BP), *Quercus* gana altitud con respecto al período precedente y se asiste al desarrollo progresivo de *Corylus* (Peñalba 1993: 400 y s.). Como yacimiento paradigmático cabe citar la laguna colmatada de Quintanar de la Sierra (Burgos): durante el Tardiglacial, con un Dryas reciente bien marcado, la presencia de *Quercus* es regular, pero no suele superar el 1 % del total. Dicho taxón se desarrolla durante el Holoceno (aún cerca de 10000 BP), mientras que *Corylus* se expande en torno a 8000 BP (Peñalba 1992: 174 y ss.). Por tanto, Peñalba retrasa la expansión de *Corylus* con respecto a las observaciones de Ramil (1993: 48) en el Noroeste y de J. M.

Montserrat (1992: 78) en la vertiente sur del Pirineo. En la turbera de Saldropo y en el Lago Arreo (País Vasco), se advierten ciertas variaciones con respecto al yacimiento burgalés, quizá debidas a la influencia marítima. Por lo que respecta al Holoceno, en el conjunto de la región cantábrica se percibe una menor representación de *Pinus*. Los taxones caducifolios constituyen la base de la cobertera vegetal (Peñalba 1992: 178 y ss.).

La degradación de la cubierta vegetal acontecida durante el Dryas reciente también ha sido detectada por J. M. Montserrat en la vertiente meridional del Pirineo; donde la mejora climática también se vincula a la expansión de la vegetación arbórea (Montserrat 1992: 94 y 111). En los análisis polínicos llevados a cabo por Peñalba en dos turberas navarras (Belate y Atxuri), se observó un dominio general de *Quercus* y *Corylus*, dominio que la autora asocia "[...] a un clima suave" (Peñalba 1988a: 330). En el caso de Belate, una datación radiocarbónica permite vincular el predominio de ambos taxones al período Atlántico (en torno a 6600 BP) (Peñalba 1988b: 71).

Recientemente, L. Salas (1995) ha propuesto un modelo sobre la evolución climática del Holoceno en el Cantábrico basado en la reconstrucción de la cobertera vegetal. Dicha reconstrucción se ha llevado a cabo a partir de los datos procedentes de turberas con dos o más dataciones radiocarbónicas. La propuesta del autor contempla tres etapas en la evolución de la temperatura media de la región cantábrica durante el Holoceno. Así, desde finales del Dryas III hasta comienzos del Atlántico, se pasa de la tundra "[...] a una cobertera estratificada en pisos bioclimáticos muy similar al actual" (Salas 1995: 311). La temperatura media anual en el litoral debió variar, según los cálculos del autor, desde aproximadamente 7°C hasta 14,5°C. Durante el período Atlántico -segunda etapa dentro del modelo evolutivo-, se extiende el encinar cantábrico y la vegetación arbórea alcanza su máximo desarrollo. La temperatura media ascendería desde 14,5°C hasta 17°C. Según Salas, ciertas variaciones en la vegetación ocurridas hacia la mitad del período indican un descenso de la temperatura, quizá de 1°C, "[...] aunque posteriormente se vuelve a la situación anterior" (Salas 1995: 311). La tercera etapa, correspondiente a los períodos Sub-Boreal y Sub-Atlántico, y en la que ya interviene en factor antrópico (deforestación), queda fuera de los límites temporales de nuestro trabajo.

Resulta difícil pronunciarse sobre las precipitaciones. No obstante, las oscilaciones del nivel de los lagos, vinculadas al cambio del clima cuando se detectan de manera sincrónica a nivel regional, permiten obtener algunas conclusiones al respecto. A partir de los registros lacustres peninsulares, cabe inferir un grado de humedad superior al actual durante la primera mitad del Holoceno. En un momento posterior a 5000 BP, se produjo una brusca transición hacia condiciones más áridas (Harrison & Digerfeldt 1993: 241).

1.3. Síntesis.

Ciertamente, la información procedente de los yacimientos arqueológicos cársticos cuenta con un cierto grado de imprecisión. Así, en el caso de Los Azules, la sedimentología y la palinología ofrecen diferentes visiones acerca de las condiciones ambientales reinantes durante parte de la secuencia. De igual manera, los datos antracológicos tampoco coinciden con las deducciones polínicas. Sin embargo, existe consenso acerca de la presencia de un clima favorable durante la formación de las capas superiores del nivel 3, hecho corroborado desde el punto de vista faunístico por la desaparición de *Littorina littorea*. En La Riera, las conclusiones palinológicas y sedimentológicas obtenidas de los niveles previos al Mesolítico tampoco coinciden. Todos los indicadores señalan en cambio un clima favorable durante la formación de los niveles mesolíticos; una realidad igualmente contrastada en Mazaculos II desde el punto de vista antracológico y faunístico. Las contradicciones registradas entre la palinología y la sedimentología quizá haya que observarlas a la luz de los últimos trabajos de investigación interesados por establecer los límites interpretativos de ambas disciplinas en su aplicación al registro arqueológico cárstico.

Los yacimientos no antrópicos nos muestran con nitidez la existencia de unas condiciones climatológicas desfavorables en la fase previa al inicio del Holoceno. En general, y a diferencia de lo acontecido en el litoral sur peninsular (*cf.* Zazo *et al.* 1996), la zona norte acusó notablemente la última pulsación fría del Dryas. Más tarde, se asiste a la progresiva implantación de unas condiciones ambientales interglaciares, hecho que se materializa, desde el punto de vista botánico, con el desarrollo del bosque mixto caducifolio.

El ascenso de la temperatura media desde los últimos momentos del Tardiglacial y su evolución durante el Holoceno antiguo puede seguirse en el modelo propuesto por Salas. Según dicho modelo, el ascenso de la temperatura media desde el Dryas III llegaría hasta 14,5°C en el comienzo del período Atlántico; una temperatura media próxima a la que hoy se registra en la costa asturiana - 14,1°C en Gijón (Alvargonzález 1989: 152)-. En la estación meteorológica 183 (Llanes) -con mediciones de la temperatura atmosférica desde 1968-, las medias anuales obtenidas a partir de un registro mensual completo oscilan entre 12,7°C (1971) y 14,3°C (1989); no estando la zona exenta de heladas durante algo más de dos meses al año. Asimismo, Llanes viene a tener 137 días de lluvia al año, con unas precipitaciones que oscilan entre 1.100 y 1.300 mm (Romero & Sendín 1985: 123 y s.). La temperatura media durante el período Atlántico debió de ser superior a la actual.

La información de interés paleoclimático procedente de los niveles mesolíticos de los yacimientos cársticos del extremo occidental de la región cantábrica resulta escasa. Sin embargo, los exiguos datos recogidos no entran en contradicción con el paleoclima que cabe inferir a partir de los yacimientos no antrópicos del norte peninsular. En síntesis, los datos recogidos nos permiten dibujar a grandes rasgos el paleoambiente del período 9-6000 BP en el extremo occidental del Cantábrico. La información procedente de los fondos marinos, de lagos y turberas, así como de niveles arqueológicos en cueva, nos habla de un mundo próximo al actual; con una cobertera vegetal caracterizada por el bosque mixto caducifolio y un clima de tipo oceánico, quizá más húmedo que el actual. Un medio ambiente, por tanto, propio del período interglaciar en el que aún nos encontramos (Fig.: 3).

Zonación cronoclimática (Dupré 1988)			Industrias	Moluscos	Vegetación	Clima
7450 BP	HOLOCENO	ATLÁNTICO	CONCHEROS MESOLÍTICOS	*MONODONTA L.*	Bosque mixto caducifolio de *Quercus* y *Corylus*. Formación forestal.	Máximo térmico: ± 17ºC. Humedad.
8650 BP	HOLOCENO	BOREAL	CONCHEROS MESOLÍTICOS	*MONODONTA L.*	Implantación del bosque mixto caducifolio de *Quercus* y *Corylus*. Formación forestal.	Templado: ± 14,5ºC. Humedad.
10ky.BP	HOLOCENO	PREBOREAL	CONCHEROS MESOLÍTICOS / AZILIENSE	*MONODONTA L.* / *LITTORINA L.*	Expansión de las especies arbóreas (*Pinus-Betula*). Las herbáceas continúan. Formación semiabierta.	Aumento de las temperaturas.
	PLEISTOCENO	DRYAS III	AZILIENSE	*LITTORINA L.*	Predominio de las comunidades estépicas (*Poaceae*, *Asteraceae*, *Artemisia*, etc.) sobre las arbóreas. Formación abierta.	Frío, bajo el influjo del frente polar.

Fig.: 3. Paleoambiente, cuadro resumen.

2. LA TRANSGRESIÓN FLANDRIENSE Y SU IMPACTO EN EL REGISTRO ARQUEOLÓGICO.

Desde la regresión marina correspondiente al máximo glacial -en torno a 18000 BP-, momento en el que el nivel marino se situó más de un centenar de metros por debajo de la cota actual, el nivel del mar ascendió hasta la posición que ocupa hoy en día. Este fenómeno, ocurrido a nivel mundial, muestra ciertas particularidades según el área de estudio. Debido a ello, no es posible elaborar una curva universal, ya que cada uno de los fenómenos relacionados con la oscilación del nivel marino -pulsaciones de la curva eustática, movimientos isostáticos, neotectónica y desplazamientos del geoide- gozó de una dinámica espaciotemporal propia (Mateu *et al.* 1985: 79, Edeso 1991: 29, Mörner 1995: 261).

No obstante, cabe la posibilidad de trazar a grandes rasgos la evolución general del fenómeno, tal y como han hecho P. Quevauviller e I. Moita (1986: 86 y s.) a partir de la información disponible. El mar ascendió con rapidez desde el máximo glaciar hasta 16000 BP, para estabilizarse e incluso retroceder levemente hacia 16-15000 BP. Durante el período 15-12000 BP, las aguas ascendieron de nuevo con rapidez. En el Dryas reciente, el nivel marino volvió a estabilizarse, quizá tras una ligera regresión. En el inicio del Holoceno (10-8000 BP), el avance del mar fue más rápido que en la fase posterior (8-6000 BP). Finalmente, el nivel de las aguas se estabilizó hacia 5000 BP. El ascenso del nivel del mar durante el Holoceno antiguo ha podido observarse en diferentes puntos del planeta, como Japón, Nueva Zelanda, Viet Nam, Brasil y noroeste de Europa (*cf.* Mörner 1995: 263 y s.).

2.1. La transgresión en el Cantábrico y sus efectos.

En el contexto de la fachada atlántica europea, dos áreas próximas al Cantábrico, norte del Alentejo y costa francesa, muestran un importante ascenso del nivel de las aguas durante el Holoceno antiguo. En Portugal, el substancial ascenso que acompaña al inicio del Holoceno se prolonga, según la propuesta de Quevauviller y Moita (1986: 91), hasta el 7000 BP; mientras que en el modelo evolutivo global la velocidad de la subida decreció hacia el 8000 BP. En la curva propuesta por M. Ters (1973, 1976, 1977) para la costa atlántica francesa, también se percibe una importante subida del nivel marino hasta el período Atlántico.

En la región cantábrica, la investigación de J. M. Edeso en el litoral guipuzcoano ha permitido esbozar la evolución holocena de la costa vasca. Este investigador ha detectado un rápido ascenso del nivel marino hasta el 6000 BP, hecho que "[...] supondría el anegamiento de amplios espacios hasta entonces emergidos y la constitución de un litoral fuertemente condicionado por la topografía Preholocena" (Edeso 1991: 30). El máximo flandriense, previo a 5800 BP, parece haberse localizado en el depósito de Herriko-Barra (Zarautz). Tras superar el máximo nivel actual de la pleamar en la playa de Zarautz, las aguas se habrían retirado hasta una cota similar o inferior a la actual. Con posterioridad a 4900 BP, habría acontecido una nueva fase transgresiva (Cearreta *et al.* 1992: 83). La subida del nivel del mar durante el Holoceno en el Cantábrico oriental, ha podido ser igualmente constatada a partir de los sondeos efectuados en el estuario del Bidasoa (Cearreta *et al.* 1992: 78 y ss.).

Asimismo, el estudio de los depósitos relacionados con la subida flandriense en el oeste de Cantabria ha puesto de manifiesto la existencia de un alto nivel cerca de 5880 BP (Mary 1992: 163). En Cabo Peñas, ya en la costa asturiana, Mary ha detectado indicios de la existencia de un nivel marino fósil posterior al Asturiense (Mary 1992: 164); un dato importante ya valorado en su momento por González Morales a partir de los trabajos de Mary y de sus propias observaciones de campo (González Morales 1982: 53 y s.). La correlación de estos depósitos con los del occidente de Cantabria resulta difícil debido a la falta de dataciones. También en la Isla (concejo de Colunga) se ha identificado un alto nivel flandriense, pero el depósito no ha arrojado ningún indicio acerca de su cronología (Mary 1992: 164 y s.). Al igual que en el resto de la región, en la costa asturiana la transgresión flandriense habría alcanzado un nivel próximo al actual o un poco más elevado hacia 5800 BP (Mary 1983: 32). Por tanto, es evidente que durante el período cronológico estudiado (9-6000 BP) se produjo una importante subida del nivel marino, aunque no todos los autores aceptan la existencia de un máximo transgresivo en el Cantábrico durante el período Atlántico (*cf.* Salas 1995).

El impacto de la transgresión marina sobre el registro arqueológico tardiglaciar parece fuera de toda duda. Según los cálculos de M. Hoyos (González Sainz 1989: 19), la costa habría retrocedido frente a Ribadesella de 5 a 7 km a comienzos del Würm IV. Del mismo modo, Edeso (1991: 36) ha calculado que hacia el 12.000 (BP?) el mar Cantábrico se situaba a unos 50-60 m de profundidad con respecto a su cota actual; una situación idéntica, en el caso de que se trate de una fecha BP, a la propuesta en el esquema de evolución global de Quevauviller y Moita (1986: 87), en el que el nivel marino ascendería desde - 90 m a - 50-60 m en el período 15-12000 BP. La inundación de amplias áreas probablemente ocupadas por los cazadores-recolectores tardiglaciares no ha pasado desapercibida (Rasilla 1984: 169, González Sainz 1995: 172, Straus 1995a: 344). Pero la cuestión no se ha abordado de manera directa, ni tan siquiera a la hora de delimitar los problemas inherentes al estudio del poblamiento tardiglaciar (vid. Straus 1992 para el caso del Magdaleniense), o de elaborar una síntesis acerca de la evolución del grado de poblamiento de la región cantábrica desde el Paleolítico superior inicial hasta el Aziliense (González Sainz 1995). Parece difícil calcular el impacto, pero es evidente que el ascenso del nivel marino distorsiona nuestra percepción del registro: "[…] en el Aziliense, con el mar por lo menos a unos 20 m por debajo de los niveles actuales, la franja de costa podría haber tenido entre uno y cinco kilómetros más de ancho, según las zonas del Cantábrico. Ello significa que muchos de los yacimientos verdaderamente litorales de la época se hallan hoy sumergidos" (González Morales 1995b: 64). En principio, el efecto sobre el registro arqueológico previo al Aziliense debió de ser aún mayor.

Por lo que respecta al Mesolítico del Cantábrico occidental, la existencia de yacimientos de conchero que son invadidos de manera ocasional por las mareas -como el caso de una de las covachas del conjunto de Cuevas del Mar, en el concejo de Llanes (González Morales 1982: 53)-, nos está indicando que la formación de algunos depósitos de este tipo debió de producirse en un momento en el que la línea de costa se situaba a una cota inferior a la actual. Otros ejemplos son el covacho del río Purón y la cueva de La Silluca, también situados en el concejo de Llanes. El caso del yacimiento de Bañugues resulta más complejo.

En el covacho del río Purón, se conservan restos de conchero de tipo asturiense en parte recubiertos por sedimentos arenosos procedentes del río inmediato. En nuestra inspección del entorno pudimos comprobar, tal y como señaló González Morales, que la zona se ve actualmente afectada por las mareas. Parece claro que tras el depósito y cementación del conchero, hubo un momento en el que el nivel marino alcanzó una cota suficiente como para colmatar de arena el covacho. En la cueva de La Silluca, se observaron restos de conchero fuertemente cementados en una galería que se inunda durante las pleamares, por lo que cabe suponer "[…] un cierto intervalo de tiempo entre el depósito del conchero y la posterior fase de inundación periódica de la cavidad por el mar, dando lugar a que aquél se cementara" (González Morales 1982: 53). En el caso de Bañugues, de hacerse efectiva la relación entre el nivel de arenas marinas existente en el sector occidental de dicha ensenada y el nivel semejante documentado en la playa de Xivares, cabría pensar "[…] que tras el depósito de los materiales asturienses la zona conoció un momento transgresivo suficiente para rellenar con arenas una parte de la ensenada" (González Morales 1982: 54). M. Hoyos no acepta en cambio la interpretación de G. Mary acerca del supuesto depósito flandriense de Bañugues (Hoyos Gómez 1987: 257).

Otras investigaciones desarrolladas en el Cantábrico oriental -curso bajo del río Asón (González Morales et al. 1992)- ofrecen datos de interés acerca de las variaciones de la línea de costa. Al parecer, los abrigos de la Peña del Perro -uno de ellos (el principal) con una ocupación que abarca desde un momento avanzado del Magdaleniense hasta el Mesolítico, y otro (abrigo II) con una ocupación probablemente aziliense- perdieron su funcionalidad como lugares de hábitat y de explotación de recursos debido a la inundación de la Bahía de Santoña. El ascenso del nivel del mar produjo el desmantelamiento de los taludes que enlazaban los citados asentamientos con el fondo del valle (González Morales 1987: 58, 1990: 24 y s.). El abrigo II –hoy situado en el mismo frente del acantilado- habría sido abandonado en primer lugar, quizá debido a una peor accesibilidad. Asimismo, el abrigo principal denota una progresiva intensificación del marisqueo desde el nivel 2c (Magdaleniense avanzado) hasta el nivel 1 (Mesolítico). Esta tendencia, ya señalada por González Morales y Díaz Casado (1991-92: 59) a partir de las observaciones realizadas durante la excavación, se confirma tras los exhaustivos recuentos de R. Moreno (1995a: 228). Asimismo, resulta significativa la práctica inexistencia de restos de fauna terrestre en el conchero mesolítico (nivel 1); dato que, unido a la limitada presencia de industria lítica, quizá pueda interpretarse al hilo de la reflexión de González Morales (1990: 32), como propio de un asentamiento limitado, dada la nueva paleogeografía litoral, a la práctica del marisqueo.

En otras zonas de la Península Ibérica también se han advertido los efectos de la transgresión marina. Tal es el caso del Mediterráneo peninsular, donde el ascenso del mar durante el Holoceno antiguo (Zazo et al. 1994, Zazo et al. 1996, Goy et al. 1996) ha dejado su huella en el registro arqueológico. Así, en la excavación subacuática realizada en el Estany Gran d'Almerana (Gusi 1975), se documentó, entre otros restos arqueológicos, un yacimiento prehistórico a unos 8 m de profundidad, cuya industria lítica fue atribuida por J. Fortea al Epipaleolítico Geométrico tipo Cocina (Fortea 1973, 1975: 31). La documentación de este yacimiento epipaleolítico a 8 m de profundidad, parece indicar que el asentamiento se produjo en un momento en el que el nivel marino se encontraba sensiblemente por debajo del nivel actual (Mateu et al. 1985: 93). Asimismo, los últimos niveles correspondientes al Paleolítico superior final de la Cova del Volcán y de la Cova de les Cendres se caracterizan por la pobreza de su contenido malacológico. Sin embargo, esta situación se invierte en los niveles del Neolítico antiguo de les Cendres y en los de cronología posterior de la Cova del Volcán; hecho que cabe relacionar con "[...] una fase decisiva de la transgresión marina que aproximó la línea de costa a ambos yacimientos" (Mateu et al. 1985: 93).

Del mismo modo, en la Cueva de Nerja ha podido esbozarse la evolución de la línea de costa a partir de la fauna malacológica recuperada (Jordá Pardo 1983, 1984-85, 1986). En un primer momento -Auriñaciense y Solutrense-, el predominio corresponde a los moluscos terrestres, de lo que se deduce un cierto alejamiento de la costa. Durante el Magdaleniense abundan los moluscos de substrato arenoso-fangoso, hecho que apunta hacia una configuración de la costa diferente a la actual, con playas y medios costeros restringidos (estuarios, marismas, etc.). En el registro epipaleolítico dominan los moluscos de substrato rocoso, sobre todo el género *Mytilus;* componente del conchero antrópico (unidad 4) en cuya base se ha situado la transición del Tardiglacial al Postglacial en la Cueva de Nerja (Jordá Pardo et al. 1990). Ello es indicativo de un progresivo acantilamiento de la costa, proceso que continúa durante el Neolítico, tal y como cabe deducir de la importante presencia del género *Patella*.

2.2. Conclusiones.

La subida del nivel del mar no debió de producir, durante el Mesolítico, una pérdida excesiva de territorio en la región cantábrica; ya que las isobatas de -20 y -40 m se encuentran muy próximas al litoral (cf. Instituto Hidrográfico de la Marina 1991). No obstante, el ascenso del nivel marino ha tenido, a nuestro juicio, consecuencias importantes. En primer lugar, se han perdido yacimientos mesolíticos. No sabemos cuántos, pero sí contamos con un dato significativo: más de la mitad -por encima del 65%- de los asentamientos ubicados en el primer km de costa se sitúan entre los 0 y los 500 m de distancia al mar; hecho que nos permite plantear, al menos como hipótesis, que en la franja de territorio sumergida el número de yacimientos debió de ser importante (Fig.: 4). En segundo lugar, desconocemos la distancia real de los emplazamientos al mar, puesto que hoy sólo percibimos la distancia existente a la línea de costa actual (Fano 1996: 58).

Pero estas consideraciones no resultan novedosas para la investigación del Mesolítico costero continental. De hecho, hace ya algunos años G. N. Bailey planteó la posibilidad de que la discontinuidad en la distribución de los concheros a lo largo de la fachada atlántica europea reflejase simplemente una "[...] differential preservation of the data resulting from

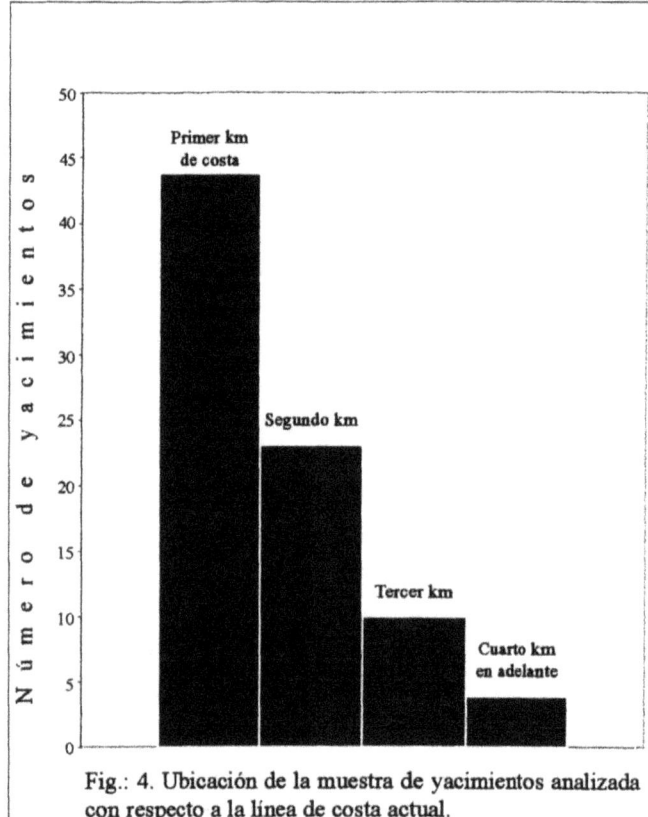

Fig.: 4. Ubicación de la muestra de yacimientos analizada con respecto a la línea de costa actual.

the eustatic rise of world sea levels or other processes of shoreline displacement" (Bailey 1978: 37). Recientemente, C. Bonsall ha señalado que los asentamientos mesolíticos costeros conocidos en Escocia representan sólo una parte del registro original, ya que debe considerarse la destrucción de los emplazamientos que se situaban a orillas del mar antes de que el mar alcanzara su alto nivel (Bonsall, en prensa). Este hecho se ha tenido también en cuenta en las investigaciones sobre el Mesolítico de otras zonas costeras, como las de Bretaña (Kayser 1991: 199), Normandía (Chancerel & Paulet-Locard 1991: 228) e Irlanda (Woodman & Andersen 1990: 377). Se trata de un problema complejo al que tampoco ha escapado el Mesolítico nórdico (Larsson 1990: 263 y 295, 1993: 45, Grøn & Skaarup 1991).

Asimismo, las fluctuaciones del nivel marino debieron de producir múltiples efectos sobre el medio ambiente habitado por el hombre. Un buen ejemplo de ello es la contemporaneidad observada entre la expansión de *Alnus* en el Cantábrico (6000-4500 BP) y la regresión marina detectada en el sudeste del Golfo de Bizkaia (5810-4920 BP). Según Sánchez Goñi (1996b), esta retirada del mar produjo amplias zonas de agua dulce favorables a la expansión de las alisedas.

3. GEOLOGÍA Y RELIEVE.

3.1. Contexto general e introducción a la Geología de Asturias.

La región asturiana forma parte, junto con la región vasco-cantábrica, de la Cordillera Cantábrica. La orografía aporta unidad a la región, pero las formas de relieve y la constitución geológica resultan muy diversas. Así, geológicamente, el sector occidental o asturiano es la continuación del Macizo Ibérico, aunque con una personalidad morfológica acusada. A diferencia de la región vasco-cantábrica, la zona asturiana se caracteriza por la presencia casi exclusiva de materiales paleozoicos (Solé Sabarís 1987: 63 y ss.). En las próximas líneas, presentamos una introducción a la Geología de Asturias basada, fundamentalmente, en el reciente trabajo de F. Bastida y J. Aller (1995).

En el mapa geológico regional pueden distinguirse dos grupos de rocas diferentes en función de su edad y de su deformación tectónica. Ambos grupos están separados por una discordancia, lo que indica que los dos han tenido una historia geológica muy diferente, y que por tanto representan contextos geológicos muy distintos.

El primer grupo de materiales ocupa la mayor parte del territorio asturiano. Está compuesto por rocas precámbricas y, fundamentalmente, paleozoicas pre-pérmicas. Este conjunto de rocas forma el extremo noroccidental del Macizo Ibérico, que ocupa la mayor parte de la mitad occidental peninsular y también pequeñas áreas de la Cordillera Ibérica. Este macizo esta formado por rocas plegadas y fracturadas durante el Carbonífero (Orogénesis Varisca o Hercínica).

Dentro del Macizo Ibérico, el sector occidental de Asturias se integra en la Zona Asturoccidental-leonesa; mientras que los sectores central y oriental lo hacen en la Zona Cantábrica. Ambas zonas se encuentran separadas por una estrecha banda de materiales precámbricos (Antiforme del Narcea). La estructura en arco de las dos zonas fue adquirida durante la deformación varisca y se denomina Arco Astúrico o Ibero-armoricano.

La estratigrafía de ambas zonas, Asturoccidental-leonesa y Cantábrica, posee caracteres muy diferentes. En la primera, las rocas son del Paleozoico inferior (Cámbrico, Ordovícico y Silúrico); mientras que en la Zona Cantábrica, por el contrario, dominan las rocas del Paleozoico superior (Devónico y Carbonífero). En la Zona Cantábrica cabe distinguir cinco unidades diferentes, denominadas de oeste a este: Pliegues y Mantos, Cuenca Carbonífera Central, Manto del Ponga, Picos de Europa y Pisuerga-Carrión. En la costa, los materiales de la unidad de Pliegues y Mantos afloran en Cabo Peñas y los del Manto del Ponga lo hacen en el sector comprendido entre la sierra del Sueve y Llanes. También en la Zona Asturoccidental-leonesa cabe distinguir tres dominios diferentes: el Dominio del Navia y Alto Sil, al este, el Dominio del Manto de Mondoñedo, en el extremo occidental de Asturias, y el Dominio Caurel-Truchas, fuera ya del territorio que nos ocupa.

El segundo grupo de materiales que afloran extensamente en Asturias lo integran las rocas permo-triásicas, mesozoicas y terciarias. Ocupan principalmente la zona costera situada entre Avilés y Ribadesella. Estas rocas vuelven a aparecer en las proximidades del límite con Cantabria, desde donde se generalizan formando lo que se ha denominado región vasco-cantábrica. Estas sucesiones, integradas también por carbonatos y terrígenos, fueron deformadas durante el Terciario (Orogénesis Alpina) y constituyen, desde el punto de vista geológico, la parte más occidental de la cordillera pirenaica; aunque el grado de deformación en esta zona es mucho menor que el observado en los Pirineos propiamente dichos. La deformación alpina también afectó al zócalo paleozoico, pero en estas rocas resulta difícil diferenciar la deformación alpina de la varisca, ya que ambas se encuentran superpuestas. También se conservan en Asturias abundantes sedimentos cuaternarios, sobre todo en la franja costera, donde constituyen el depósito de las rasas y de estuarios.

3.2. Apuntes sobre el relieve asturiano.

Dos son los factores determinantes que intervienen en la formación del relieve: las características del substrato (estructura, composición, grado de compactación) y el clima. Éste último ha sufrido notables variaciones a lo largo de los últimos tiempos geológicos (Farias & Marquínez 1995: 163).

El substrato geológico asturiano está compuesto fundamentalmente por rocas sedimentarias, y en proporción mucho menor por rocas metamórficas e ígneas (ambas prácticamente limitadas a la Zona Asturoccidental-leonesa). Litológicamente, en la zona occidental de la región encontramos un substrato silíceo (areniscas, pizarras y cuarcitas), mientras que en la zona central el substrato es de tipo mixto (calizas, margas, areniscas, cuarcitas, conglomerados, lutitas, etc.), y en el oriente predominan las calizas (Farias & Marquínez 1995: 163 y s.).

La estructuración varisca en arco de los materiales precámbricos y paleozoicos debe ser tenida en cuenta a la hora de estudiar la formación del relieve regional, ya que determinó, en parte, el trazado de los ríos de la región. Pero el acontecimiento estructural decisivo en la formación del actual relieve asturiano, tiene lugar cuando comienzan a producirse los movimientos tectónicos relacionados con la Orogenia Alpina (Farias & Marquínez 1995: 164), un hecho común para el conjunto de la Cornisa Cantábrica (Marquínez 1992: 157). En el sector asturiano, la compresión tectónica alpina provocó la formación de la Cordillera Cantábrica mediante la instalación de una red de fallas de orientación E-W, que ocasionaron el levantamiento de bloques al frente de los cuales se individualizaron cuencas o áreas subsidentes en las que se acumularon sucesivamente los materiales procedentes de la erosión de los relieves en formación. Ejemplos de dichas cuencas son la depresión terciaria media asturiana y el borde norte de la cuenca del Duero. Los bloques elevados constituyen la Sierra Prelitoral (sierras del Naranco, Sueve y Cuera) y la Cordillera Cantábrica (Farias & Marquínez 1995: 164).

Hacia el final del Terciario (entre 15 y 2,2 mill. de años), bajo condiciones climáticas húmedas, los relieves recientemente formados de la Cordillera Cantábrica comenzaron a ser desmantelados por la erosión; un proceso en el que las dinámicas glaciar y fluvial jugaron un importante papel. Así, el recorrido de los ríos asturianos tiene su origen en el rápido encajamiento de los valles fluviales que se produjo desde finales del Terciario; todo ello en relación con las abundantes precipitaciones que caracterizaron ese momento. Los materiales producto de la erosión fueron vertidos al mar y en su mayor parte depositados en la recién formada depresión prelitoral (Farias & Marquínez 1995: 164 y s.). El recorrido de los cursos fluviales en Asturias es muy corto y sigue unas pautas sencillas. En general, se disponen en dirección sur-norte, transitando desde el eje de la cordillera hasta el mar por el camino más corto. Esta observación resulta más evidente en el occidente de la región, donde las estructuras variscas, con rumbos norte-sur, ayudan a los principales cursos fluviales a adquirir dicha trayectoria. Las principales excepciones se encuentran en la zona oriental, donde los ríos tuvieron que evitar las Sierras del Sueve, Escapa y Cuera. De esta manera, los ríos Piloña, Gueña y Cares tienen cauces de dirección este-oeste encajados entre las montañas (Farias & Marquínez 1995: 165 y s.).

Las variaciones climatológicas acontecidas durante el Cuaternario han influido en la formación de la morfología actual de la costa asturiana. A finales del Terciario, el mar ocupaba gran parte de la franja costera actual. La línea de costa estaba limitada por las sierras prelitorales, en cuya vertiente norte se situaban en muchos casos los acantilados. El efecto de las glaciaciones -pérdida de masa de agua en los océanos unida a un reajuste isostático- hizo que la línea de costa retrocediese hacia el norte, situándose hace unos 30000 años varios kilómetros al norte de su situación actual. Todo ello produjo que la plataforma de abrasión marina precuaternaria quedase elevada por encima del nivel marino; hecho que ocasionó la aparición de una amplia zona costera de relieve prácticamente plano e inclinada suavemente hacia el norte (Farias & Marquínez 1995: 166 y s.).

En la región asturiana se han distinguido varias unidades geomorfológicas. Recogemos aquí aquellas más relacionadas con el poblamiento mesolítico regional (Alvargonzález 1989: 103 y ss.). La unidad más septentrional está constituida por las rasas. Entre Burela (Lugo) y San Vicente de la Barquera (Cantabria) existe una plataforma litoral que se extiende a lo largo de la costa. Dicha plataforma no sobrepasa los 300 m de altitud y su anchura oscila entre 3 y 5 km. Dado que el proceso de formación y ascenso de las plataformas de abrasión marina ha ocurrido en varias ocasiones durante el Cuaternario, se localizan restos de distintas rasas a diferentes niveles de altura (Flor 1983). Las cadenas litorales se sitúan entre el meridiano de Oviedo y el río Deva, constituyendo una alineación montañosa de dirección este-oeste que contrasta con los rumbos norte-sur documentados al oeste del meridiano de Oviedo; donde se sitúan las plataformas y sierras transversales del occidente, estructuras hercinianas ligeramente afectadas por la tectónica alpina. El eje montañoso de las cadenas litorales está formado por dos unidades diferenciadas: las sierras del Cuera y del Sueve; y un conjunto de pequeñas elevaciones que se extienden de Borines a Santofirme. La depresión prelitoral es una estrecha depresión que se desarrolla desde Oviedo hasta Panes, entre los Picos de Europa y las cadenas litorales, y entre éstas y las montañas de la divisoria. Dentro del surco prelitoral cabe distinguir dos sectores bien diferenciados: una zona de mayor anchura, entre Oviedo y Arriondas, y otra más estrecha entre Arriondas y Panes.

3.3. El substrato geológico como condicionante del poblamiento y de nuestra percepción del registro.

Los macizos calcáreos de la Cornisa Cantábrica pueden dividirse en dos grandes grupos en función de la edad. Por un lado, están los Macizos Paleozoicos, constituidos fundamentalmente por calizas carboníferas que se desarrollan por la zona centro y oriental de Asturias. Estos afloramientos alcanzan León por el sur y Cantabria por el este. Por otro lado, están los Macizos Mesozoicos, compuestos por las series carbonatadas del Jurásico y sobre todo del Cretácico, que se distribuyen de manera continua por Cantabria y el País Vasco (Hoyos Gómez & Herrero 1989: 110).

La presencia de las calizas en el substrato de la mitad centro-oriental de Asturias (Picos de Europa, sierras de Cuera, Sueve, Aramo, la Sobia y el macizo de las Ubiñas) provoca la génesis de un relieve característico dominado por la dinámica de los procesos cársticos. En superficie, el modelado cárstico se manifiesta con la formación de depresiones subcirculares: dolinas, uvalas, polgés y una densa red de canales y hendiduras en la roca que se organizan en forma de lapiaces. Asimismo, las aguas superficiales se introducen en el interior del macizo calcáreo a través de sumideros situados en el fondo de las depresiones, de forma que el carst evoluciona generando un sistema de cavidades y corrientes subterráneas que pueden presentar desarrollos en vertical (simas) o en horizontal (cuevas y galerías) (Farias & Marquínez 1995: 169, *vid.* sobre estos procesos Selby 1985).

a) La franja costera oriental. Desde la ría de Tina Mayor hasta la ría de Ribadesella.

Cabe destacar la fuerte carstificación de los afloramientos calizos del Carbonífero en la parte oriental de la región (I.G.M.E. 1976a, 1981, 1986, Farias & Marquínez 1995: 171). En este sector, correspondiente a la Región del Manto del Ponga, se produce una sucesión de afloramientos cuarcíticos (sierras planas o llanos) y calcáreos. Entre las formas cársticas documentadas, nos interesa destacar aquí la multitud de cavernas localizadas a lo largo de toda la marina oriental, desde la desembocadura del río Sella (Tito Bustillo, la Cuevona, etc.) hasta la desembocadura del río Deva (conjunto de Tina, cueva de la Barra, etc.). El inventario de depósitos de conchero en cueva presentado en este libro es un buen ejemplo de la cantidad de cuevas que alberga la costa oriental. Gracias al trabajo sistemático de catalogación que en la actualidad desarrollan varias sociedades de espeleología (Hades, L'Espertellu y Jeifa) en la marina oriental, en no mucho tiempo podremos contar con un catálogo prácticamente definitivo. Las cuevas y conductos se sitúan en el interior de los "cuetos", nombre con el que son conocidos en la región los montículos calcáreos residuales de formas irregulares, morfologías propias de un paleorrelieve cárstico fosilizado (Hoyos Gómez & Herrero 1989: 113).

b) La franja costera central. Desde la ría de Ribadesella hasta la ría de Pravia.

En el paso de la costa oriental a la costa central se produce el paso del substrato paleozoico al mesozoico. Es decir, las rocas paleozoicas pre-pérmicas ceden su lugar a las rocas

Lám.: 1. Vista del pequeño valle por el que discurre el arroyo de Llovio, en cuyas proximidades se localiza la cueva de la Presa (concejo de Ribadesella).

permo-triásicas, jurásicas y cretácicas (García-Ramos & Gutiérrez 1995: 247); el tránsito, en definitiva, a la cobertera Mesozoico-Terciaria que se desarrolla en un área comprendida entre Oviedo, Avilés y Ribadesella. La caliza forma parte del substrato geológico de la franja costera central (I.G.M.E. 1973a, 1973b, 1973c, 1973d), pero las condiciones no son ya propicias para el desarrollo del modelado cárstico (Farias & Marquínez 1995: 171). Ello es debido, por una parte, al hecho de encontrarse las calizas cubiertas por sedimentos detríticos posteriores y, por otra, a la propia estratigrafía de los depósitos calizos, formados por capas estrechas y tableadas. Las formas cársticas se desarrollan primordialmente en las series calizas masivas (Coque 1984: 58). Se documentan cavidades, pero dejan de ser una realidad común en el paisaje, algo que ha repercutido de manera notable en los mapas de dispersión de yacimientos arqueológicos en cueva (Rasilla 1983, Fernández-Tresguerres 1990; González Sainz 1995, etc.).

En los concejos de Caravia y Colunga, la Caliza de Montaña de edad carbonífera de la sierra del Sueve (I.G.M.E. 1973a, Suárez 1974: lám. 2) posibilita la existencia de cavidades en la vertiente norte de dicho sistema montañoso. Contamos con un catálogo de cavidades correspondiente a la hoja 30-II (Colunga) del *Mapa Topográfico Nacional* -facilitado por J. C. Camporro (Sociedad de Espeleología Hades)-, a partir del cual se constata la existencia de cuevas en la vertiente norte de la cordillera del Sueve, gran parte de las cuales han sido inspeccionadas por nosotros (Fano 1995b). Durante la realización de la carta arqueológica de ambos concejos, también se localizaron cavidades en las estribaciones montañosas calizas (Adán 1995). Se ha citado alguna cavidad en la rasa litoral -como la de Las Xanas, en La Isla-, pero es evidente que el panorama varía de una manera radical con respecto a lo observado en los concejos orientales.

Prospecciones llevadas a cabo en los concejos de Villaviciosa y Gijón, han señalado la práctica inexistencia de cuevas en dichos concejos debido al escaso desarrollo del carst (Martínez *et al.* 1992: 237 y ss.). En el concejo de Carreño dominan en cambio los materiales paleozoicos sobre los mesozoicos. De hecho, existe un afloramiento de Caliza de Montaña de cierta entidad (*cf.* Arbizu *et al.* 1995: 232); y se ha citado la presencia de varios yacimientos arqueológicos asociados a cavidades, entre ellos la hoy desaparecida Cueva Oscura de Perán (Díaz Nosty & Sierra Piedra 1995a: 211). En Gozón no se ha citado yacimiento en cueva alguno, al igual que en Avilés (Díaz Nosty & Sierra Piedra 1995b, García Quirós 1995). También en Castrillón existe una litología poco propicia para la formación de cuevas y abrigos, aunque se ha apuntado la existencia de formaciones calcáreas y cresterías calizas poco favorables para la habitación. Sólo se ha citado un yacimiento en cueva, la cueva del Hueso (García Quirós 1995: 207). Finalmente, en Soto del Barco también se ha denunciado la falta de un contexto geológico favorable para la existencia de cuevas (Díaz Nosty & Sierra Piedra 1995c: 198).

c) La franja costera occidental. Desde la ría de Pravia hasta la ría de Ribadeo.

La caliza resulta prácticamente inexistente en el substrato geológico (Bastida *et al.* 1995: 260); sólo aflora la llamada Caliza de Vegadeo, escasa en el *Mapa Geológico* correspondiente a las hojas de Ribadeo y Luarca, y algo más abundante en la hoja de Busto (*vid.* respectivamente I.G.M.E. 1980a, 1980b, 1976b). Al ocuparnos de la costa occidental abandonamos la Zona Cantábrica del Macizo Ibérico y nos adentramos en la Zona Asturoccidental-leonesa. Como ya apuntamos con anterioridad, la geología de ambas zonas es muy diferente. Desde el punto de vista geomorfológico, cabe señalar la práctica inexistencia de modelado cárstico en la parte asturiana de la Zona Asturoccidental-leonesa (Bastida & Aller 1995: 32 y s.). La falta de caliza en el substrato del occidente no ha pasado desapercibida entre los prehistoriadores; aunque también se ha llamado la atención sobre la posible existencia de abrigos en las escasas calizas existentes, e incluso "[...] en las zonas de alternancia entre cuarcitas y pizarras, dada la distinta competencia que presentan estos materiales frente a la erosión" (Rasilla 1982: 21). Hasta la fecha, sólo se conocen unos abrigos con materiales paleolíticos en el extremo occidental de la franja costera considerada: los abrigos de Peña Caldeira, en el concejo de Tapia de Casariego (Maradona & Martínez Faedo 1995: 174 y s.).

En síntesis, globalmente se constata una disminución en el número de cuevas en sentido este-oeste. Abundan en la costa oriental, escasean en la costa central y desaparecen en la costa occidental. Este hecho puede haber influido en la distribución del poblamiento mesolítico regional y seguramente influye en nuestra actual percepción del registro.

II. ANTECEDENTES Y ENTRONQUE HISTÓRICO

1. UNA VISIÓN RETROSPECTIVA DE LA INVESTIGACIÓN SOBRE EL MESOLÍTICO EN ASTURIAS (1914-1998).

1.1. Introducción.

"Eighty years of Asturian research: after the Azilian along the cantabrian coast". Este es el título de la comunicación presentada por González Morales en la *International Conference on the Mesolithic of the Atlantic Façade* celebrada en Santander en julio de 1994; ochenta años después de que D. Ricardo Duque de Estrada y Martínez de Morentin, Conde de la Vega del Sella, publicara los resultados de su excavación en la cueva del Penicial (Vega del Sella 1914). Nos enfrentamos, por tanto, a uno de los temas clásicos de la Prehistoria cantábrica. Con anterioridad a los trabajos de Vega del Sella se produjeron hallazgos dispersos, tanto en el tiempo como en el espacio, sin que nadie tratara de sistematizarlos. La investigación propiamente dicha comenzó con Vega del Sella y desde entonces han sido varios los investigadores que se han dedicado, con mayor o menor intensidad, a recuperar e interpretar la información que se desprende de los yacimientos arqueológicos del Cantábrico occidental atribuidos, hoy en día, al lapso de tiempo que media entre el final del Aziliense y la llegada de la economía de producción.

A lo largo de la historia de la investigación, se han formulado distintos planteamientos en torno a la cronología de los concheros y de la industria lítica, en ocasiones sin contexto, que hoy atribuimos al Mesolítico. En tales planteamientos tuvo mucho que ver la aparente contradicción existente entre los resultados obtenidos por los dos procedimientos de datación relativa: la tipología y la estratigrafía arqueológica.

Por otro lado, la intensa labor de prospección llevada a cabo por Vega del Sella marcó, durante décadas, la imagen sobre la dispersión de los cazadores-recolectores postazilienses en Asturias. Sólo en los años sesenta y fundamentalmente en los setenta, comienza a vislumbrarse un segundo foco de dispersión mucho más modesto al oeste de la zona clásica de los concheros. Asimismo, las evidencias de los últimos años en la vertiente meridional de la Sierra de Cuera parecen indicarnos la necesidad de considerar el interior de la región a la hora de diseñar nuestros modelos sobre el poblamiento mesolítico en el extremo occidental de la región cantábrica.

En las próximas páginas, utilizando como hilo conductor del discurso la controvertida cuestión de la cronología del Asturiense, trataremos de exponer la historiografía del descubrimiento del registro arqueológico mesolítico en Asturias; con el objetivo de poder valorar la intensidad del trabajo de campo desarrollado a lo largo de algo más de ocho décadas de investigación en las diferentes partes del territorio.

1.2. El comienzo de la investigación: primeras décadas del s. XX.

Tras su excavación en la cueva del Penicial, Vega del Sella presentó su primera hipótesis de trabajo sobre la cronología de lo que él consideró inicialmente como "[...] un tipo de industria nuevo y probablemente local de esta zona de Asturias" (Vega del Sella 1914: 13). Como apuntó H. Obermaier (1916: 336), la estratigrafía del Penicial no permitió al Conde obtener conclusiones de carácter cronológico, por lo que hubo de recurrir a la tipología. Vega del Sella estimó que una parte de las piezas, la mayoría, tenía "un tipo marcadamente Achelense", y otras mostraban afinidades con materiales del Musteriense. Ello llevó al Conde a pensar en un momento de transición entre ambos períodos, y apuntó la posible existencia de perduraciones en el tiempo.

La dificultad que supone el enfrentarse a una realidad absolutamente desconocida quedó de manifiesto un año después, cuando en el Congreso de la Asociación Española para el Progreso de las Ciencias, Vega del Sella (1915: 156) atribuyó al Aziliense los concheros costeros del oriente de Asturias; aunque el autor ya había anunciado la provisionalidad de las ideas expuestas en su "Avance al estudio del Paleolítico superior en la región asturiana". Más tarde, las cuevas de Fonfría y Mazaculos II demostraron al insigne autor asturiano la asociación de los depósitos de conchero con el tipo de industria que él había localizado en su excavación de 1914 (Vega del Sella 1916: 63 y ss.).

En su obra *Paleolítico de Cueto de la Mina (Asturias)*, Vega del Sella comenzó a incluir datos de carácter estratigráfico en la investigación sobre el período, al que Obermaier (1916: 334), ese mismo año, había considerado oportuno denominar Asturiense. La clara sucesión estratigráfica de Balmori, con un nivel de picos superpuesto al Aziliense y al Magdaleniense (Vega del Sella 1916: 66), pareció difuminarse en la memoria final de la excavación del yacimiento (Vega del Sella 1930: 53 y ss.). En este trabajo, Vega del Sella admitió la dificultad de distinguir un nivel aziliense, y como ha señalado González Morales (1982: 109), "[...] el nivel aziliense es creado a base de algunos útiles líticos aparentemente típicos del período". Cueto de la Mina tampoco brindó una estratigrafía precisa. Entre el nivel magdaleniense y el conchero asturiense, Vega del Sella localizó "algunas piezas típicamente azilienses", sin que resultara posible delimitar un nivel arqueológico (Vega del Sella 1916: 59 y s.). En cualquier caso, tanto la estratigrafía de Balmori como la de Cueto de la Mina indicaban la ubicación postpaleolítica de los depósitos asturienses, aún con un punto de imprecisión en lo referente al Aziliense.

Fue en definitiva la cueva de La Riera la que aportó la estratigrafía más sólida para fijar la cronología relativa del Asturiense. La excavación del yacimiento arrojó una clara sucesión de niveles arqueológicos, correspondientes al Solutrense, Magdaleniense, Aziliense y Asturiense (Vega del Sella 1923: 47 y ss.). Ello, unido a la falta de cerámica y piedra pulimentada en los concheros, condujo a Vega del Sella a situar el Asturiense en el período de tiempo que media entre el Paleolítico y el Neolítico. Pero, según el autor, la evolución cultural no era continua, ya que existía un hiato desde el final del Paleolítico hasta el Asturiense y otro desde el Asturiense al inicio de la neolitización (Vega del Sella 1923: 38 y ss., 1925: 168 y 172). En las ideas de Vega del Sella resultaba clave la relación de dos especies malacológicas (*Littorina littorea* y *Monodonta lineata*) con las modificaciones medioambientales (Vega del Sella 1923: 38 y s., 1930: 96 y s.).

Los puntos de vista contrarios respecto a la atribución cultural de estos yacimientos, como el de P. Bosch-Gimpera (1922: 28) y el de J. Fernández Menéndez (1927: 312 y ss.), fueron respondidos por Vega del Sella (1923: 49, 1927: 392 y s.) y no transcendieron; aunque Fernández Menéndez (1931: 184 y ss.) siguió estudiando la relación de los artistas de Peña Tú y de los constructores de los megalitos de la Sierra Plana de Vidiago con los concheros situados en la planicie litoral al norte de la Sierra Plana: "[...] son unos y los mismos los que formaron estos concheros y los que construyeron los dólmenes y esculpieron y pintaron los temas de Peña Tu, es decir que estas cuevas y estos abrigos sirvieron de poblados neolíticos" (Fernández Menéndez 1940: 165). La cronología postaziliense y preneolítica propuesta para el Asturiense fue recogida en los trabajos de Obermaier (1924: 350, 1925: 383) y el propio J. Carballo aceptó, tras sus críticas iniciales (Carballo 1924: 138 y ss.), la idea del Asturiense como período (Carballo 1926: 11 y s.) y no como una simple "forma lítica". De esta manera, la cronología postpaleolítica del Asturiense se mantuvo hasta la década de los años cincuenta.

Producto de su rigor científico, Vega del Sella tuvo en cuenta el territorio prospectado a la hora de valorar el alcance de sus observaciones sobre el Asturiense: "[...] el trozo de costa por mí reconocido abarca solamente desde Ribadesella hasta próximamente el puerto de Santander" (Vega del Sella 1923: 12). A nuestro juicio, esta afirmación del Conde resulta muy interesante, puesto que no se conoce actividad investigadora suya a lo largo de la costa situada al oeste de Ribadesella (Jordá 1956, Márquez Uría 1974, Rasilla 1991). Sin embargo, su actividad sí fue notoria en otras zonas alejadas del litoral: en la cuenca del Nalón y en puntos situados más al oeste de este curso fluvial, en el valle del Sella o en valles afluentes al mismo, y en el valle del Deva. Resulta en cualquier caso difícil precisar la labor prospectora del Conde, más aún cuando la investigación sobre su trabajo se ha centrado, fundamentalmente, en los resultados de su labor: "No se han señalado simples visitas de reconocimiento o similares, sino aquellas que han trascendido de algún modo para el conocimiento de la Prehistoria de esas diversas zonas" (Márquez Uría 1974: 834).

Vega del Sella fue consciente del carácter costero de los asentamientos asturienses, pero apuntó la posibilidad de que las poblaciones del período frecuentaran las zonas inmediatas a la costa, tal como pudo ocurrir en la Sierra Plana de Vidiago (Vega del Sella 1927: 292 y s.). Esta idea fue sugerida por el autor con motivo de la aparición de material asturiense en dos túmulos de la Sierra Plana (Fernández Menéndez 1927: 315 y s.) y fue corroborada, muchos años después, con la documentación de material asturiense en superficie y con la obtención de una datación radiocarbónica que fecha algún tipo de actividad en la Sierra Plana en torno a 7550 BP (Arias & Pérez 1990a: 144 y s.).

1.3. Un paréntesis en la historia de la investigación.

Tras los trabajos del Conde de la Vega del Sella la investigación se detuvo. Durante años el Asturiense sólo apareció en obras de carácter general y no se llevaron a cabo trabajos de campo. La cronología propuesta por Vega del Sella fue recogida por L. Pericot (1942: 104 y s.) y P. Bosch-Gimpera (1945: 47), y M. Almagro, refiriéndose a la región cantábrica, escribió: "[...] la transición Magdaleniense-Aziliense-Asturiense-Neolítico, es clara y firme" (Almagro 1944: 1). Años después, Pericot (1950: 103) reiteró las ideas de Vega del Sella sobre la cronología del Asturiense, y avisó sobre las características de los picos asturienses: "[...] podrían engañarnos y hacernos buscar paralelos en industrias toscas del Paleolítico inferior de países muy alejados, en especial en el Centro y Sur de Africa". A mediados de la década de los años cincuenta siguieron apareciendo trabajos en los que se admitían las ideas de Vega del Sella, como el de Almagro *et al.* (1956: 38) y el del propio Jordá en el *Libro Homenaje al Conde de la Vega del Sella* (Jordá 1956: 13 y s.). En el caso de Jordá, el autor había entrado ya directamente en contacto con el Asturiense gracias al estudio de los materiales de la cueva de Trescalabres (Jordá 1953: 47) y a sus propias observaciones de campo en la cueva de El Pindal (Jordá & Berenguer 1954).

1.4. Los trabajos de Jordá.

Con Jordá comenzó una nueva etapa en la investigación sobre el Mesolítico en el extremo occidental de la región cantábrica. De hecho, durante los años cincuenta se excavaron, bajo la dirección de este prehistoriador, varios yacimientos situados en la costa oriental con fases de ocupación atribuidas al período que nos ocupa. Fue en la cuestión de la cronología donde el autor, en colaboración con N. Llopis, introdujo un cambio importante.

Jordá quiso valorar en su investigación sobre el Asturiense los procesos geológicos que pudieran haber afectado a los yacimientos; por lo que inspeccionó, en compañía de N. Llopis y M. Julivert, una serie de cavidades en las proximidades de Posada de Llanes (Llopis 1953a, 1953b). Más tarde, Jordá aplicó las observaciones de campo en su trabajo sobre la cueva de Bricia. El autor observó testigos de conchero en las paredes de la cueva y dedujo la destrucción del mismo (Jordá 1954: 172). Jordá valoró la común destrucción de los concheros asturienses que había podido estudiar en sus exploraciones de campo, y consideró más verosímil una destrucción debida a la "acción hidrológica" de la propia cueva, posterior a la lapidificación del conchero, que una destrucción vinculada a factores antrópicos (Jordá 1954: 178).

Tras una serie de referencias previas (Hernández-Pacheco *et al.* 1957, Jordá 1957 y 1958), Jordá sintetizó sus ideas sobre la cronología del Asturiense en una breve comunicación presentada en el V Congreso Arqueológico Nacional (Jordá 1959). El planteamiento fue, en síntesis, el siguiente: en general, los concheros conservados en las paredes y techos de las cuevas son sólo los restos de los primitivos depósitos, que debieron de cubrir la entrada de las cuevas hasta el techo. Tras la etapa de deposición vino otra de lapidificación y, finalmente, una etapa de erosión (hidrológica) que destruyó el conchero en su parte baja. Entonces, ¿cómo es posible que los niveles subyacentes a un conchero asturiense (Paleolítico superior y Aziliense), no lapidificados y por ello menos consistentes, no sufrieran el mismo proceso erosivo?. La respuesta de Jordá fue la siguiente: "Pensamos que si los estratos paleolíticos no fueron barridos y deshechos por una acción hidrológica fue porque ésta no existió durante todo el tiempo después de su formación, es decir, que el Asturiense debe ser considerado como más antiguo que los niveles paleolíticos (desde el Musteriense)" (Jordá 1959: 65). Asimismo, Jordá consideró que la industria asturiense era de derivación achelense. Con esta postura, en la que la morfología del pico asturiense jugaba un papel decisivo, se volvía al punto de partida de la investigación de Vega del Sella.

Ciertamente, el primer argumento parecía estar ya latente en los primeros trabajos de Llopis, cuando en relación a los sedimentos de las cuevas de Cueto de la Mina y de La Riera escribía: "[...] había mediado una fase erosiva de cierta intensidad entre las capas magdalenienses y los depósitos anteriores a ellas" (Llopis 1953a: 266). Por otro lado, fue Jordá en su calidad de prehistoriador el que decidió, quizás motivado por las observaciones de orden geológico, recuperar como argumento cronológico el arcaísmo de los controvertidos picos en el contexto de un marcado retroceso cultural que, como apuntó Llopis, hizo sospechar a Jordá una mayor antigüedad para el Asturiense (Llopis 1970: 177). En publicaciones de finales de los años 50 seguimos hallando las ideas de Vega del Sella (Almagro 1958: 36, Hernández-Pacheco 1959: 282), y fue en la década posterior cuando esta hipótesis de trabajo tuvo una mayor acogida (Crusafont 1963, González 1965, Jordá 1967).

1.5. Los años 70: Los primeros hallazgos en la costa occidental y central. El C14 y la vuelta a las ideas de Vega del Sella.

Durante la década de los setenta, se publicaron trabajos que dieron cuenta de la localización de yacimientos de superficie con material asturiense situados al oeste de la zona clásica de dispersión de los concheros. Se trataba, salvo en el caso de

Bañugues, de material lítico descontextualizado (Pérez Pérez 1975, Blas *et al.* 1978). El hallazgo más occidental se produjo en la década anterior, en Luarca (González 1965). Por otro lado, resulta difícil valorar las observaciones realizadas en 1964 en la hoy destruida cueva Oscura de Perán: "Adosados a la parte derecha del muro de la boca principal existen todavía indicios de un conchero" (Fernández Rapado & Mallo Viesca 1965: 67); cavidad en la que, al parecer, también se observaron piezas que recordaban a los picos asturienses. Igualmente difíciles de valorar resultan las repetidas referencias de Jordá (1975: 4, 1976: 115, 1977: 167) a materiales de tipología asturiense en la zona de Cudillero.

G. A. Clark, en su intento de "[...] proporcionar una firme base sobre la que sustentar estudios venideros" (Clark 1976: 17), trabajó en un importante número de yacimientos del oriente asturiano, la mayor parte de los cuales habían sido excavados con anterioridad por Vega del Sella y/o Jordá. Las dataciones radiocarbónicas, inéditas hasta ese momento en la investigación sobre el período, la valoración de una serie de evidencias estratigráficas, y otro tipo de observaciones relacionadas con el registro faunístico, permitieron a Clark defender de nuevo la cronología postpaleolítica del Asturiense. Tras algunas objeciones iniciales (Jordá 1970: 140 y s.), Jordá aceptó la cronología postaziliense de los concheros, tal y como habían confirmado las dataciones radiocarbónicas: "Estas fechas ponen fin a una serie de discusiones sobre la posibilidad de que el Asturiense fuese una cultura mucho más antigua" (Jordá 1976: 118, *vid.* igualmente Jordá 1975 y 1977).

En cualquier caso, resultaría injusto valorar las ideas de Jordá y Llopis como un simple planteamiento equivocado. Debemos rescatar, ante todo, el intento de "coordinación de los métodos geológicos con los prehistóricos" (Llopis 1953a: 266), algo ineludible en toda investigación actual que se precie. Por otro lado, la colaboración entre Jordá y Llopis supuso un verdadero intento de observación de los procesos de formación del registro arqueológico, así como de aquellos procesos que hoy denominamos postdeposicionales.

1.6. Los últimos años: solidez cronoestratigráfica y avance cuantitativo y cualitativo en el conocimiento del registro arqueológico.

El desarrollo del Proyecto Paleoecológico de La Riera (Straus & Clark 1986c), las excavaciones en Mazaculos II (González Morales 1982: 98-109, 1995a: 67 y ss.), en los Canes (Arias & Pérez 1992a, 1995), en Arangas (Arias & Pérez 1995) y en la Sierra Plana de la Borbolla (Arias & Pérez 1990a), nos permiten disponer en la actualidad de un importante número de dataciones para el Mesolítico en Asturias. El período que abarcan los yacimientos considerados es, según la cronología radiométrica, muy amplio: supera los 3000 años de radiocarbono. Asimismo, la moderna excavación de la Riera (1976-79) vino a confirmar la sucesión Aziliense/Asturiense observada por Vega del Sella a comienzos de siglo. Por otro lado, la cata realizada en el interior de la cueva de Mazaculos II (1979-83) permitió obtener una estratigrafía -confirmada por las dataciones- en la que varios niveles con cerámica reposan sobre un nivel asturiense (González Morales 1992: 189, 1995a).

En síntesis, el registro arqueológico mesolítico cuenta en Asturias con un buen marco cronológico de referencia. Sin embargo, en la bibliografía hallamos puntos de vista diferentes en lo concerniente a la relación de este registro con el del Aziliense, así como en lo relativo al advenimiento de la neolitización, cuestiones que trataremos más adelante.

En su tesis doctoral, González Morales amplió de manera considerable el número de yacimientos conocidos, fundamentalmente en los concejos orientales. De igual manera, el autor recogió toda la información disponible acerca de los restos documentados al oeste del concejo de Ribadesella (González Morales 1982: 211-263). Otros trabajos de interés para el período que nos ocupa fueron la memoria de licenciatura de C. Pérez Suárez (1982), dedicada a la realización de la carta arqueológica de los concejos de Llanes y Ribadedeva, así como un artículo de J. A. Gavelas (1980), en el que se presentan una serie de novedades producto de un trabajo de prospección llevado a cabo en los concejos de Ribadesella y Llanes.

Recientemente, han sido descubiertos nuevos yacimientos de la misma naturaleza que los documentados en las décadas de los años sesenta y setenta en la costa central y occidental de Asturias (Pérez Pérez & González 1991, Martínez *et al.* 1992, Ramil Soneira & Pena 1994, Díaz Nosty & Sierra Piedra 1995b). Tampoco debemos pasar por alto el reciente descubrimiento de fauna malacológica en la zona de Viesques (Gijón), que acaso pueda ser indicio de la existencia de un yacimiento mesolítico muy alterado en la zona (Rodríguez Asensio 1995a: 198 y s.). Sin embargo, dado el escaso número de yacimientos documentados, parece poder descartarse la conservación de un importante número de asentamientos al oeste de la zona clásica de dispersión de los concheros; sobre todo si tenemos en cuenta, al margen de los trabajos anteriormente citados, las recientes labores de prospección llevadas a cabo con motivo de la elaboración de cartas arqueológicas, tanto en la costa central (Adán 1992, Martínez *et al.* 1989, Martínez et al. 1990, Sierra Piedra & Díaz Nosty 1992, García Quirós 1992, Díaz Nosty & Sierra Piedra 1993a) como occidental (García Quirós 1993, Villa Valdés 1991 y 1992, Díaz Nosty & Sierra Piedra 1991 y 1993b, Maradona & Martínez Faedo 1991, Viniegra & Camino 1991) de la región (Fig.: 5). Son trabajos que comprenden un gran espacio cronológico, pero en los que no se pasó por alto la posibilidad de localizar industria lítica en la zona costera, incluido el material de tipología asturiense. De hecho, en algún caso se hallaron picos asturienses "*in situ*" o bien se recogió información sobre hallazgos desconocidos hasta ese momento.

Yacimientos de la misma naturaleza, como son los atribuidos sobre la base de la tipología al Paleolítico Inferior y Medio, sí aparecen de una manera más o menos constante a lo largo

Fig.: 5. Concejos del norte de Asturias. 1. Vegadeo; 2. Castropol; 3. Tapia de Casariego; 4. El Franco; 5. Boal; 6. Coaña; 7. Navia; 8. Villayón; 9. Luarca; 10. Tineo; 11. Cudillero; 12. Salas; 13. Muros de Nalón; 14. Pravia; 15. Soto del Barco; 16. Candamo; 17. Castrillón; 18. Illas; 19. Las Regueras; 20. Avilés; 21. Gozón; 22. Corvera; 23. Llanera; 24. Carreño; 25. Gijón; 26. Siero; 026. Noreña; 27. Villaviciosa; 28. Sariego; 29. Nava; 30. Cabranes; 31. Colunga; 32. Piloña; 33. Caravia; 34. Parres; 35. Ribadesella; 36. Cangas de Onís; 37. Llanes; 38. Onís; 39. Cabrales; 40. Peñamellera Alta; 41. Ribadedeva; 42. Peñamellera Baja. Se han consultado las cartas arqueológicas correspondientes a los concejos aquí presentados, salvo en los casos de Coaña, Villayón y Cabrales.

de la costa central y occidental; en los concejos de Villaviciosa (Martínez et al. 1992: 242), Gijón (Rodríguez Asensio 1983: 71 y s., Martínez et al. 1992: 242, Rodríguez Asensio & Noval Fonseca 1998: 113-138), Carreño (Díaz Nosty & Sierra Piedra 1995a: 211), Gozón (Rodríguez Asensio 1983: 42-65, Díaz Nosty & Sierra Piedra 1995b: 213), Avilés (Rodríguez Asensio 1983: 72, García Quirós 1995: 205), Castrillón (Pérez Pérez & González 1990 y 1991, García Quirós 1995: 207), Soto del Barco (Díaz Nosty & Sierra Piedra 1995c: 198), Cudillero (Díaz Nosty & Sierra Piedra 1995d: 190), Valdés (Rodríguez Asensio 1983: 65 y 67, 1995b), Tapia de Casariego (Rodríguez Asensio 1983: 73, Maradona & Martínez Faedo 1995: 174 y s.) y Castropol (Rodríguez Asensio 1983: 73 y s., Camino y Viniegra 1995: 168). Evidentemente, existen dos factores que favorecen la localización de este tipo de yacimientos: su amplitud cronológica y su repertorio industrial relativamente amplio. En el caso del Mesolítico, sólo el pico asturiense nos permite identificar los asentamientos. De todas formas, el hallazgo de yacimientos correspondientes al Paleolítico Inferior y Medio es una prueba más de los trabajos de prospección llevados a cabo al oeste del río Sella. Descartamos, por tanto, la existencia de grandes vacíos de prospección.

En la excavación de la cueva de los Canes, cuyos trabajos se iniciaron en 1985, se han hallado una serie de tumbas correspondientes al Mesolítico. Ello ha supuesto un avance cualitativo en la investigación, ya que hasta ese momento no se conocía ningún indicio de actividad correspondiente al período al sur de las sierras litorales (Arias & Pérez 1992a: 101). Asimismo, varias fechas obtenidas a partir de muestras procedentes de los niveles 3 y 4 de la cueva de Arangas (P. Arias, com. per.) han confirmado la existencia de niveles mesolíticos en dicha cavidad. El trabajo desarrollado en estas cuevas es producto de un programa de prospección sistemática desarrollado desde 1981 en la depresión prelitoral del oriente de Asturias (Arias & Pérez 1990b y 1992b). También se han realizado prospecciones para la elaboración de cartas arqueológicas en el interior de la región, que no han arrojado resultados en lo que hace referencia al Mesolítico -para los concejos situados inmediatamente al sur de los concejos costeros vid. Cabo & Martínez 1989, Díaz Nosty & Sierra Piedra 1994, Rodríguez Otero & Camino 1989a y 1989b, Rodríguez Otero 1985-86a, 1985-86b y 1990, Díaz García 1994a y 1994b, Martínez Faedo & Díaz García 1994 y 1995, Arnau 1986, Estrada 1991, Martínez 1985a y 1985b. No incluimos las referencias correspondientes a las cartas arqueológicas de Las Regueras, Illas, Llanera y Corvera, las tres últimas obra de C. Cabo. Ello es debido a que la información básica (autor/ año de realización) no figura de manera completa en la documentación consultada-.

1.7. Conclusiones.

Parece evidente que ocho décadas de investigación han resultado suficientes para obtener una idea aproximada del ámbito cronológico en el que se desarrolló la vida de los últimos cazadores-recolectores "puros" en la región. ¿Contamos, sin embargo, con una muestra representativa de

Fig.: 6. El Mesolítico en Asturias, áreas de distribución. 1. Marina oriental (concejos de Ribadesella, Llanes y Ribadedeva); 2. Costa central, con un área de máxima concentración de yacimientos en la zona del Cabo Peñas. Únicamente Sobrepeña (0.3) rompe el vacío de yacimientos existente entre Gijón y Berbes. Las evidencias de la costa occidental son muy escasas: Sarello (0.1) y Ería la Rasa (0.2); 3. Depresión prelitoral (concejo de Cabrales).

yacimientos arqueológicos?. En general, y dejando aparte las limitaciones impuestas por la naturaleza y modificaciones del medio físico, creemos que sí; sobre todo en el caso de los concejos de la costa oriental (Fig.: 6).

La investigación sobre el Mesolítico en Asturias se ha centrado, fundamentalmente, en la marina oriental. De hecho, los yacimientos de la costa central y occidental fueron localizados en diferentes circunstancias, pero no dentro de un programa de investigación específico sobre el Mesolítico. Sin embargo, no creemos que el tipo de prospección llevada a cabo haya tenido una incidencia trascendental sobre el número de yacimientos localizados. En el cuarto capítulo analizaremos con más detalle la naturaleza del poblamiento mesolítico costero ubicado más allá de la cuenca del Sella. Se trata de una cuestión compleja, sobre la que inciden factores tales como la geomorfología de la costa centro-occidental y la presencia del pico asturiense como única referencia para el prospector. La investigación también se ha ocupado del interior de la región. Sin embargo, en este caso debemos valorar la desventaja que supone para el prospector el hecho de que según se va alejando de la costa, el registro arqueológico mesolítico, de existir, varía sustancialmente su "aspecto". Los concheros desaparecen y con ellos la eficacia de la prospección de superficie. De esta manera, la realización de sondeos, como los llevados a cabo en los yacimientos de Arangas, se hace imprescindible. La información es aún escasa, pero las evidencias de los Canes y las recientes fechas de la cueva de Arangas parecen indicarnos que existió un poblamiento mesolítico en la depresión prelitoral del oriente de Asturias.

En síntesis, la intensidad del trabajo de campo desarrollado desde comienzos de siglo y las buenas condiciones para la conservación del registro en la marina oriental de Asturias, hacen posible la existencia de un mapa de distribución de yacimientos mesolíticos cuantitativamente fiable.

2. ENTRONQUE HISTÓRICO.

2.1. La relación Epipaleolítico/Mesolítico.

a) Introducción.

Las dataciones radiocarbónicas contribuyeron de manera decisiva a cerrar el debate sobre la cronología del Asturiense, pero al mismo tiempo impulsaron una nueva controversia. L. G. Straus planteó en 1979 la posibilidad de explicar las diferencias entre el Aziliense y el Asturiense desde un punto de vista funcional y no cultural. El investigador norteamericano valoró, entre otros aspectos, las escasas evidencias estratigráficas, así como la no muy nítida desigualdad en la composición malacológica de los niveles de La Riera correspondientes al Aziliense y al Asturiense. Asimismo, una serie de dataciones correspondientes a ambos momentos "[...] indicate a substancial degree of overlap, especially when standard deviations are taken into account" (Straus 1979a: 317); con lo que se insinuaba la "convivencia" entre los grupos humanos del Aziliense tardío y del Asturiense temprano: "Thus a clear chronological overlap seems to exist for the period between about 9500 and 8500 B.P." (Straus 1979a: 318). Por tanto, Straus propuso la existencia, durante el Preboreal, de dos conjuntos de yacimientos funcionalmente diferenciados (costa-interior) producto de las actividades desarrolladas por los mismos grupos humanos. La evolución de este planteamiento puede seguirse en los trabajos posteriores de Straus y también en los de Clark (Straus 1981, 1985, 1986, 1992, 1995b, Straus *et al*. 1983, Straus & Clark 1986b, Clark 1983b, 1989, 1991, 1995).

En su reciente trabajo de conjunto sobre la Prehistoria cantábrica, Straus sigue defendiendo un planteamiento relacionado con el rechazo a lo que los autores anglosajones han definido como *paradigma normativo*, "[...] el cual iguala las diferencias entre los conjuntos con diferentes culturas temporalmente ordenadas (p. ej., Aziliense, Asturiense)" (Clark 1991: 345, *vid.* también al respecto Clark 1992 y 1994: 7 y s.). Así, en relación a la cueva de La Riera, Straus (1992: 227) comenta lo siguiente: "The apparent temporal relationship between the two archaeological units at La Riera may be more a localized successional phenomenon in the use and usefulness of that individual cave than a generalizable phylogenetic order". De ello cabe deducir que la ocupación aziliense "dejó espacio" a la ocupación asturiense, la cual taponó la cueva inutilizándola para posteriores ocupaciones; hecho que ha provocado que se tenga una visión diacrónica de la utilización de la cavidad. Además de esta particular visión de la estratigrafía de La Riera, Straus (1992: 227 y s.) recoge a modo de síntesis los argumentos en favor de su hipótesis de trabajo; entre los que cabe destacar el solapamiento de las dataciones, la pobreza del registro asturiense frente a una pervivencia de milenios, la ubicación litoral de los yacimientos asturienses frente a la presencia aziliense en la costa y el interior, ciertas evidencias de estacionalidad en la explotación de los recursos, la existencia de una serie de indicios que llevan a suponer que la industria asturiense forma parte de un repertorio de recursos tecnológico epipaleolítico más amplio, la presencia de paralelos en el arte mueble y en el mundo funerario, etc.

Esta hipótesis explicativa ha sido criticada por González Morales, autor que concibe la relación Aziliense/Asturiense desde un plano histórico y no funcional (González Morales 1989, 1991, 1992, 1995b, 1996b, González Morales & Morais Arnaud 1990). Acerca del supuesto solapamiento cronológico, este autor considera que "[...] a medida que se incrementa el número de dataciones radiocarbónicas con las que contamos, se hace patente que su distribución por unidades cultural-estratigráficas tradicionales marca una clara división entre lo aziliense y lo asturiense" (González Morales 1995b: 69). Asimismo, se llama la atención sobre la evidencia estratigráfica de La Riera, apoyada además por los resultados obtenidos en El Perro (González Morales 1990, González Morales & Díaz Casado 1991-92). Ambos yacimientos "[...] muestran la innegable superposición estratigráfica de un nivel de conchero prácticamente desprovisto de testimonios industriales (salvo los típicos útiles asturienses en La Riera) sobre un nivel -o niveles- caracterizados por una industria lítica y ósea variada, típicamente aziliense, y, por tanto su deposición secuencial" (González Morales 1995b: 67).

b) El registro aziliense en Asturias.

En contraste con los yacimientos mesolíticos, el número de asentamientos azilienses en el extremo occidental de la región cantábrica es pequeño. Además, la información sobre los distintos yacimientos resulta desigual, tal y como se desprende de la breve revisión presentada a continuación.

La investigación desarrollada en la cueva de Los Azules (*vid.* entre otros Fernández-Tresguerres 1976, 1980: 31-46, Fernández-Tresguerres & Rodríguez Fernández 1990, Fernández-Tresguerres & Junceda Quintana 1992 y 1995) ha resultado clave en el estudio del Aziliense cantábrico. Entre otras aportaciones, el yacimiento ha arrojado datos acerca de la transición Magdaleniense-Aziliense (Fernández-Tresguerres 1989), y también ha proporcionado una información determinante para distinguir diferentes momentos dentro de la secuencia aziliense, al menos en el Cantábrico occidental (Fernández-Tresguerres 1994, 1995 y en prensa).

La excavación realizada por Vega del Sella (1930: 18 y ss.) en la cueva de la Riera arrojó un nivel aziliense; un hecho corroborado por la excavación moderna del yacimiento, en la que se halló un nivel aziliense bien definido (28) subyacente al nivel asturiense (29) (Straus & Clark 1986a: 177 y ss.). Por debajo del nivel 28 se documentaron varios niveles de más difícil adscripción: "[...] los niveles 25-27 son o magdalenienses o azilienses" (Straus *et al.* 1983: 16, *vid.* igualmente Straus & Clark 1986a: 164-176).

Tras varias campañas de excavación en la cueva de la Lluera I, se documentó una estratigrafía de seis niveles, el primero de los cuales fue clasificado "[...] como Magdaleniense superior e incluso como Aziliense" (Rodríguez Asensio 1990: 16). Uno de los objetivos de la campaña de 1985 fue el de definir un poco mejor el nivel II (Rodríguez Asensio 1987). Se distinguieron dos subniveles, A y B; el subnivel A se atribuyó al Aziliense, aunque cabe la posibilidad de que dicho subnivel corresponda a un momento intermedio entre el Aziliense y el Magdaleniense (Rodríguez Asensio 1990: 17).

En la excavación llevada a cabo en cueva Oscura de Ania a mediados de los años setenta, se documentó una ocupación aziliense y magdaleniense (Gómez Tabanera *et al.* 1975, Pérez Pérez 1977). En la hoy destruida cueva Oscura de Perán, se realizaron dos catas en 1964; en la primera se detectó un nivel aziliense con abundante "[...] sílex microlítico" (Fernández Rapado & Mallo Viesca 1965: 65). En el nivel arqueológico hallado en la segunda cata se encontró un típico arpón aziliense.

De manera provisional, y a la espera de los resultados de los estudios sedimentológicos, paleobotánicos y arqueozoológicos que se están llevando a cabo a partir de muestras procedentes de la cueva de los Canes, las unidades estratigráficas 3B y 3C se atribuyen al Aziliense (Arias & Pérez 1995: 86 y ss.). Con un contexto industrial característico, la U.E. 3B podría corresponder al Dryas III y 3C al Preboreal. La U.E. 4 plantea mayores problemas debido al pequeño tamaño de los testigos excavados, así como a los escasos restos industriales documentados: "Su situación estratigráfica entre el aziliense de 3C y las fases holocénicas tempranas a las que parece poderse atribuir la costra estalagmítica apuntan a un aziliense tardío o un hipotético epipaleolítico postaziliense, contemporáneo del asturiense antiguo de la costa" (Arias & Pérez 1995: 87). También en la cueva de Arangas, próxima a los Canes, se documentaron unos niveles que contenían una industria "[...] de apariencia magdaleniense o aziliense" (Arias & Pérez 1995: 82).

La excavación de la cueva de la Paloma se realizó en los años 1914 y 1915, hallándose, al margen del alterado techo de la secuencia, un nivel aziliense así como otros niveles magdalenienses (Hernández-Pacheco 1923: 14 y ss.). También Vega del Sella, colaborador en las excavaciones, se refirió a la presencia de niveles correspondientes al Magdaleniense y al Aziliense en el yacimiento (Vega del Sella 1915: 144 y s.). Años después, sin embargo, Obermaier no aceptó la interpretación de E. Hernández-Pacheco acerca del grado de alteración del yacimiento: "Las operaciones para desescombrar la caverna se hicieron metódicamente, sacando primero los niveles removidos por los buscadores del tesoro, hasta encontrar la superficie intacta del yacimiento, que por lo general correspondía al nivel *aziliense*" (Hernández-Pacheco 1923: 13). Según Obermaier, el yacimiento de la cueva de la Paloma "[...] estaba completamente revuelto por un buscador de tesoros y no ofrecía estratigrafía intacta en ninguna parte" (Obermaier 1925: 190). En cambio, Fernández-Tresguerres (1980: 60 y ss.) no considera que la estratigrafía del yacimiento deba valorarse como una mera reconstrucción teórica. Según este autor, de los diarios de excavación de Hernández-Pacheco y Wernert cabe deducir la existencia de una serie de niveles, uno de los cuales (nivel 2) correspondería al Aziliense. En el trabajo monográfico sobre la cueva de La Paloma (Hoyos Gómez *et al.* 1980), dedicado a esclarecer los problemas planteados en torno a la estratigrafía del yacimiento y en el que se aporta toda la información que se ha podido extraer de los materiales depositados en el Museo Nacional de Ciencias Naturales de Madrid, también se apoya la validez de la excavación de Hernández-Pacheco, "[...] comprobada por los datos de los cuadernos de campo y por el material arqueológico existente" (Hoyos Gómez *et al.* 1980: 198).

Como ya señalamos en el apartado dedicado a la historia de la investigación, en pleno proceso de excavación de la cueva de Balmori, Vega del Sella (1916: 66) señaló la presencia de un nivel de picos superpuesto a un nivel aziliense, el cual reposaba a su vez sobre un nivel magdaleniense. Sin embargo, años después esta sucesión estratigráfica no apareció descrita con tanta nitidez en la memoria final de la excavación del yacimiento. En dicha memoria, el Conde reconoce la imposibilidad de diferenciar estratigráficamente un nivel aziliense (Vega del Sella 1930: 53 y ss.); un hecho al que se refirió de manera muy gráfica Obermaier: "Aziliense mezclado con Magdaleniense" (Obermaier 1925: 184). De esta manera, Vega del Sella dedujo la existencia de una ocupación aziliense basándose en observaciones tipológicas. Años más tarde, las catas realizadas por Clark no ofrecieron información sobre el período.

Como también apuntamos en la revisión historiográfica, Cueto de la Mina ofreció un problema similar al de Balmori.

El Conde halló material aziliense entre el conchero y el nivel magdaleniense, pero sin poder diferenciar un nivel arqueológico (Vega del Sella 1916: 59 y s.). También Obermaier (1925: 184) citó restos azilienses en Cueto de la Mina. En la actualidad, los niveles superiores del Conde ya no se conservan en la zona exterior, mientras que en el covacho permanecen "[...] restos adosados a la pared atribuibles por su posición al Magdaleniense, Aziliense y Asturiense" (Rasilla 1990: 81).

La excavación de la cueva de El Pindal no arrojó material aziliense (Jordá & Berenguer 1954); pero en 1957, en el transcurso de unos trabajos encaminados a acondicionar la entrada de la cueva, se localizó "[...] un canto pintado de aspecto aziliense" (Fernández-Tresguerres 1980: 51, vid. Jordá 1957: 66). Con respecto a las manifestaciones artísticas de la caverna, sólo la serie de puntuaciones podría atribuirse, según Jordá y Berenguer (1954: 27), al Aziliense. También cabe señalar el hallazgo, producto de una caída del corte en la zona del Cono Anterior de la cueva de Llonín, de "[...] un arpón aziliense tipológicamente clásico " (Fortea et al. 1995: 37). Según los excavadores del yacimiento, este hallazgo puede ser producto de una ocupación ocasional de la cueva durante el Aziliense.

En su primera edición de El Hombre Fósil, Obermaier (1916: 181) se refiere a la presencia de "[...] pedernales magdalenienses (o azilienses)" en unos abrigos situados al sudeste del pueblo de Panes. Asimismo, Carballo (1924: 113) incluyó entre los yacimientos azilienses un "Abrigo natural, en Panes". Fernández-Tresguerres (1980: 51) no pudo obtener más información sobre este yacimiento durante la elaboración de su tesis doctoral.

Resultan poco explícitas las referencias antiguas sobre el supuesto aziliense de la cueva de Sofoxó (Hernández-Pacheco 1919: 27, Obermaier 1925: 190, Vega del Sella 1921: 69). El propio Jordá (1964: 55) incluyó años más tarde la cueva entre los yacimientos azilienses. Un estudio de los materiales procedentes de la excavación de Vega del Sella negó la posibilidad de hablar de "indicios azilienses" o de "transición al Aziliense" (Corchón & Hoyos 1972-73: 96), tal y como habían hecho, respectivamente, Obermaier y Vega del Sella. Años más tarde, González Sainz asumió las conclusiones obtenidas en el estudio de los materiales, pero no descartó la existencia de "[...] restos de época aziliense sobre el Magdaleniense terminal" (González Sainz 1989: 32).

Obermaier (1925: 189) hizo referencia a materiales azilienses en la cueva de Collubil, y también Jordá (1956: 27) citó la existencia de arpones azilienses procedentes de dicha cavidad. Sin embargo, en el estudio de los materiales procedentes del yacimiento no se documentaron restos azilienses (González Morales 1974: 841); y tampoco se halló instrumental aziliense entre los materiales procedentes de Collubil que se encuentran depositados en el Museo Nacional de Arqueología y Etnología de Lisboa (Straus 1988-89: 33 y ss.).

La cueva de Coberizas fue incluida en el proyecto de investigación de Clark sobre el Asturiense, quien no relaciona la cavidad con el Aziliense (Clark & Cartledge 1973, Clark 1976: 67 y s., 1983a: 19 y s.). En cambio, Altuna (1972: 30) se refiere a un nivel "Magdaleniense tardío o Aziliense".

Obermaier citó la posible existencia de Aziliense en la cueva de la Lloseta. Resulta significativo el hecho de que, tanto en la primera edición de El Hombre Fósil (1916: 186) como el la segunda (1925: 189), el autor introduzca una interrogación al referirse al contenido aziliense de la cavidad. Jordá excavó el yacimiento en los años cincuenta y no citó indicios azilienses (Jordá 1958, 1963: 16). Asimismo, el lote de materiales estudiado por A. Moure y M. Cano (1976) tampoco permitió hablar de Aziliense en la cavidad.

En síntesis, la información disponible sobre cavidades como las de Panes, Sofoxó, Collubil, Coberizas y La Lloseta no ofrece las garantías suficientes como para considerar una ocupación aziliense, a pesar de que en algún momento se les haya atribuido una ocupación de ese período. Todo lo contrario parece ocurrir en el caso de Los Azules, La Riera, La Lluera, Oscura de Ania, Oscura de Perán, La Paloma, Balmori y Cueto de la Mina; aunque la antigüedad de los trabajos nos plantea mayores dificultades en los tres últimos casos. Tanto El Pindal como Llonín han arrojado indicios, muy escasos pero significativos, de una actividad durante el período. Finalmente, y a la espera de los últimos datos, la cueva de los Canes también parece haber acogido una ocupación aziliense, algo que también habrá que confirmar para el caso de la cueva de Arangas.

c) Discusión.

Tal y como se ha señalado para el conjunto de la región cantábrica (González Morales 1995b: 69), al oeste del río Deva las fechas azilienses y postazilienses indican la existencia de dos unidades estratigráfico-culturales separadas (Fig.: 7, Tablas 1 & 2). Al margen de la datación correspondiente al nivel 3.3 de Mazaculos II, las fechas centrales están claramente separadas y el solapamiento sólo se produce al considerar la doble desviación estándar. En lo referente a la fecha de Mazaculos, el excavador del yacimiento considera que se debe valorar, por un lado, la procedencia de la muestra datada: "[...] procedía de la base de la ocupación más antigua del abrigo exterior, en contacto con la fina costra estalagmítica que localmente separaba el conchero del nivel 4, de arcilla prácticamente estéril" (González Morales 1995b: 67); y por otro, la calidad de la datación obtenida, ya que la amplitud de su variación estándar ($\pm$ 440) no permite utilizar la fecha para obtener conclusiones sobre solapamientos. De la misma forma, cabe señalar las dudas que suscitan las fechas CSIC-216 y CSIC-260 (Fernández-Tresguerres, com. per.); dos dataciones correspondientes al nivel 3 de Los Azules que forman parte del conjunto de fechas que determinan el supuesto período de solape.

En este sector del Cantábrico, las fechas correspondientes al Aziliense se sitúan dentro de los límites temporales

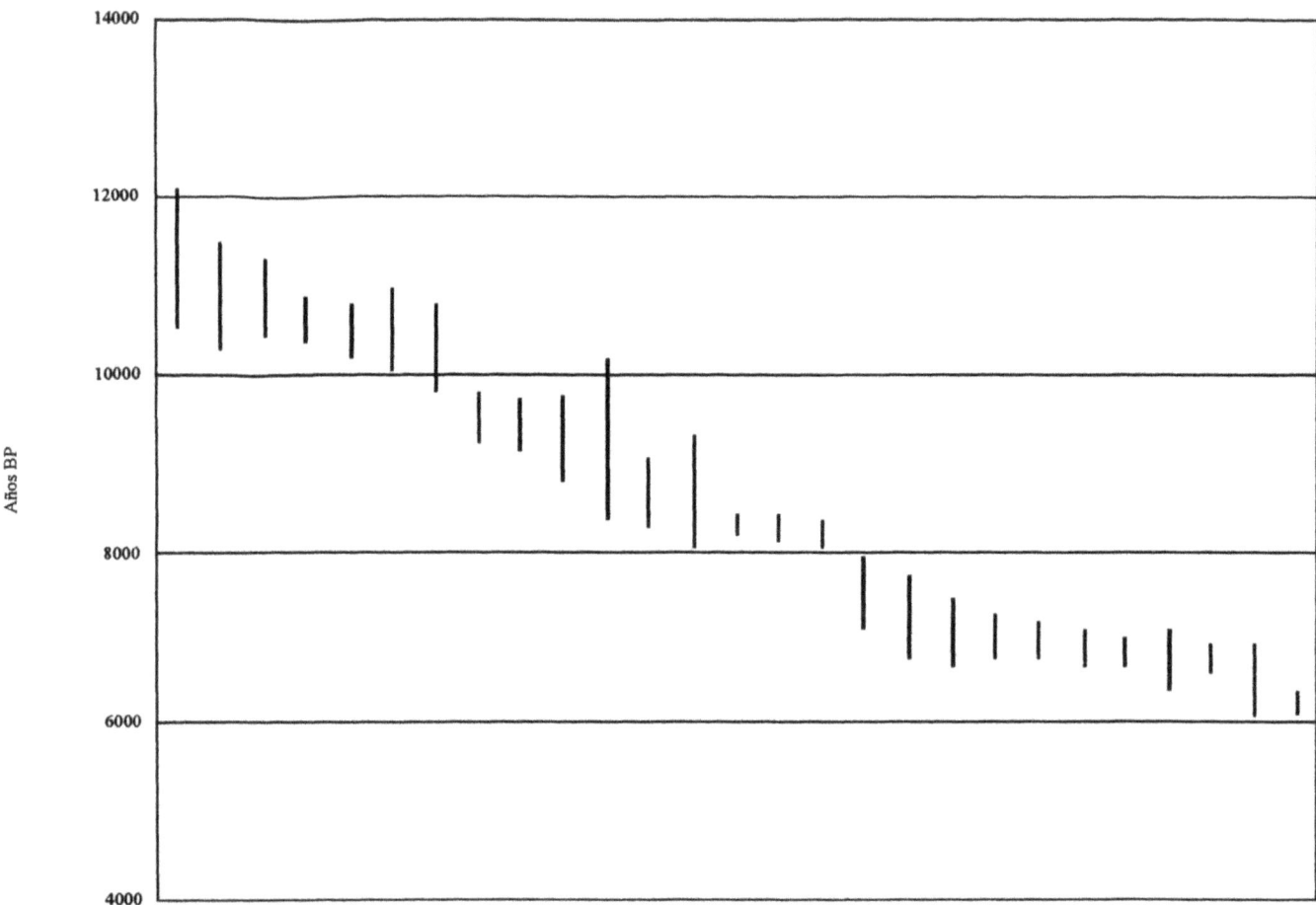

Fig.: 7. Dataciones radiocarbónicas para el Aziliense y el Mesolítico de Asturias (2ds). La ubicación de las fechas se corresponde con la numeración que aparece en las tablas 1 y 2.

considerados para el desarrollo de este período en el conjunto de la región; período que, según una reciente revisión (González Sainz 1994), se desarrollaría posiblemente desde el Alleröd (quizá desde 11500 BP) y con seguridad durante el Dryas III y el Preboreal. El C14 nos indica que existieron contextos mesolíticos durante el Preboreal en Asturias, aunque las dataciones se concentran en el Boreal y en la primera mitad del Atlántico. Las fechas y las evidencias estratigráficas nos permiten deducir una continuidad en el poblamiento a lo largo del Preboreal -un período de cambio-, y no considerar los concheros asturienses como una "facies" del Aziliense.

En Asturias, las fechas nos indican que los yacimientos azilienses más tardíos son interiores (Oscura de Ania y Azules) y que los emplazamientos mesolíticos tempranos son costeros (Mazaculos II, El Penicial, La Riera). Ello podría sugerir la existencia de "[...] un patrón bimodal en la localización de los sitios para el período de solape" (Clark 1991: 349). Pero, al margen de los problemas inherentes a las fechas, no debemos olvidar las consideraciones realizadas en el apartado anterior acerca de nuestros conocimientos sobre el poblamiento mesolítico interior. Los yacimientos excavados en el concejo de Cabrales garantizan la existencia de actividad durante el Mesolítico en la vertiente meridional de la Sierra de Cuera. Por un lado, la cueva de Arangas ha proporcionado una serie de fechas correspondientes al Boreal, que evidencian una presencia de cazadores-recolectores en la depresión prelitoral contemporánea del Asturiense antiguo de la costa. Por otro lado, las sepulturas de los Canes nos muestran que el interior del territorio también se frecuentó durante el Atlántico. Las fechas obtenidas para las tumbas -*vid.* los intervalos máximos de calibración, Arias & Pérez 1995: 87- y la propia estratigrafía del yacimiento descartan la hipótesis de unos fallecimientos inesperados en el seno de un pequeño grupo que se encontrara de paso por esa parte del territorio.

Por tanto, si admitimos que los yacimientos de Arangas son indicativos de un poblamiento interior, podemos concluir que la diferencia entre el patrón de poblamiento epipaleolítico y mesolítico no es tan acusada (Fig.: 8). Efectivamente, contamos con asentamientos de ambos períodos en la costa oriental, así como en el surco prelitoral. La región del Cabo Peñas, con yacimientos mesolíticos de superficie -la mayor parte hallazgos aislados-, también cuenta con un asentamiento aziliense, la hoy desaparecida cueva Oscura de Perán. Sólo en el Nalón medio las ocupaciones azilienses no tuvieron continuidad, o al menos no poseemos datos acerca de esa continuidad en el poblamiento hasta la construcción de los megalitos (Blas 1990: 69).

Sin embargo, no negamos la mayor homogeneidad del patrón de poblamiento aziliense en lo referente a la distribución

YACIMIENTO	NIVEL	REF_LAB.	AÑOS BP	± DS	± 2DS	FUENTE
1. Azules	3.e3	BM-1877 R	11320 ± 360	10960-11680	10600-12040	Fdez-Tresguerres y Rodríguez 1990
2. Azules	3.f	BM-1878 R	10910 ± 290	10620-11200	10330-11490	Fdez-Tresguerres y Rodríguez 1990
3. Azules	3.e2	BM-1876 R	10880 ± 210	10670-11090	10460-11300	Fdez-Tresguerres y Rodríguez 1990
4. La Riera	27 sup.	BM-1494, hueso	10630 ± 120	10510-10740	10390-10870	Straus 1986
5. Azules	3.cs	BM-1879 R	10510 ± 130	10380-10640	10250-10770	Fdez-Tresguerres y Rodríguez 1990
6. Azules	3.e1	BM-1875 R	10480 ± 210	10270-10690	10060-10900	Fdez-Tresguerres y Rodríguez 1990
7. La Lluera	I	Ly-2938	10280 ± 230	10050-10510	9820-10740	Rodríguez Asensio 1990
8. Azules	3d	CSIC-260	9540 ± 120	9420-9660	9300-9780	Fdez-Tresguerres 1980
9. Azules	3a	CSIC-216	9430 ± 120	9310-9550	9190-9670	Fdez-Tresguerres 1980
10. Osc. Ania	IIA	Ly-2938 ?	9280 ± 230	9050-9510	8820-9740	González Morales 1995b

Tabla 1. Dataciones (C14) para el Aziliense de Asturias.

YACIMIENTO	NIVEL	REF_LAB.	AÑOS BP	± DS	± 2DS	FUENTE
11. Mazaculos II	3.3	Gak-6884, carbón	9290 ± 440	8850-9730	8410-10170	González Morales 1978
12. Penicial	conchero	Gak-2906, carbón	8650 ± 180	8470-8830	8290-9010	Clark 1976
13. La Riera	29 inf.	Gak-2909, carbón	8650 ± 300	8350-8950	8050-9250	Straus et al. 1978
14. Arangas	3	OxA-6887, carbón	8300 ± 50	8250-8350	8200-8400	P. Arias, com. personal
15. Arangas	4	OxA-6888, carbón	8280 ± 55	8225-8335	8170-8390	P. Arias, com. personal
16. Arangas	3	OxA-7149, hueso	8195 ± 60	8135-8255	8075-8315	P. Arias, com. personal
17. Sierra Plana	1C	UGRA-209, carbón	7550 ± 190	7360-7740	7170-7930	Arias y Pérez 1990a
18. Mazaculos II	1.1	Gak-8162, carbón	7280 ± 220	7060-7500	6840-7720	González Morales 1982
19. Coberizas	1B	Gak-2907, carbón	7100 ± 170	6930-7270	6760-7440	Clark 1976
20. Mazaculos II	A3	Gak-15222, carbón	7030 ± 120	6910-7150	6790-7270	González Morales 1995a
21. Los Canes	6-II	AA-11744, hueso	7025 ± 80	6945-7105	6865-7185	Arias y Pérez 1995
22. Los Canes	6-III-A	AA-6071, hueso	6930 ± 95	6835-7025	6740-7120	Arias y Pérez 1992a
23. Los Canes	6-II	AA-5295, hueso	6860 ± 65	6795-6925	6730-6990	Arias y Pérez 1992a
24. Bricia	A	Gak-2908, carbón	6800 ± 160	6640-6960	6480-7120	Clark 1976
25. Los Canes	6-II	AA-5296, hueso	6770 ± 65	6705-6835	6640-6900	Arias y Pérez 1992a
26. La Riera	29 sup.	Gak-3046, carbón	6500 ± 200	6300-6700	6100-6900	Straus et al. 1983
27. Los Canes	6-I	AA-5294, hueso	6265 ± 75	6190-6340	6115-6415	Arias y Pérez 1992a

Tabla 2. Dataciones (C14) para el Mesolítico de Asturias.

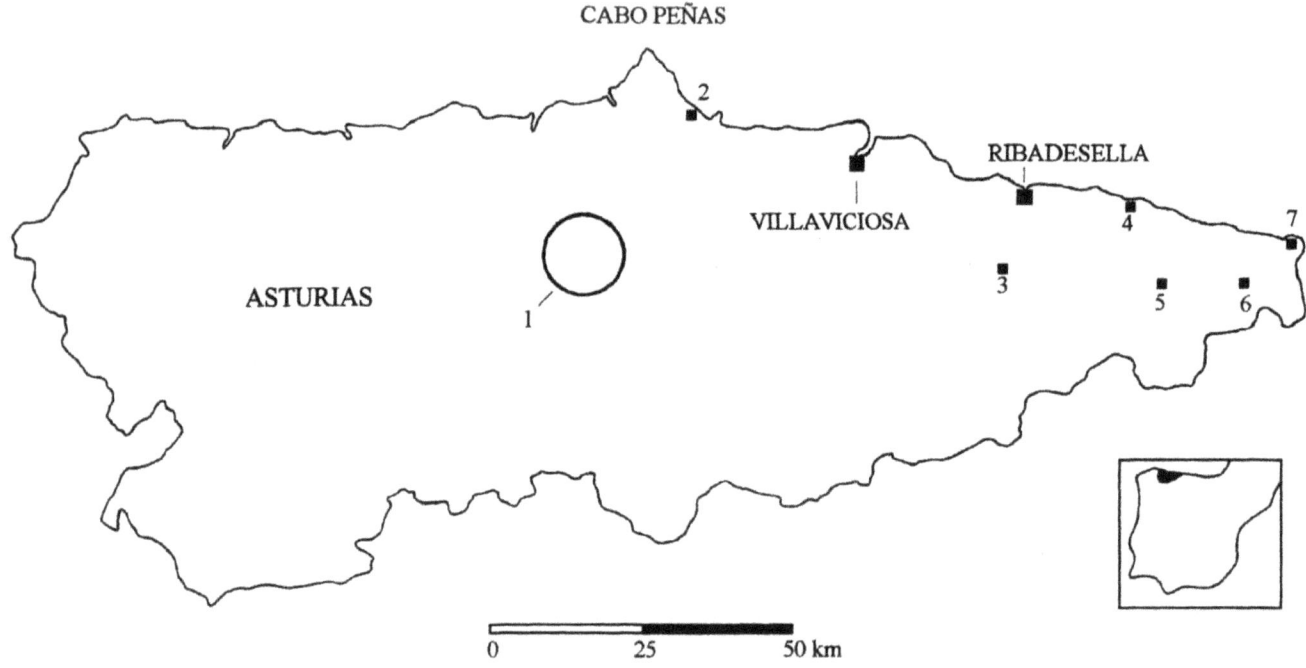

Fig.: 8. Yacimientos azilienses en Asturias. 1. Grupo del Nalón medio (Paloma, Oscura de Ania y Lluera I); 2. Oscura de Perán; 3. Los Azules; 4. Cueto de la Mina, Balmori y Riera; 5. Los Canes; 6. Llonín; 7. Pindal.

costa-interior en la vertiente norte de la Cordillera Cantábrica (González Morales 1995b: 72 y s.). En Cantabria, resulta significativa la falta de ocupaciones mesolíticas en asentamientos azilienses de altura ubicados en el valle del río Miera: Piélago, Rascaño y Salitre (*vid.* respectivamente García Guinea 1985: 26 y 80, González Echegaray & Barandiarán 1981: 327 y ss., Fernández-Tresguerres 1980: 57 y Bernaldo de Quirós 1982: 178 y s.). En la potente estratigrafía de El Castillo, otro emplazamiento interior, se documenta la misma realidad (Cabrera Valdés 1984: 389). En la cuenca del río Asón los datos son aún más significativos. Tanto en su desembocadura -abrigos del Perro (González Morales & Díaz Casado 1991-92)-, como en su curso alto -Valle (Breuil & Obermaier 1912: 2-6, Cheynier & González Echegaray 1964: 340 y ss.) y Mirón (Straus & González Morales 1996)-, se han documentado ocupaciones azilienses. El Mesolítico está presente en la Bahía de Santoña pero no así en las cuevas del Valle y El Mirón. En esta última, recientemente excavada, la ocupación posterior al aziliense corresponde a un momento tardío del Neolítico regional.

De esta manera, al este de nuestra zona de estudio cabe inferir un proceso similar. El Aziliense se desarrolla tanto en ambientes próximos a la línea de costa actual -es el caso de El Perro, La Pila (Bernaldo de Quirós *et al.* 1992) y San Juan (Ormazabal 1994) entre otros- como en ambientes interiores. El tránsito al Mesolítico parece suponer un abandono del interior del territorio y sólo en un momento muy avanzado del período Atlántico se documenta un asentamiento interior, Tarrerón (Apelláñiz 1971). Cabe igualmente recordar la detección, a 1200 m de altitud, de niveles con una industria típicamente aziliense en la cueva de la Uña (noreste de León), en un entorno de Alta Montaña de la vertiente sur de la cordillera (Bernaldo de Quirós & Neira 1993: 20, 1994: fig. 3); un tipo de emplazamiento también adoptado por los cazadores-recolectores de la primera mitad del Holoceno en otros puntos del suroeste europeo, como en los Alpes Dolomíticos (Bagolini & Dalmeri 1994, Alciati *et al.* 1994) o en el sector norte de los Apeninos (Maggi & Negrino 1994).

A pesar de este panorama general, insistimos, al menos para el territorio que nos ocupa, en el peso específico de los yacimientos de la depresión prelitoral. En el caso de los Canes, las fechas obtenidas y la propia estratigrafía parecen confirmar la utilización de la cueva como espacio funerario durante un período de tiempo prolongado; lo que nos lleva a suponer la existencia de asentamientos más o menos próximos a esta cavidad en el surco prelitoral. Asimismo, las fechas obtenidas para los niveles 3 y 4 de la cueva de Arangas también confirman la presencia humana durante el Boreal en el interior del territorio. Ciertamente, las fechas de las cuevas de Arangas y de los Canes se encuentran sensiblemente separadas, pero también en la zona costera existe un importante "vacío" de fechas en torno al 8000 BP, y no por ello hablamos de una etapa de desocupación. Además, son aún escasos los yacimientos mesolíticos conocidos en la depresión prelitoral del oriente de Asturias.

En síntesis, los últimos datos parecen confirmar la existencia de un poblamiento mesolítico en la depresión prelitoral del oriente de Asturias (Fano 1996: 56). Consideramos que se trata de una vía a explorar en detalle, puesto que, a pesar de la fácil accesibilidad con respecto a la costa señalada por González Morales (1995b: 73), la documentación de un poblamiento en el surco prelitoral nos aportaría una visión quizá más lógica del poblamiento mesolítico regional. Es evidente que se percibe un cambio con respecto al Aziliense; la norma ya no parece ser la existencia de verdaderos emplazamientos de montaña, como Anton Koba entre otros en el País Vasco (Armendáriz 1993). Pero concheros como los de Meré o el de Torrevidiego -éste último en pleno Cuera-, así como los yacimientos de Arangas, nos están indicando que no podemos limitar al medio litoral el radio de acción de los cazadores-recolectores responsables de la formación de más de un centenar de concheros entre los ríos Sella y Deva. Al menos, este es nuestro punto de vista, poco novedoso por otra parte: "[...] es lógico suponer que sincrónicamente a los asturienses de la costa, viviesen en el interior del país otros hombres que ni consumieron marisco ni construyeron picos, puesto que no les hacían falta, y de estos grupos no ha quedado la menor señal de su existencia" (Vega del Sella 1930: 97, *cf*. igualmente Vega del Sella 1921: 165, 1923: 41 y s.).

2.2. Evolución histórica posterior.

Las dataciones radiocarbónicas nos permiten vislumbrar el lapso de tiempo durante el que los grupos de cazadores-recolectores mesolíticos habitaron la región (Fig.: 9). De la lectura de la figura pueden obtenerse, con carácter general, una serie de conclusiones. Para delimitar la base de la secuencia contamos con un cierto grado de imprecisión. A ello contribuyen, fundamentalmente, las amplias desviaciones estándar de las fechas obtenidas para los niveles 3.3 de Mazaculos II y 29 inf. de La Riera. Como ya se señaló con anterioridad, contamos con un "vacío" de fechas en torno al 8000 BP. Existe un fuerte escalón entre la fecha del nivel 29 inf. de La Riera y la fecha del nivel 1C de Sierra Plana; ambas fechas no se solapan ni tan siquiera al considerar la doble desviación estándar. Entre estas dos fechas se sitúan las dataciones recientemente obtenidas en la cueva de Arangas, que sólo se solapan con la fecha del nivel 29 inf. de La Riera.

El aspecto más significativo de la representación quizá sea la fuerte concentración de fechas durante el período 7500-6500 BP. Además, las dataciones "ocupan" de manera homogénea esos 1000 años de cronología radiométrica. También existen, en menor medida, evidencias de ocupación mesolítica durante el período 6500-6000 BP. El techo de la secuencia se nos presenta bien definido, ya que ningún intervalo, teniendo en cuenta la doble desviación estándar, cruza el umbral del 6000 BP. En síntesis, el lapso cronológico que abarcan los yacimientos considerados es muy amplio. La diferencia entre las fechas medias del nivel 3.3 de Mazaculos II y del nivel 6-I de los Canes supera los 3000 años de radiocarbono. La cronología absoluta nos indica, por tanto, que las poblaciones estudiadas habitaron la región durante parte del Preboreal, durante el Boreal y durante la primera parte del Atlántico.

a) Planteamiento del problema.

Superada la primera mitad del período Atlántico, asistimos a un proceso oscuro y difícil de definir: la neolitización de la región cantábrica. A partir de un planteamiento similar al de Cohen, en lo referente a las ventajas que proporciona una economía productora -"Las diversas técnicas que constituyen la agricultura tienen en común una sola propiedad, brindan un solo beneficio económico: la capacidad de cosechar y cultivar más comida por unidad de espacio en una unidad de tiempo" (Cohen 1981: 52)-, Arias introduce como posible factor causal del proceso de cambio histórico, la visión de un sistema en crecimiento desde el punto de vista demográfico (Arias 1991a). De esta manera, la adopción de las técnicas de domesticación por parte de los cazadores-recolectores del Mesolítico cantábrico se produciría como consecuencia de la inestabilidad en su organización económica y social debida a un rápido crecimiento demográfico. Ello pudo estar motivado por la alteración de los sistemas que controlaban el crecimiento de la población entre los grupos de cazadores-recolectores, quizá debido a los contactos con las poblaciones ya neolitizadas del Alto Ebro.

El debate actual está centrado en la existencia o no de un Neolítico premegalítico; es decir, ¿existió producción de alimentos en el Cantábrico en un momento previo al desarrollo del Megalitismo, o debemos vincular esa producción a la emergencia de este fenómeno funerario?. Por tanto, no existe unanimidad en lo relativo al papel jugado por el Megalitismo: ¿formó parte del primer impulso neolitizador o se desarrolló en un momento posterior al inicio del proceso?. En su estudio sobre la neolitización de la región cantábrica, Arias llegó a la conclusión de la existencia de un Neolítico previo a la difusión del Megalitismo en la región

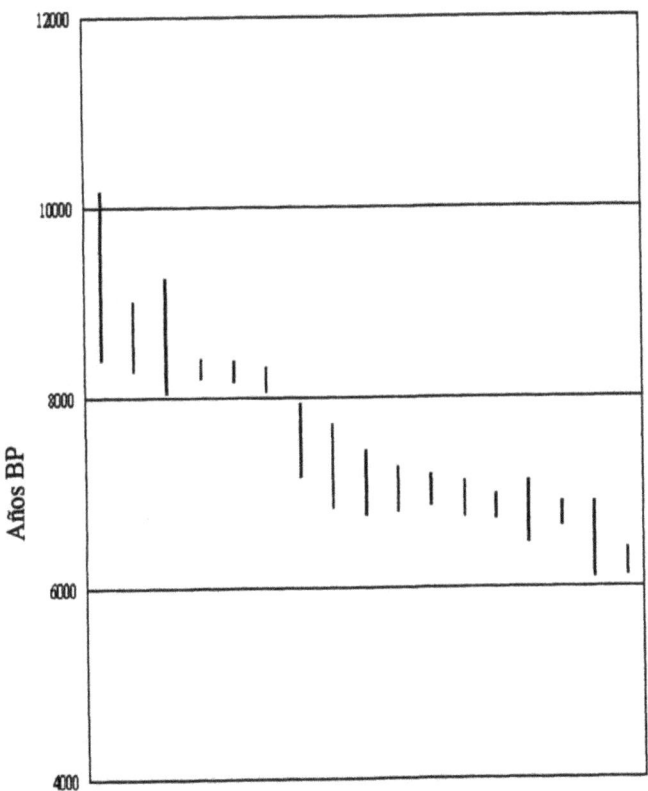

Fig.: 9. Dataciones radiocarbónicas para el Mesolítico de Asturias (2ds).

(Neolítico I) (Arias 1991a: 276, vid. Arias 1991b, 1994, 1995, 1996, 1997a, Arias & Pérez 1990c, Arias & Ontañon 1996), considerando que existe un lapso cronológico apreciable entre las fechas mesolíticas más recientes y las más antiguas de los monumentos megalíticos.

Según el modelo propuesto por Arias, el tránsito al Neolítico se produciría en algún momento de la primera mitad del VI milenio BP. Frente a las fechas de Pico Ramos (Zapata 1995a), Herriko Barra (Mariezkurrena & Altuna 1995), Tarrerón (Apellániz 1971) y la Trecha (González Morales 1995b), que datan contextos sin especies domésticas durante la primera mitad del VI milenio BP, Arias estima que se debe valorar, por un lado, la representatividad de la muestra de fauna estudiada, sólo aceptable según este autor en el caso de Herriko Barra; y por otro, el carácter de los yacimientos excavados, susceptibles de ser interpretados como ocupaciones ocasionales y especializadas, por lo que podrían representar "[...] contextos especializados de sociedades que ya conocen la agricultura y la ganadería" (Arias 1997a: 375, cf. al respecto Zapata 1995b: 256). El Megalitismo se incorporaría al proceso de cambio histórico después de su inicio (Neolítico II).

Así, según la hipótesis de trabajo de Arias, existiría un Neolítico I (premegalítico), bien representado en la secuencia de Arenaza por el nivel IC2, un nivel con fauna doméstica y una industria neolítica de carácter antiguo, entre la que cabe destacar la cerámica impresa (Apellániz & Altuna 1975a, 1975b, Altuna 1980: 12 y ss.). Gracias a una reciente revisión de los diarios de la excavación de Arenaza, parece superada la confusión derivada del hecho de que la designación de los niveles empleada por Altuna en 1980 y por K. Mariezkurrena en 1990 difería de la de los avances publicados en 1975, por lo que resultaba imposible correlacionar ambas secuencias (cf. González Morales 1992: 196, Arias 1997a: 376).

Se cuenta con una datación (I-8630: 4956 ± 195 BP) para el nivel inmediatamente superior del yacimiento vizcaíno (IC1), con cerámicas lisas, y considerada por Arias como un *terminus ante quem* para el horizonte representado por IC2. El autor valora este horizonte de cerámicas impresas de IC2 en el marco general de la evolución de las cerámicas neolíticas peninsulares, lo que le lleva a defender una cronología antigua, no lejos del primer cuarto del VI milenio BP. Esta cronología parece confirmarse según las dataciones recientemente obtenidas a partir de restos de vaca procedentes de dicho nivel (P. Arias, com. per., cf. Arias 1997b: 66 como única referencia).

Dentro de su Neolítico I, Arias distingue dos momentos: el Neolítico IA, caracterizado por la aparición de las cerámicas impresas y sólo definido hasta el momento en Arenaza; y el Neolítico IB, un momento aún premegalítico pero caracterizado, al igual que el Neolítico II, por la aparición de unas cerámicas predominantemente lisas (Arias 1995: 26). En el caso de Asturias, el Neolítico I estaría representado por los concheros con cerámica, en los que se localiza una industria de tradición mesolítica (Arias 1991a: 272, 1994: 99). Se trata éste de un mundo poco conocido, a pesar de que autores como Vega del Sella y Obermaier ya se refirieron, con diferentes puntos de vista respecto a la relación Asturiense-Neolítico, a la presencia de cerámica en los niveles superiores de los concheros (vid. Obermaier 1916: 337, 1924: 358, 1925: 387 y s., Vega del Sella 1923: 32 y 41, 1925: 172).

En la propuesta de A. Cava para la periodificación del Neolítico del País Vasco peninsular, también se contempla la existencia de un Neolítico previo a la introducción de los megalitos. Dichos monumentos aparecerían en un momento avanzado del proceso, con posterioridad a la introducción de la domesticación animal (Cava 1988: 92 y s.). La autora concibe la neolitización del País Vasco como un lento proceso de aculturación del substrato epipaleolítico preexistente (Cava 1990: 103); una evolución sin rupturas en la que los verdaderos cambios debieron producirse "[...] en el acceso al Epipaleolítico reciente y no en su paso al Neolítico", así como con la llegada del Eneolítico, momento de consolidación definitiva del hábitat estable y de la economía productora (Cava 1988: 93). Teniendo en cuenta la datación del Neolítico en el Alto Ebro y la del Megalitismo en el Cantábrico, así como la paridad de este último fenómeno con el de las áreas próximas, Mª J. Yarritu y X. Gorrotxategi consideran probable la existencia de un Neolítico premegalítico en el Cantábrico, aunque los datos resultan aún escasos (Yarritu & Gorrotxategi 1995b: 208).

En cambio, González Morales planteó en 1982 una hipótesis de trabajo de carácter difusionista. Al ocuparse del final del Asturiense, el autor relacionó la presencia de la cerámica en los concheros tardíos del oriente de Asturias con la presencia de materiales de tipología asturiense en túmulos de la Sierra Plana de Vidiago. Ello sería producto de la interacción entre los cazadores-recolectores indígenas y las poblaciones de pastores recién llegadas a la región. Estos pastores, responsables de la introducción de los monumentos megalíticos, habrían podido convivir durante algún tiempo con la población autóctona, ya que ambas poblaciones habrían explotado nichos ecológicos diferentes (González Morales 1982: 207 y s.). M. A. de Blas también se refirió a "[...] un proceso de aculturación de los asturienses, antiguos propietarios del territorio, por los nuevos colonizadores del mismo" (Blas 1987: 137). La idea fue corroborada por este autor en un trabajo de conjunto sobre la Prehistoria asturiana realizado en colaboración con Fernández-Tresguerres (Blas & Fernández-Tresguerres 1989: 102 y ss.). En dicho trabajo, los autores consideran lógico el hecho de que el primer neolítico regional incorporase elementos propios de un Neolítico desarrollado, tales como los monumentos megalíticos, ya que el Neolítico del norte peninsular es un Neolítico tardío con respecto al de otras áreas peninsulares, e incorpora elementos propios de un Neolítico avanzado.

La idea de la llegada de poblaciones neolíticas al oriente de Asturias también fue sugerida por Arias en un resumen de su memoria de licenciatura, antes de abordar el estudio del Neolítico cantábrico en su conjunto: "[...] la neolitización de estas comunidades se produce a consecuencia de su contacto con inmigrantes occidentales ya neolitizados" (Arias 1987: 210). En la actualidad, Arias desestima, como explicación global, la idea de la llegada de población a la región, aunque sí la considera a la hora de enjuiciar fenómenos arqueológicos concretos. Tal es el caso de los dólmenes del valle del Sella, los cuales "[...] suponen una ruptura radical con la tradición cultural de la comarca y muestran claras relaciones con el núcleo megalítico del N.O. peninsular" (Arias & Pérez 1990c: 100). En este caso, el autor acepta la posibilidad de la llegada de grupos venidos de fuera, mientras que también plantea la posibilidad de que la abundancia en la región de estructuras atípicas en túmulo se pueda "[...] entender como el resultado de la adaptación de modelos foráneos por las poblaciones de origen epipaleolítico de la región" (Arias 1990: 45).

González Morales sigue apoyando hoy en día la idea básica apuntada en su tesis doctoral: la difusión del Neolítico en el Cantábrico se vincula a la expansión de los "grupos megalíticos", los cuales llevarían a cabo la colonización de las zonas altas de la región (González Morales 1992, 1996a). Dicha colonización supuso el desarrollo de un modelo económico diferente, ya que "[...] el sistema tradicional de economía depredadora nunca hubiera podido soportar tal expansión" (González Sainz & González Morales 1986: 309). Por otro lado, esta dinámica de ampliación del espacio explotado no debe confundirse con el proceso de "recolección ampliada" propio del final del Asturiense y de los concheros con cerámica. En este caso, perdura el sistema de explotación tradicional de los recursos, mientras que la colonización de los espacios interiores denota una fuerte transformación del sistema económico.

En su último trabajo dedicado a esta cuestión, González Morales (1996a) considera que no existen evidencias arqueológicas en el Cantábrico como para defender la existencia de un Neolítico premegalítico; y aboga por una neolitización más tardía, no anterior a la segunda mitad del VI milenio BP, momento hasta el que se desarrollarían los contextos mesolíticos, tales como La Trecha, Herriko Barra, Tarrerón y Pico Ramos.

Como ya hemos indicado en un párrafo previo, el último dato importante que se ha incorporado al estado de la cuestión es la datación de fauna doméstica procedente de Arenaza (nivel IC2) en la primera mitad del VI milenio BP.

b) La relación conchero-cerámica en Asturias.

En una reciente síntesis, Arias (1996) recoge una serie de yacimientos del oriente de Asturias en los que se ha señalado la relación conchero-cerámica. No todos ellos ofrecen el mismo grado de fiabilidad a la hora de valorar dicha relación. En Mazaculos II la cerámica fue hallada en los niveles A2 y A2-fondo del Sector 3, que reposan sobre un nivel mesolítico (A3) (González Morales 1995a: 68 y ss.); una secuencia corroborada por las dataciones radiométricas efectuadas a partir de muestras de los niveles A2 y A3. Los portadores de cerámica de La Franca siguieron explotando el medio litoral, e incluso existen indicios para pensar en "[...] algún tipo de sobreexplotación" (González Morales 1992: 189).

A la espera de los resultados del estudio arqueozoológico y carpológico, la atribución al Neolítico de la U.E. 7 de los Canes está basada en la presencia relativamente abundante de cerámica. Esta cerámica ha sido datada a partir de una muestra de carbón obtenida de la pasta de un fragmento. No podemos hablar de conchero, pero sí de un contenido importante de moluscos marinos, sobre todo si valoramos la ubicación del yacimiento (Arias & Pérez 1995: 90, Arias 1996: 398).

En la parte superior de uno de los testigos de conchero de la Cuevona de Pendueles, se halló un fragmento cerámico (González Morales 1982: 246). En Tina (Pimiango), en el perfil de una zanja que atraviesa un yacimiento al aire libre y en el que se conserva un nivel de conchero con especies propias del Holoceno, Arias recogió "[...] un fragmento de cerámica lisa fabricada a mano" (Arias 1996: 398). En nuestra visita al yacimiento, no observamos restos de cerámica en dicho perfil.

El resto de yacimientos citados por Arias no ofrece seguridad en lo referente a la relación conchero-cerámica. En Les Pedroses, las excavaciones llevadas a cabo por Jordá han quedado inéditas, aunque los materiales se conservan en el Museo Arqueológico Provincial de Oviedo: "También apareció cerámica, si bien en relación estratigráfica desconocida con respecto al conchero" (González Morales 1982: 244). Arias, por su parte, considera que existen indicios que hacen probable la relación conchero-cerámica en Les Pedroses: por un lado, el hecho de que en la única información publicada por el excavador sólo se haga referencia a "[...] un potente conchero, en parte lapidificado" (Hernández Pacheco *et al.* 1957: 28); y por otro, la datación obtenida por Clark a partir de una muestra de conchero, próxima "[...] a las primeras dataciones de cerámica en la región" (Arias 1996: 395). En cualquier caso, tal y como señala el propio Arias, Jordá pudo realizar catas en otros sectores de la cueva, e incluso cabe la posibilidad de que las cerámicas sean producto de recogidas de superficie.

Las cerámicas de la Lloseta, atribuidas por Jordá a la Edad del Hierro (Jordá 1958: 21), no parecen poder relacionarse con los restos de conchero ubicados en las paredes y techo de la cueva. La datación obtenida por Clark a partir de una muestra del techo del conchero resulta muy imprecisa. Sin embargo, Arias considera la posibilidad de utilizar el extremo más antiguo del intervalo de calibración como un *terminus post quem* para un momento en el que el depósito aún se encontraba en proceso de formación. De esta manera "[...] sería bastante probable que sus fases finales correspondieran a poblaciones conocedoras de la cerámica" (Arias 1996: 395).

En la cueva de Bricia parece difícil asociar el conchero, cuya adscripción al Mesolítico está avalada por una datación, a las cerámicas que, según un manuscrito inédito de Vega del Sella (Márquez Uría 1974: 828), fueron localizadas en superficie junto a restos de conchero. Jordá no cita material cerámico al exponer los resultados obtenidos en la excavación del yacimiento (Jordá 1954). Por otro lado, las cerámicas de este yacimiento atribuibles, según Arias (1996: 396), a momentos más antiguos, presentan una decoración del tipo "Trespando", asignado hace ya más de una década "[...] al final del Calcolítico o al Bronce Antiguo" (Arias et al. 1986: 1286).

En el caso de Cueto de la Mina, las cerámicas proceden de los niveles revueltos de la zona del abrigo (Vega del Sella 1916: 15). Sin embargo, Arias considera que existen una serie de indicios que apoyan la posibilidad de que, en un principio, parte de las cerámicas formaran parte de un conchero: por un lado, la semejanza entre las cerámicas de Cueto de la Mina y las de Mazaculos II y la Cuevona de Pendueles; y por otro, la gran altura alcanzada por el conchero en el abrigo (Arias 1986: 830 y s.), "[...] que sugiere una cronología avanzada para la parte superior" (Arias 1996: 396). La hipótesis resulta incontrastable, ya que no se conserva yacimiento excavable correspondiente a la parte reciente de la estratigrafía.

En las excavaciones llevadas a cabo en la cueva de La Llana se recuperó, en la superficie de un conchero mesolítico, cerámica decorada, material óseo, así como dos fragmentos de metal, uno de ellos próximo a la punta de Palmela; un conjunto, por tanto, que parece ofrecer "[...] un interés indudable en el contexto de los inicios de la Metalurgia en la zona" (González Morales 1995a: 75), y que no parece poder relacionarse con un conchero que presenta las características propias de los emplazamientos mesolíticos de la región.

En el Abrigo de Purón, se recogió un fragmento de cerámica en superficie, sin que resulte segura su contemporaneidad con respecto al conchero (Pérez Suárez 1982). Finalmente, resulta difícil valorar los fragmentos de cerámica que González Morales observó en el revuelto procedente de la cata realizada en 1915 por Vega del Sella en el Abrigo de Llongar, cata en la que se halló un conchero asociado a picos asturienses (Márquez Uría 1974: 829, González Morales 1982: 236).

c) Discusión

En la fig. 10 y en la tabla 3 hemos recopilado las dataciones disponibles para el Neolítico pleno del ámbito geográfico investigado. Dada su proximidad geográfica, también hemos incluido las fechas de la Peña Oviedo. De esta manera, contamos además con dataciones de monumentos megalíticos situados en un territorio interior, "[...] en la falda del Macizo Oriental de los Picos de Europa" (Díaz Casado 1991: 183) (Fig.: 11).

Por diferentes motivos, algunas fechas no han sido consideradas. Tal es el caso de la datación de La Lloseta (Clark 1976: 123-131), con una desviación estándar excesiva

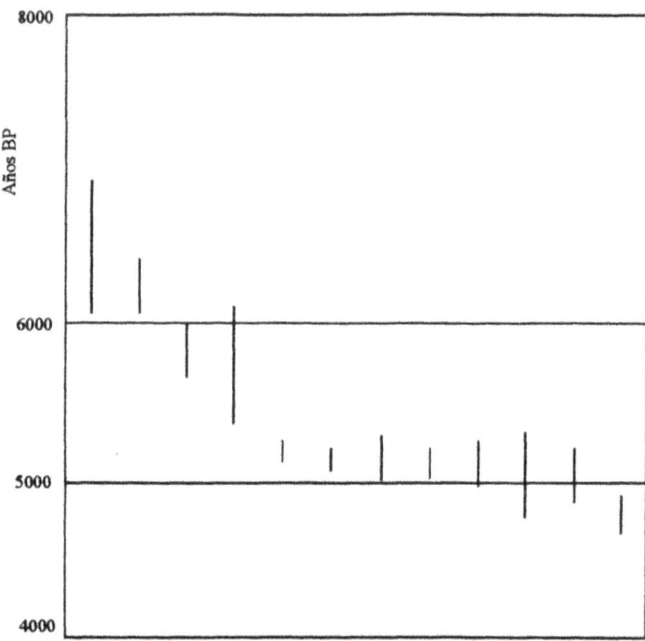

Fig.: 10. Conexión Mesolítico-Neolítico en Asturias a la luz de las dataciones radiocarbónicas disponibles (2ds). Las dos primeras dataciones corresponden al Mesolítico (Tabla 2., fechas 26 y 27). El resto de fechas corresponden a la Tabla 3.

(± 660). En el caso de El Cantón I, la muestra de carbón vegetal datada arrojó una datación no admisible como fecha de la construcción del monumento megalítico, quizá debido a una contaminación de la muestra por filtraciones de agua (Blas 1980: 29). También las dataciones de Piedrafita V se han considerado excesivamente tardías para fechar un contexto de "[...] aire arcaico", caracterizado por las hachas pulimentadas y algunas piezas de sílex (Blas 1990: 76). En el caso de los megalitos de El Monte Areo, sólo se ha considerado aceptable la datación obtenida a partir de una muestra de carbón vegetal tomada en la base de la coraza pétrea del túmulo MA XV. Las fechas obtenidas para el túmulo MA V se consideran "[...] escasamente compatibles con la estimación arqueológica de la antigüedad, razonable, del dólmen" (Blas 1995a: 101).

La datación de Les Pedroses es una incógnita; de hecho, González Morales (1995b: 66) no se decanta por una u otra atribución cultural. Como ya se ha señalado, no es segura la relación entre las cerámicas y el conchero. La diferencia entre la fecha de Les Pedroses y las fechas de los concheros mesolíticos más tardíos es importante -aunque la datación correspondiente al nivel 29 (sup.) de La Riera llega a solaparse ligeramente con la de Les Pedroses (± 2ds)-. Ello, unido a la presencia aún incontrolada de cerámica, y a la existencia de una fecha -U.E. 7 de Los Canes-, que data un contexto con cerámica y que se solapa ampliamente con la datación de Les Pedroses, nos lleva a suponer, no sin reservas, que la fecha Gak-2547 data un momento en el que la cerámica ya era utilizada en la región.

A partir de la fig. 10, cabe deducir una perduración del poblamiento en el surco prelitoral en el paso a la Prehistoria con cerámica. En este sector del territorio, las tumbas mesolíticas de los Canes dan paso a un nivel con cerámica.

YACIMIENTO	NIVEL	REF_LAB.	AÑOS BP	± DS	± 2DS	FUENTE
Los Canes	7	AA-5788, carbón	5865 ± 70	5795-5935	5725-6005	Arias y Pérez 1995
Les Pedroses (?)	conchero	Gak-2547, carbón	5760 ± 180	5580-5940	5400-6120	Clark 1976
Peña Oviedo I	base de la estructura	GrN-18782, carbón	5195 ± 25	5170-5220	5145-5245	Diez Castillo 1995
La Llaguna A	sector basal túmulo	GrN-18282, carbón	5175 ± 25	5150-5200	5125-5225	Blas Cortina 1995b
La Llaguna A	sector basal túmulo	GrN-18283, carbón	5140 ± 60	5080-5200	5020-5260	Blas Cortina 1995b
La Llaguna D	sector basal túmulo	GrN-16647, carbón	5135 ± 40	5095-5175	5055-5215	Blas Cortina 1992
La Llaguna D	sector basal túmulo	GrN-16648, carbón	5110 ± 60	5050-5170	4990-5230	Blas Cortina 1992
Mazaculos II	A2	Gak-15221, carbón	5050 ± 120	4930-5170	4810-5290	Glez. Morales 1992
Monte A.(XV-A)	base coraza pétrea	GrN-19724, carbón	5040 ± 70	4970-5110	4900-5180	Blas Cortina 1995a
Peña Oviedo I	base de la estructura	GrN-19048, carbón	4820 ± 50	4770-4870	4720-4920	Diez Castillo 1995

Tabla 3. Dataciones (C14) para el Neolítico de Asturias.

En cambio, en la llanura costera la datación de La Riera y la de Les Pedroses están netamente separadas, aunque ya hemos señalado que las fechas se solapan ligeramente. En el caso de no considerar la datación de Les Pedroses como fechadora de un contexto con cerámica, la datación que sigue a la de La Riera es la de La Llaguna A, que fecha un contexto claramente Neolítico "[...] en tierras de Villaviciosa, en el sistema de cordales prelitorales emergentes entre la ría de aquél nombre y la cuenca de Gijón" (Blas 1995b: 60).

Asimismo, existe un vacío de fechas entre los primeros contextos con cerámica en cueva y los primeros monumentos megalíticos, tanto en la costa como en el interior. Otro dato destacable es la concentración de fechas correspondientes a los monumentos megalíticos; salvo la datación más reciente de Peña Oviedo, todas las fechas medias se sitúan en un lapso de 250 años de radiocarbono (5250-5000 BP). Por otro lado, la existencia de fechas próximas correspondientes a monumentos costeros e interiores atestigua la presencia del fenómeno megalítico en ambos medios de una manera más o menos sincrónica. Véanse al respecto las fechas más antiguas de Peña Oviedo I y la Llaguna A -cf. igualmente los intervalos máximos de calibración de ambas fechas, Arias 1995: 38-.

Hace ya más de una década, De Blas comentaba que el proceso de transición hacia el Neolítico en la región se mostraba desdibujado (Blas 1983: 26 y 28). Hoy en día, los datos siguen siendo escasos para definir el momento inmediatamente anterior a la difusión del Megalitismo. A partir de la fig. 10, cabe deducir la existencia de un horizonte posterior al Mesolítico e inmediatamente anterior a la edificación de los megalitos. Al margen de la problemática fecha de Les Pedroses, la datación de los Canes, que fecha un contexto con cerámica y que se encuentra netamente alejada de las dataciones de los dólmenes, constituye la base de esta deducción. Contamos, por tanto, con una ocupación premegalítica segura en los Canes. Pero evidentemente, esta ocupación premegalítica puede corresponder a grupos con una economía depredadora, algo que nos habrán de esclarecer los análisis de fauna en curso. ¿Qué hay detrás de este primer contexto con cerámica, una economía depredadora o una economía productora?. Esta es la pregunta clave, ya que lo premegalítico no tiene que ser necesariamente neolítico. De esta manera, podríamos estar ante grupos de cazadores-recolectores portadores de cerámica, tal y como se ha documentado, para un momento más antiguo, en el nivel I de la cueva de Zatoya (Barandiarán & Cava 1989: 350).

Existen una serie de fechas en el Cantábrico que complican la lectura de la fig. 10 y que constituyen uno de los puntos básicos de la discusión acerca de la cronología y la evidencia arqueológica de la neolitización en la región cantábrica (Tabla 4, a esta tabla deberán añadirse las fechas del nivel IC2 de Arenaza -datado hacia 4900-4600 cal BC, Arias 1997b: 66-, que en breve serán publicadas de manera completa).

Una de ellas es la fecha más antigua del dólmen guipuzcoano de Larrarte (I-14781: 5810 ± 290 BP) (Mújica & Armendáriz 1991: 158), considerada por González Morales (1992: 191) y rechazada por Arias al estimarla "[...] muy imprecisa, difícilmente compatible con la otra datación del mismo monumento" (Arias 1995: 28). De Blas (1995b: 75), por su parte, la considera una fecha ambigua; mientras que los excavadores del monumento señalan únicamente que, en principio, las dos fechas obtenidas para el dólmen corresponden al mismo momento, ya que las dos muestras fueron tomadas en la base del megalito. La otra fecha que data el monumento es I-14919: 5070 ± 140 BP.

Asimismo, tras la datación de la U.E. 7 de los Canes se suceden una serie de fechas que, como ya hemos señalado

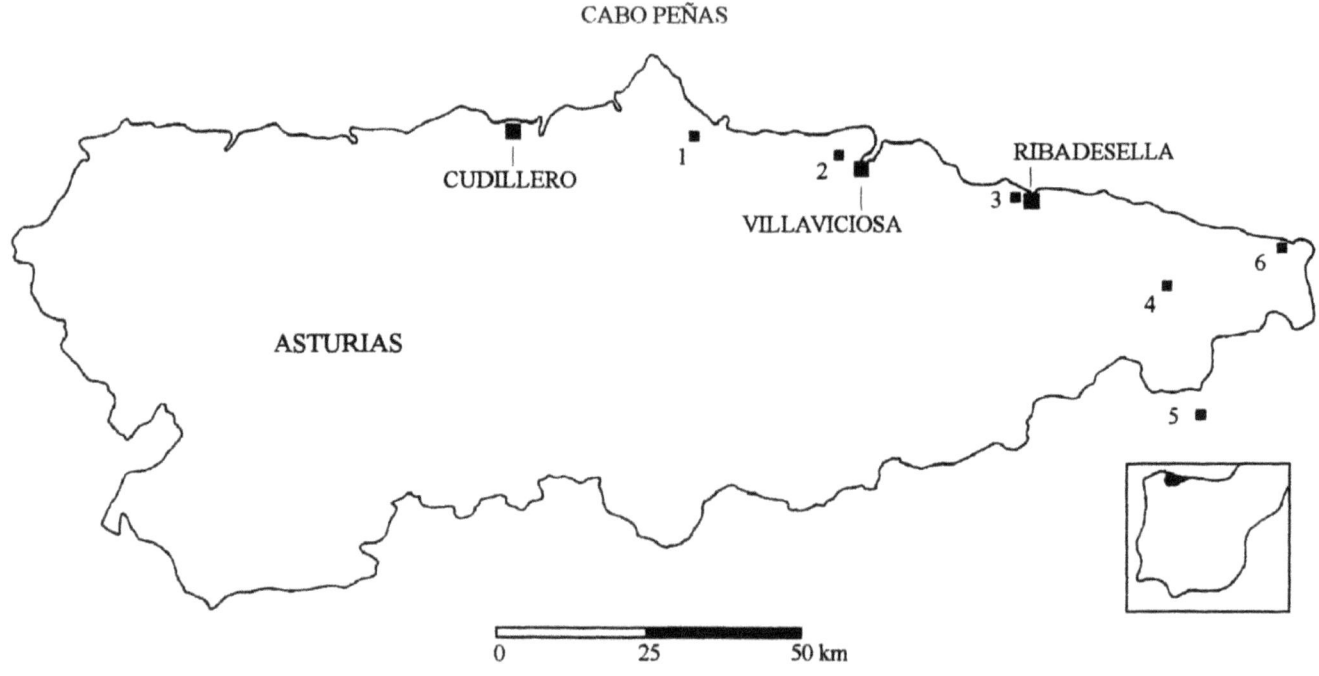

Fig.: 11. El Neolítico en Asturias, yacimientos datados. 1. Monte Areo; 2. La Llaguna de Niévares; 3. Les Pedroses (¿); 4. Los Canes (¿); 5. Peña Oviedo I; 6. Mazaculos II.

con anterioridad, datan contextos sin especies domésticas: nivel 4 de Pico Ramos, fechado en 5860 ± 65 BP (Ua-3051); nivel C de Herriko Barra, fechado en 5810 ± 170 BP (I-15351); nivel III de Tarrerón, fechado en 5780 ± 120 BP (I-4030); y el conchero de La Trecha, cuyas dos dataciones más recientes son 5600 ± 310 BP (URU-0051) y 5430 ± 70 BP (URU-0050). Al parecer, la fecha más reciente de La Trecha sólo puede considerarse como un *terminus ante quem* (*cf.* Arias 1997a: 374).

Evidentemente, considerar estos yacimientos como emplazamientos mesolíticos correspondientes a grupos de cazadores-recolectores, supondría una perduración de los concheros hasta aproximadamente el 5500 BP; momento en el que los megalitos comienzan a ser una realidad en la región. Incluso, si aceptáramos la para nosotros inutilizable fecha de Larrarte, podríamos hablar de la "contemporaneidad" de los mesolíticos y de los megalíticos. Pero si además de rechazar la datación I-14781, asociamos los niveles de Pico Ramos, Herriko Barra, Tarrerón y La Trecha a campamentos especializados de grupos que en otros lugares ya practicaban una economía de producción, existiría una separación muy nítida entre la última datación mesolítica y la primera fecha correspondiente a un megalito; un espacio cronológico en el que se situarían los primeros contextos con cerámica. En este momento, la atribución al Neolítico de ese espacio cronológico vendría avalada por las fechas obtenidas a partir de restos de vaca procedentes del nivel IC2 de Arenaza.

La evolución histórica posterior al Mesolítico se muestra confusa, no sólo en el extremo occidental del Cantábrico, sino en toda la región. La clave para la resolución de los problemas pasa, como ya han apuntado varios investigadores, por el estudio de ámbitos geográficos restringidos que permitan estudiar en detalle todo el proceso evolutivo.

Hasta ahora, hemos tratado de presentar de manera ordenada la información disponible y las conclusiones a las que ésta nos permite llegar. No queremos sin embargo dar por finalizado el capítulo sin antes realizar una reflexión, acaso personal, acerca del final del Mesolítico en el ámbito geográfico estudiado. Consideramos que la utilización del término Neolítico debe asociarse a la evidencia de agricultura y/o ganadería en el registro arqueológico. A la espera del estudio carpológico y arqueozoológico de la U.E. 7 de los Canes, resulta por el momento difícil hablar de Neolítico premegalítico en el territorio estudiado. Sin embargo, la presencia de cerámica en los Canes nos indica que algo comenzó a cambiar en una región en la que, durante milenios, el registro se mostró prácticamente inalterable. Sólo el avance de la investigación nos permitirá definir el carácter y la profundidad de dicha alteración. Pero lo cierto es que dicha alteración se produjo con anterioridad a la aparición de los megalitos. De la misma forma, la presencia de fauna doméstica en Arenaza durante la primera mitad del VI milenio BP es una prueba aún más evidente de ese cambio en el registro arqueológico.

Probablemente, una utilización rigurosa de los términos Mesolítico y Neolítico no ayude a solucionar el problema planteado. Desde nuestra perspectiva particular, consideramos que debió existir una fase de transición entre la economía cazadora-recolectora y la economía de producción. Ignoramos si esa fase forma parte del Mesolítico o del Neolítico. Consideramos más interesante hablar de un período de

YACIMIENTO	NIVEL	REF_LAB.	AÑOS BP	± DS	± 2DS	FUENTE
Riera	29 sup.	Gak-3046, carbón	6500 ± 200	6300-6700	6100-6900	Straus et al. 1983
Chora	conchero	GrN-20961	6360 ± 80	6280-6440	6200-6520	González Morales 1995b
Canes	6-I	AA-5294, hueso	6265 ± 75	6190-6340	6115-6415	Arias y Pérez 1992a
Trecha	conchero	URU-0039	6240 ± 100	6140-6340	6040-6440	González Morales 1995b
Canes	7	AA-5788, carbón	5865 ± 70	5795-5935	5725-6005	Arias y Pérez 1995
Pico Ramos	4	Ua-3051, carbón	5860 ± 65	5795-5925	5730-5990	Zapata 1995a
Herriko Barra	C	I-15351, mat. veg.	5810 ± 170	5640-5980	5470-6150	Mariezkurrena y Altuna 1995
Larrarte	base del monumento	I-14781, carbón	5810 ± 290	5520-6100	5230-6390	Mújica y Armendáriz 1991
Tarrerón	III	I-4030, carbón	5780 ± 120	5660-5900	5540-6020	Apellániz 1971
Les Pedroses	conchero	Gak-2547, carbón	5760 ± 180	5580-5940	5400-6120	Clark 1976
Mouligna	superior	Ly-882, turba	5760 ± 150	5610-5910	5460-6060	Chauchat 1974
Trecha	conchero	URU-0051	5600 ± 310	5290-5910	4980-6220	González Morales 1995b
Arenillas		GrN-19596, carbón	5580 ± 80	5500-5660	5420-5740	Arias y Ontañon 1996
Mouligna	base	Ly-883, turba	5550 ± 150	5400-5700	5250-5850	Chauchat 1974
Boheriza 2	túmulo	Ua-3228, carbón	5500 ± 100	5400-5600	5300-5700	Yarritu y Gorrotxategi 1995a
Trecha	conchero	URU-0050	5430 ± 70	5360-5500	5290-5570	González Morales 1995b
Cabaña 2	túmulo	Ua-3231, carbón	5405 ± 65	5340-5470	5275-5535	Yarritu y Gorrotxategi 1995a
Trikuaiztí I	base del túmulo	I-14099, carbón	5300 ± 140	5160-5440	5020-5580	Mújica y Armendáriz 1991
Marizulo	I	GrN-5992, hueso	5285 ± 65	5220-5350	5155-5415	Cava 1978
Boheriza 2	cámara	Ua-3229, carbón	5200 ± 75	5125-5275	5050-5350	Yarritu y Gorrotxategi 1995a
Peña Oviedo I	base de la estructura	GrN-18782, carbón	5195 ± 25	5170-5220	5145-5245	Diez Castillo 1995
Llaguna A	sector basal túmulo	GrN-18282, carbón	5175 ± 25	5150-5200	5125-5225	Blas Cortina 1995b
El Mirón	9		5170 ± 170	5000-5340	4830-5510	Straus y Glez. Morales 1996
Llaguna A	sector basal túmulo	GrN-18283, carbón	5140 ± 60	5080-5200	5020-5260	Blas Cortina 1995b
Llaguna D	sector basal túmulo	GrN-16647, carbón	5135 ± 40	5095-5175	5055-5215	Blas Cortina 1992
Llaguna D	sector basal túmulo	GrN-16648, carbón	5110 ± 60	5050-5170	4990-5230	Blas Cortina 1992
Larrarte	base del monumento	I-14919, carbón	5070 ± 140	4930-5210	4790-5350	Mújica y Armendáriz 1991
Mazaculos II	A2	Gak-15221, carbón	5050 ± 120	4930-5170	4810-5290	González Morales 1992
Monte A. (XV-A)	base coraza pétrea	GrN-19724, carbón	5040 ± 70	4970-5110	4900-5180	Blas Cortina 1995a
Arenaza	ICI	I-8630	4965 ± 195	4770-5160	4575-5355	C. Mariezkurrena 1990
Cotobasero 2	túmulo	I-16442, carbón	4960 ± 90	4870-5050	4780-5140	Yarritu y Gorrotxategi 1995a
Hirumugarrieta 2		Ua-?	4955 ± 85	4870-5040	4785-5125	Zubizarreta 1995
Hirumugarrieta 2		Ua-?	4865 ± 90	4775-4955	4685-5045	Zubizarreta 1995
Peña Oviedo I	base de la estructura	GrN-19048, carbón	4820 ± 50	4770-4870	4720-4920	Diez Castillo 1995

Tabla 4. Dataciones (C14) para los últimos contextos mesolíticos y para el Neolítico en la región cantábrica.

transición. De esta manera, creemos que se entenderá mejor la coexistencia, durante esos "siglos oscuros", de auténticos concheros, de contextos con cerámica e incluso de evidencias de domesticación. Desafortunadamente, la información sobre este período de transición resulta muy escasa; de hecho, en el caso que nos ocupa ni siquiera la cerámica contribuye a caracterizar claramente dicho período, puesto que la relación conchero-cerámica no es una realidad común en la costa oriental de Asturias. Los programas de investigación en curso deben tratar de definir ese período.

Los datos son aún demasiado escasos para hablar de Neolítico, pero tampoco creemos que deba hablarse de Mesolítico para la etapa inmediatamente anterior a la construcción de los primeros monumentos megalíticos. Las diferencias observadas entre "lo asturiense" y "lo megalítico" hacen necesario un período transicional, en el que la estabilidad de la economía depredadora comenzó a resquebrajarse en favor de un nuevo modo de concebir la subsistencia.

III. LA INFORMACIÓN ARQUEOLÓGICA DISPONIBLE

1. INTRODUCCIÓN.

En este capítulo presentamos un amplio inventario de yacimientos arqueológicos, fundamentalmente concheros, producto de una exhaustiva recogida de información procedente de la bibliografía, de las cartas arqueológicas y de nuestros trabajos de prospección. El inventario recoge yacimientos conocidos desde hace décadas (Penicial, Bricia...), yacimientos prácticamente desconocidos pero brevemente citados (Cuetu, Cabra Muerta...), así como otros inéditos (Presa, Punta de la Vaca...). Por tanto, hemos tratado de realizar una puesta a punto del registro arqueológico mesolítico en Asturias.

En este intento de síntesis juega un papel importante la investigación previa. Por ello, abordaremos con mayor brevedad los yacimientos más conocidos, y no entraremos, por ejemplo, en descripciones sobre la cavidad que alberga el depósito o sobre su entorno inmediato. En estos casos, nos referiremos únicamente al depósito arqueológico. Si el yacimiento es inédito o ha pasado prácticamente desapercibido en la bibliografía, ofrecemos un mayor número de detalles. De esta manera, el inventario pierde homogeneidad en su presentación, pero consideramos oportuno prescindir de las descripciones ya publicadas y hacer hincapié en las novedades. En cualquier caso, la bibliografía y las fuentes inéditas aportadas -fundamentalmente cartas arqueológicas- sitúan al lector en disposición de acceder a toda la información disponible sobre cada uno de los yacimientos arqueológicos presentados.

Sólo parte de los yacimientos inventariados en este capítulo ha sido datada de forma absoluta. En otros casos, resulta posible acudir a la datación relativa: tipología -para los picos fundamentalmente- y estratigrafía arqueológica. Gran parte de la información presentada es producto de la prospección de superficie, y es común la presencia en el inventario de concheros en los que sólo ha sido posible describir, de manera aproximada, la composición malacológica del depósito. La industria lítica no aparece prácticamente, y sólo algunos cortes permiten describir ciertas sucesiones estratigráficas. Sin embargo, desde que Vega del Sella (1916: 63 y ss.) advirtiera en las cuevas de Fonfría y Mazaculos II el vínculo existente entre los concheros y la industria asturiense, la relación entre el Mesolítico y los concheros ha sido globalmente aceptada en el Cantábrico occidental. Como ya apuntamos en un capítulo previo, sólo el planteamiento de Jordá y Llopis puso realmente en entredicho durante algún tiempo la cronología postaziliense de los concheros asturienses.

En los siguientes párrafos, tratamos de sintetizar los argumentos en los que nos apoyamos para defender, como hipótesis más probable, la cronología mesolítica de aquellos depósitos no datados; y sobre cuya cronología tampoco nos informan la tipología y la estratigrafía arqueológica.

La sustitución de *Littorina littorea* por *Monodonta lineata* anuncia generalmente el tránsito entre los niveles azilienses y los niveles mesolíticos. Las estratigrafías de referencia son dos: El Perro (Santoña, Cantabria) y La Riera (Llanes, Asturias). En los niveles azilienses de El Perro se recuperaron 688 restos (NMI -n° mínimo de individuos-: 114) de *Monodonta l.* por 17.017 restos (NMI: 1.907) en el nivel mesolítico. Asimismo, de 34.316 restos (NMI: 7.683) de *Littorina l.* en los niveles azilienses se pasa a 311 restos (NMI: 55) en el nivel mesolítico (Fig.: 12). Por tanto, *Monodonta l.* no aparece prácticamente durante el Aziliense, al igual que *Littorina l.* en el nivel mesolítico (Moreno 1995a: 228, 1995b: 359).

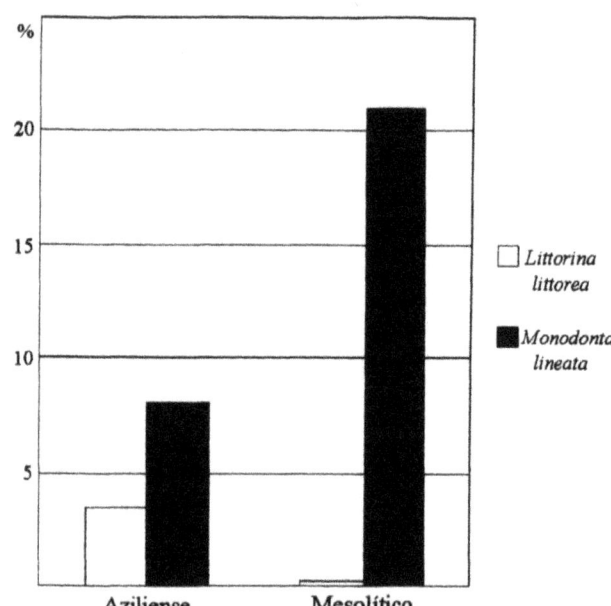

Fig.: 13. Porcentajes de *Littorina l.* y de *Monodonta l.* en los niveles 28 (Aziliense) y 29 (Mesolítico) de La Riera, según datos de J. A. Ortea.

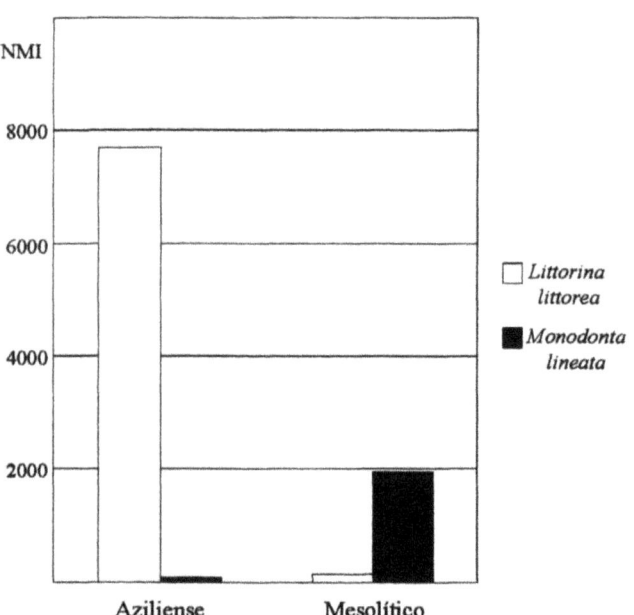

Fig.: 12. Número mínimo de individuos de *Littorina l.* y de *Monodonta l.* en los niveles 2 (Aziliense) y 1 (Mesolítico) de El Perro, según datos de R. Moreno.

El nivel 29 (Mesolítico) de La Riera también se caracteriza por la ausencia de *Littorina l.* (Fig.: 13); pero en el nivel 28 -claramente aziliense-, *Monodonta l.* no sólo está presente, sino que aparece en una proporción mayor a la de *Littorina l.* Resulta en cualquier caso notable el incremento de *Monodonta l.* en el nivel 29. Cabe definir el nivel 28 de La Riera como un conchero de configuración "mixta" (*cf.* González Morales 1982: 73), en el que se hace evidente el incremento de *Monodonta l.* con respecto a los niveles subyacentes (Ortea 1986: 290).

Como ya hemos indicado, no son muchos los concheros mesolíticos datados hasta la fecha en Asturias, pero todos ellos presentan características comunes en lo referente a las dos especies comentadas. Jordá (1954: 178) sí observó *Monodonta l.* pero no *Littorina l.* en el conchero de Bricia, y Clark (1976: 232) en su sondeo sólo recuperó 3 ejemplares de *Littorina l.* por 280 de *Monodonta l.* En su excavación del Penicial, Vega del Sella (1914: 6) observó "litorinas" entre los restos de un hogar, pero Clark (1976: 231) no recuperó resto alguno de *Littorina l.* en su excavación de 1969. Sí se recuperaron en cambio abundantes ejemplares de

Monodonta l. En el nivel 1B de Coberizas, Clark (1976: 231) halló 775 ejemplares de *Monodonta l.* por 3 de *Littorina l.* (Fig.: 14).

Como ya se ha apuntado, resulta muy escasa la presencia de *Littorina l.* en el nivel 29 de La Riera, mientras que en el conchero su desaparición es absoluta (Ortea 1986: 290). Gran parte del material de Mazaculos II está aún en estudio, pero *Littorina l.* no aparece entre las especies dominantes recogidas en la campaña de 1977. *Monodonta l.* sí aparece en cambio entre dichas especies (González Morales *et al.* 1980: 56). Por tanto, los datos procedentes de otros yacimientos datados confirman parte de las conclusiones obtenidas en El Perro y La Riera: la presencia de *Littorina l.* es muy escasa en los concheros mesolíticos.

Sin pretender utilizar la fauna malacológica a modo de "fósil-guía", consideramos la sustitución *Littorina-Monodonta* como un argumento más a tener en cuenta a la hora de plantear una determinada cronología relativa. A la luz de los datos de El Perro, de La Riera y del resto de concheros mesolíticos datados en Asturias, sí parece que la inexistencia o escasa presencia de *Littorina l.* pueda tener un cierto significado cronológico. No olvidamos, sin embargo, que se conocen niveles azilienses sólo con *Littorina*, como en Aitzbitarte IV (Altuna 1972: 154 y s.) o El Pendo (Madariaga 1980: 244); con *Littorina* y *Monodonta,* como en Lumentxa (Altuna 1972: 70); e incluso sólo con *Monodonta,* como en las capas superiores del nivel 3 de Los Azules (Fernández-Tresguerres 1980: 46) y en Ekain (Leoz & Labadia 1984: 288).

En las cavidades donde se conservan los depósitos de conchero, se ha hallado en ocasiones una industria lítica en superficie propia del período que nos ocupa, pero no así restos del característico utillaje aziliense. La escasez de industria lítica es una de las características de los concheros

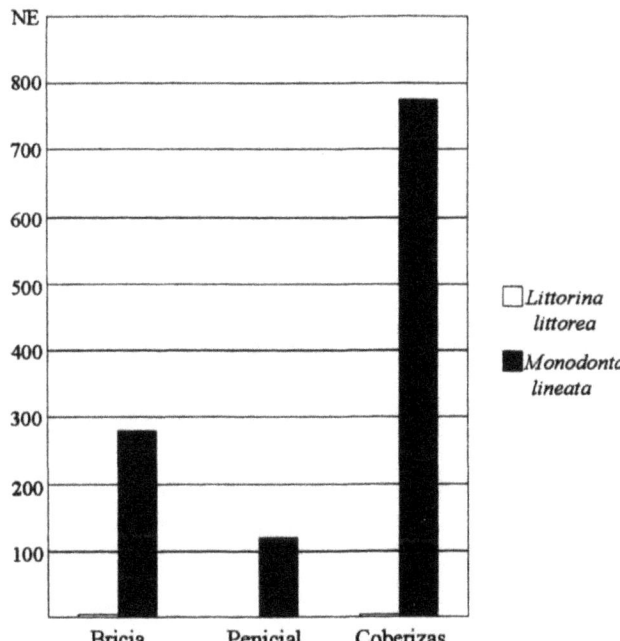

Fig.: 14. Ejemplares de *Littorina l.* y de *Monodonta l.* recuperados en concheros mesolíticos datados de Asturias.

mesolíticos de la región -vid. el caso de Mazaculos II o de La Llana (González Morales 1995a: 69 y 75)-; algo que no ocurre en yacimientos también próximos a la costa con niveles de ocupación azilienses ricos en fauna malacológica, como La Riera y El Perro (vid. respectivamente Straus & Clark 1986a, González Morales & Díaz Casado 1991-92).

En ninguno de los depósitos atribuidos al Mesolítico se observó resto lítico u óseo alguno que pudiera emparentarse con el mundo paleolítico en general o con el aziliense en particular. Asimismo, todos los concheros datados en Asturias, con una configuración semejante a la de los depósitos que nos ocupan, han arrojado fechas correspondientes al Mesolítico; un hecho que apoya, aunque no de manera absoluta, nuestras observaciones de campo. Otros depósitos, como el de El Cierro o el de la Lloseta, compuestos entre otras especies por *Patella vulgata sautuola* y *Littorina l.*, han arrojado fechas más antiguas (Clark 1976: 120 y ss.). De hecho, la gran lapa paleolítica no aparece habitualmente en los contextos mesolíticos.

Son varias las intervenciones que sobre concheros se han llevado a cabo en el oriente de Asturias; pero hasta la fecha, sólo en los Canes -el nivel 7 no es propiamente un conchero- y en Mazaculos II -con una datación del nivel A2 correspondiente a la plena expansión del Megalitismo-, se ha verificado la presencia de cerámica en contextos con abundante fauna malacológica. Como ya indicamos en el capítulo anterior, la relación conchero-cerámica se ha señalado en otros yacimientos de la marina oriental, pero sólo parece probada en Pendueles y Tina.

Asimismo, intervenciones de mayor o menor alcance sobre otros concheros no han arrojado cerámica: Cierro (Clark 1976: 119 y ss.); Penicial (Vega del Sella 1914, Clark 1976: 46); Coberizas (Clark & Cartledge 1973: 27 y s.); La Riera (Straus & Clark 1986a: 178 y ss.); Trescalabres (Obermaier 1925: 188); Fonfría (Vega del Sella 1916: 63); Balmori (Clark & Clark 1975: 70); Juan de Covera (Márquez Uría 1974: 830, González Morales 1982: 232 y 235); Molino de Gasparín (Carballo 1926: 12 y ss.); El Pindal (Jordá & Berenguer 1954: 7 y s.). Pueden ser varios los factores que influyan en el estado actual de nuestros conocimientos (cf. Arias 1996: 394 y 408), pero es evidente que hoy en día no podemos afirmar que la relación conchero-cerámica sea una realidad habitual en el registro arqueológico del oriente de Asturias. En cualquier caso, no negamos la posibilidad de que en la excavación de alguno de los depósitos recogidos en este trabajo pudiera hallarse cerámica.

Como ha podido observarse, existen algunos argumentos negativos que nos ayudan a establecer la cronología relativa de los concheros, que como muchos de los que aquí presentamos, apenas ofrecen información al respecto. Así, la total ausencia de *Littorina l.* y de una determinada industria lítica u ósea, nos lleva a descartar la cronología aziliense de los depósitos. Por otro lado, la falta de cerámica en los yacimientos y el hecho de que la asociación conchero-cerámica no sea una realidad común en la región, nos lleva a pensar que no estudiamos un registro arqueológico producto de poblaciones portadoras de cerámica.

2. YACIMIENTOS Y HALLAZGOS AISLADOS EN LA COSTA CENTRAL Y OCCIDENTAL DE ASTURIAS.

Conjunto lítico de Sarello (Tapia de Casariego).

Se trata de un conjunto lítico recuperado a unos 300 m del mar, en el sector de rasa comprendido entre la desembocadura del río Tol y la punta Picón (Ramil & Pena 1994). Dicho conjunto está formado por un pico monofacial y dos choppers en cuarcita acompañados de otros materiales en cristal de roca. Tras el estudio del pico, los autores citados le atribuyen "[...] una asimilación morfológica y técnica con el pico asturiense" (Ramil & Pena 1994: 490 y 493). Ello convierte a esta pieza en el pico asturiense más occidental de la región, localizado a menos de 4 km del río Eo. La carta arqueológica del concejo de Tapia de Casariego no aporta nuevos datos sobre este yacimiento (Maradona & Martínez Faedo 1995).

Desde el punto de vista tipométrico, el pico resulta grande entre los de su categoría. Tanto su longitud (13 cm) como su anchura máxima (8 cm), superan ampliamente las medias obtenidas en los estudios sistemáticos de este tipo de piezas (Pérez Pérez 1974: 7, Clark 1976: 178, González Morales 1982: 138). Sin embargo, el valor del espesor (3 cm) se sitúa entre las medias obtenidas para esta dimensión en los trabajos citados. La morfología de la pieza se corresponde con la del pico asturiense: base y cara posterior reservada, apuntamiento distal y bordes laterales ligeramente cóncavos. La talla monofacial de la pieza es también la característica de los picos asturienses.

Ería la Rasa (Luarca).

Pico asturiense localizado por J. M. González cuando realizaba una excursión por la costa desde Luarca hasta la playa de Otur. Según relata su descubridor, la pieza es "[...] en cierto modo esbelta entre las de su clase" (González 1965: 39); con un tamaño ligeramente inferior a la anteriormente descrita (*cf.* Jordá 1977: 159). J. M. González no se detuvo para comprobar la posible presencia de otros restos, pero un reconocimiento posterior del terreno no arrojó más materiales (Blas Cortina *et al.* 1978: 351). La carta arqueológica del concejo de Luarca tampoco recoge nuevos datos sobre este hallazgo aislado (Villa 1995: 185). Recientemente, J. A. Rodríguez Asensio ha tenido noticia de la localización de un supuesto lote de picos asturienses en la zona de Luarca (Rodríguez Asensio, com. per.).

Material de Cudillero (Cudillero).

Son varias las referencias de Jordá a materiales de tipología asturiense en la zona de Cudillero (Jordá 1975: 4, 1976: 115, 1977: 167), pero no existe publicación alguna sobre los mismos. La reciente carta arqueológica del concejo de Cudillero tampoco aporta información al respecto (Díaz & Sierra 1995d).

Les Muries (Castrillón).

Últimamente, hemos tenido noticia del hallazgo en superficie de un pico asturiense en el yacimiento de Les Muries, situado al noroeste de Piedras Blancas. La pieza se encuentra en estudio por parte de los responsables de la investigación de este yacimiento. En principio, parece tratarse de un útil aislado, sin relación con el resto de materiales localizados (I. Muñiz, com. per.).

Pinos Altos (Castrillón).

Yacimiento localizado entre el límite occidental de la playa de Salinas y el oriental de la playa de Arnao, en una pequeña y alta planicie conocida como "Pinos Altos" (Pérez Pérez & González 1991). El hallazgo de un pico asturiense llevó a los autores citados a realizar un reconocimiento de la zona, que permitió delimitar esta interesante estación arqueológica. Todo el material lítico fue hallado en superficie, y se encontraba concentrado en dos áreas (1 y 2). La industria lítica de las áreas 1 y 2 se divide en dos grupos que, tipológicamente, se diferencian entre sí; hecho que parece indicar una cronología diferente para cada uno de los asentamientos. No obstante, en ambas áreas aparecen elementos que parecen "no encajar" en su contexto de recuperación.

El área 2 se atribuye al Mesolítico. Son cinco los picos localizados; tres intactos y dos con el ápice fracturado. Cuatro de ellos responden plenamente a la definición del pico asturiense. La otra pieza presenta una alteración de carácter técnico y debe considerarse como inacabada (Pérez Pérez & González 1991: 302 y ss., 316 y ss.). En el área 1, atribuida genéricamente al Achelense, con útiles tales como el bifaz, el hendidor y el triedro, se halló un pico asturiense con unos caracteres tipométricos, tecnológicos y morfológicos que encajan perfectamente con la definición del tipo (Pérez Pérez & González 1991: 281-294 y 316). La carta arqueológica del concejo de Castrillón no revela nuevos datos sobre este yacimiento (García Quirós 1995: 207).

L'Atalaya (Gozón).

Material de superficie localizado por M. Mallo en una zona próxima a la ría de Avilés: "[...] apareció con otros materiales un pico asturiense típico elaborado en cuarcita" (Blas Cortina *et al*. 1978: 351). Trabajos de prospección posteriores en el concejo de Gozón no han arrojado nuevos datos (Díaz & Sierra 1995b: 213).

Punta Segareo (Gozón).

Presentamos Punta Segareo como una yacimiento individualizado, aunque en la bibliografía aparece dentro de la amplia zona de dispersión del yacimiento de la ensenada de Bañugues (Blas Cortina *et al*. 1978: 348 y s., Rodríguez Asensio & Flor 1980-81: 215, González Morales 1982: 82). Se localiza en el extremo noroeste de la ensenada de Bañugues, donde se encontró material lítico en superficie, de tipología asturiense (dos picos) e inferopaleolítica.

Ensenada de Bañugues (Gozón).

En toda la superficie de la playa y en parte de los cortes se ha documentado abundante material lítico perteneciente a diferentes períodos. A partir del análisis tipológico de la industria, tanto de la recogida en superficie como de la recuperada en las excavaciones, se han diferenciado dos grupos: la industria inferopaleolítica y la industria asturiense (Rodríguez Asensio & Flor 1980-81: 220). Por lo que respecta a la industria asturiense, habría que diferenciar entre el hallazgo del corte y los restos dispersos por la playa. Especial significación tuvo el hallazgo *in situ* de un pico asturiense en el corte estratigráfico de la playa. Se documentó una secuencia de varios niveles (Ia, Ib, II y III). El pico apareció en el contacto de los niveles II y III; posteriormente se recogieron en la misma zona y nivel varias piezas de cuarcita (Blas Cortina *et al*. 1978: 340 y s.).

Por toda la playa de Bañugues se han encontrado picos asturienses con una distribución no homogénea, ya que existe un área de máxima concentración de hallazgos en torno a la desembocadura del arroyo de La Cabaña. De hecho, se ha señalado la posibilidad de que el asentamiento asturiense estuviese en las proximidades de la actual desembocadura del arroyo en la playa (Rodríguez Asensio & Flor 1980-81: 222). No es posible atribuir, de una forma rigurosa, los materiales dispersos por la playa a un período concreto, ya que la acción del mar provoca la mezcla de materiales de distinta tipología procedentes de diferentes niveles. Sin embargo, cabe destacar, como indicio de la modernidad del material de tipología asturiense, la falta de picos asturienses en los niveles inferiores del área excavada (*cf*. Rodríguez Asensio 1978), así como la inexistencia de útiles del Paleolítico inferior en los niveles superiores (González Morales 1982: 89).

El estudio de un número importante de picos asturienses del yacimiento de Bañugues, ha puesto de manifiesto ciertas variaciones con respecto a los ejemplares de otros yacimientos, en lo relativo a las dimensiones absolutas y a las proporciones de los útiles. Estas diferencias se han puesto en relación con el tipo de canto rodado utilizado para la elaboración de los picos. Algunas particularidades morfológicas también se han relacionado con la materia prima utilizada (Rodríguez Asensio & Flor 1980-81: 214 y ss.).

Punta de la Vaca de Luanco (Gozón).

Se trata de un pico elaborado en cuarcita y localizado por M. Suárez Calleja en la Punta de la Vaca, unos 2 km al este de la playa de Bañugues. Por cortesía de M. Suárez hemos podido estudiar la pieza (Fig.: 15).

Desde el punto de vista tipométrico, el pico resulta un tanto pequeño entre los de su clase. Sus medidas (en cm, L: 7; A: 4; E: 2,8) se sitúan por debajo de las medias obtenidas en los estudios sistemáticos de este tipo de piezas. No obstante, las relaciones entre sus medidas ubican la pieza entre los picos asturienses. Sólo la relación espesor/anchura desentona ligeramente, ya que en la sección transversal, el valor del eje menor supera el valor de los 2/3 del eje mayor. Ello pone de manifiesto que el artefacto resulta un tanto espeso entre los de su categoría. De acuerdo con la definición del tipo, en la sección longitudinal, el eje menor cobra un valor de algo más de un tercio del valor del eje mayor. La relación longitud/anchura es también la propia de los picos asturienses.

Morfológicamente, el pico se caracteriza por su reducida base reservada. La superficie tallada ocupa más del 85% de su longitud. Un borde cóncavo (izquierdo) y otro recto (derecho) delimitan un apuntamiento distal ligeramente ladeado hacia la izquierda. La talla es monofacial, con dos bordes perfectamente delineados; pero la amplitud de las extracciones producto del retoque y el grosor de la pieza hacen que el pico presente un acabado un tanto tosco.

Playa de Cabra Muerta (Gozón).

Hallazgo casual de un pico asturiense que aparece citado en el resumen de la carta arqueológica del concejo de Gozón (Diaz & Sierra 1995b: 213). En la carta arqueológica inédita, se recogen las medidas de la pieza (en cm, L: 9; A: 6; E: 2,8), que no desentonan entre las habituales de los picos asturienses (Sierra & Díaz 1992: ficha 19).

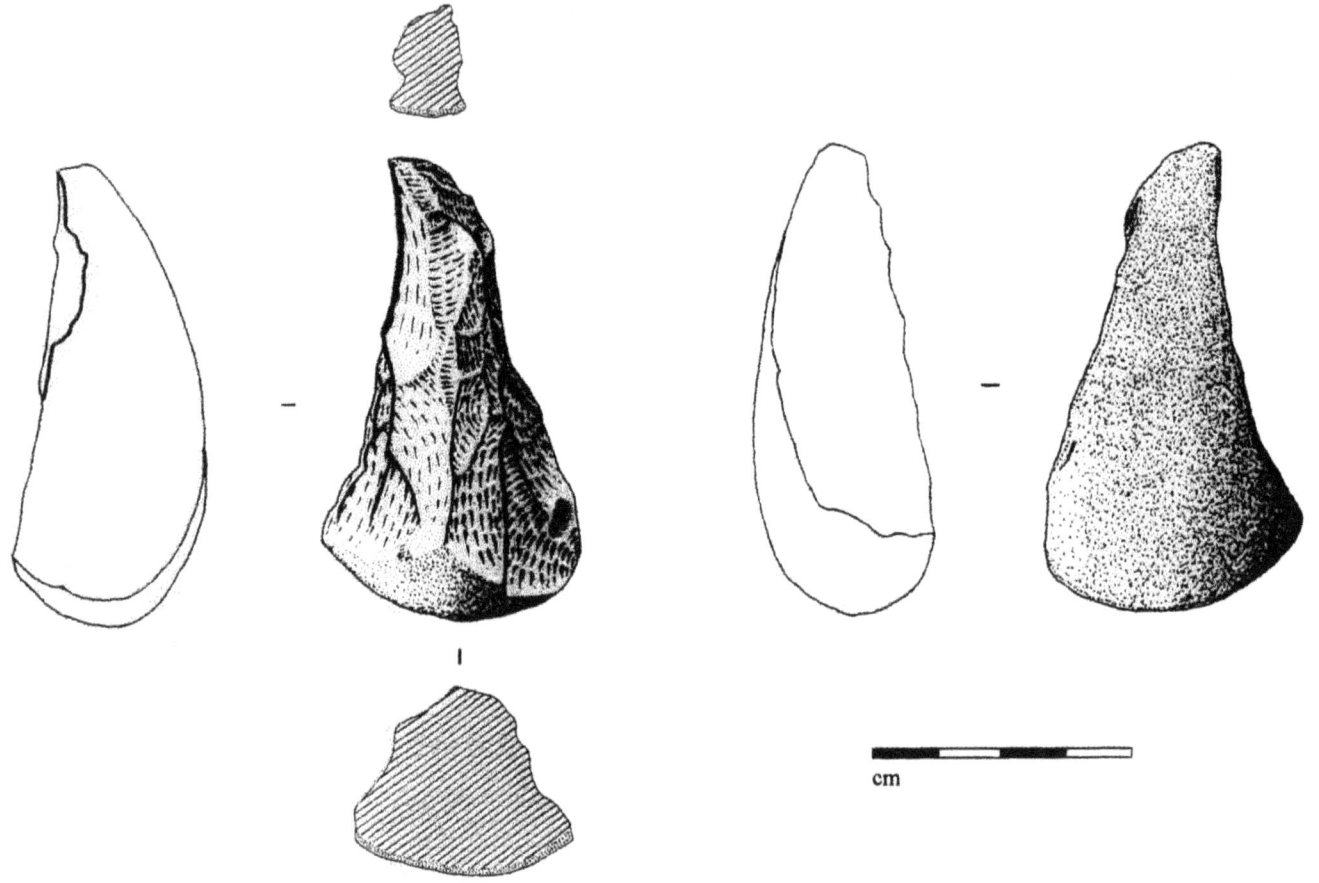

Fig.: 15. Pico asturiense localizado en la Punta de la Vaca de Luanco (Gozón). Dibujo obra del Lcdo. Esteban Álvarez.

Playa de Aramar (Gozón).

En la playa de Aramar se recuperaron dos picos, que M. Pérez no definió como asturienses debido a que sus características tecnológicas no se aprecian con claridad por lo rodados que se encuentran (Pérez Pérez 1975: 117). Se hizo referencia a otros dos picos en una publicación no especializada, que se limitó a clasificarlos como asturienses sin indicar las circunstancias precisas del hallazgo (Arias & Fernández, sin año: 134).

Nuevos descubrimientos, recientemente publicados, garantizan la entidad del yacimiento, con restos correspondientes al Mesolítico, al Paleolítico inferior y quizá al Paleolítico medio (Pérez Pérez & González 1996: 55 y ss.). Por lo que respecta al Mesolítico, el hallazgo de tres picos asturienses bien conservados -dos en la propia playa de Aramar y otro en la Punta de Rebolleres- permite "[...] considerar como auténticos, al menos en su mayor parte, aquellos otros que, por su estado de conservación o imprecisión en las noticias de su hallazgo, ofrecían dudas razonables al respecto" (Pérez Pérez & González 1996: 55). Al margen de las cuatro piezas citadas en el párrafo anterior, son 34 los picos -hallados en la zona de la playa- que no permiten un análisis de sus caracteres tecnológicos debido a su precario estado de conservación.

Viesques (Gijón).

En el seguimiento arqueológico llevado a cabo con motivo de las obras de la ronda exterior de Gijón, se detectó industria lítica de tipología asturiense así como fauna malacológica. Pudiera tratarse, según Rodríguez Asensio, de los restos de un antiguo asentamiento mesolítico, "[...] que destruido y arrastrado en momentos posteriores por alguno de los arroyos que desaguan hacia el río Piles, desperdigó los restos prehistóricos por una amplia zona del valle actual" (Rodríguez Asensio 1995a: 198). Según este investigador, los restos podrían relacionarse con los picos localizados en la desembocadura del río Piles.

Según información facilitada por la arqueóloga responsable del seguimiento arqueológico, M. Noval Fonseca, el pico asturiense apareció a unos 250 m de la autopista A-8, en la zona de Tremañes (*cf.* Rodríguez Asensio & Noval Fonseca 1998: 115 y ss.). La acumulación de fauna malacológica se extiende a lo largo de más de 700 m, a unos 4 km al este del punto en el que se localizó el citado pico, al sur de la desembocadura del río Piles. De esta manera, sólo la fauna malacológica, en estudio por parte de J. A. Ortea, podría ponerse en relación con los restos del río Piles.

Río Piles (Gijón).

Yacimiento situado en la desembocadura del río Piles, en las inmediaciones de la playa de San Lorenzo: "[...] aparecieron dos picos asturienses, actualmente depositados en el *Tabularium Artis Asturiensis* de Oviedo. Uno de ellos se encontraba en la misma playa, entre la arena superficial. El otro apareció en el corte del río, en el sector comprendido entre el puente que lo cruza y los terrenos ocupados por la Feria de Muestras de Asturias" (Blas Cortina *et al.* 1978:

351). El yacimiento aparece recogido en el inventario arqueológico del concejo de Gijón (Martínez *et al.* 1990: ficha 27), pero los autores de dicho trabajo no obtuvieron permiso para estudiar los materiales. Quizá sea esta la razón por la que el yacimiento aparece simplemente citado en una publicación posterior (Martínez *et al.* 1992: 242). No existe, por tanto, un estudio serio del material, y la información sobre el yacimiento se reduce a la facilitada por D. Caramés.

La Providencia (Gijón).

Contamos con dos referencias sobre la existencia de material asturiense en la zona de La Providencia (Rodríguez Asensio 1995a: 302, Rodríguez Asensio & Noval Fonseca 1998: 111). Los autores deben referirse al pico localizado por M. Suárez en la zona de La Providencia, y que formó parte de la exposición sobre Astures en 1995 (Gijón). A pesar de ello, la pieza permanece inédita y ha podido ser estudiada por nosotros gracias a la amabilidad de su descubridor.

Se trata de un artefacto elaborado en cuarcita, que desde el punto de vista tipométrico, encaja entre los picos asturienses (Fig.: 16). Sus dimensiones (en cm, L. 8,7; A: 6,2; E: 2,9) cobran valores próximos a las medias obtenidas en los estudios sistemáticos de este tipo de útiles. Según el módulo original definido por González Morales (1982: 154) para la fabricación de este tipo de piezas, el pico presenta un alargamiento moderado. Asimismo, en la sección longitudinal, el valor del eje menor no llega a superar el valor de un tercio del eje mayor. Finalmente, la relación anchura/espesor denota, quizá más claramente que la relación anterior, el ligero aplanamiento de la pieza, ya que en la sección transversal el valor del eje menor no llega a alcanzar la mitad del valor del eje mayor.

Morfológicamente, el útil presenta la característica base reservada, de la que parten dos bordes cóncavos que delimitan un cuidado apuntamiento distal. A unos 3/4 de la longitud, medida desde la base, la anchura de la pieza disminuye notablemente, dando lugar al apuntamiento. En cambio, el valor del espesor se reduce en menor medida. Desde el punto de vista técnico, cabe destacar la característica talla monofacial, propia de los picos asturienses. El borde derecho se encuentra perfectamente delineado, mientras que el izquierdo presenta un aspecto más tosco.

Sobrepeña (Villaviciosa).

Yacimiento situado en la margen derecha de la desembocadura de la ría de Villaviciosa, en el que se documentó abundante material lítico sobre una amplia extensión de terreno: "[…] un importante lote de picos asturienses (53, de los que 9 se conservan enteros). El resto

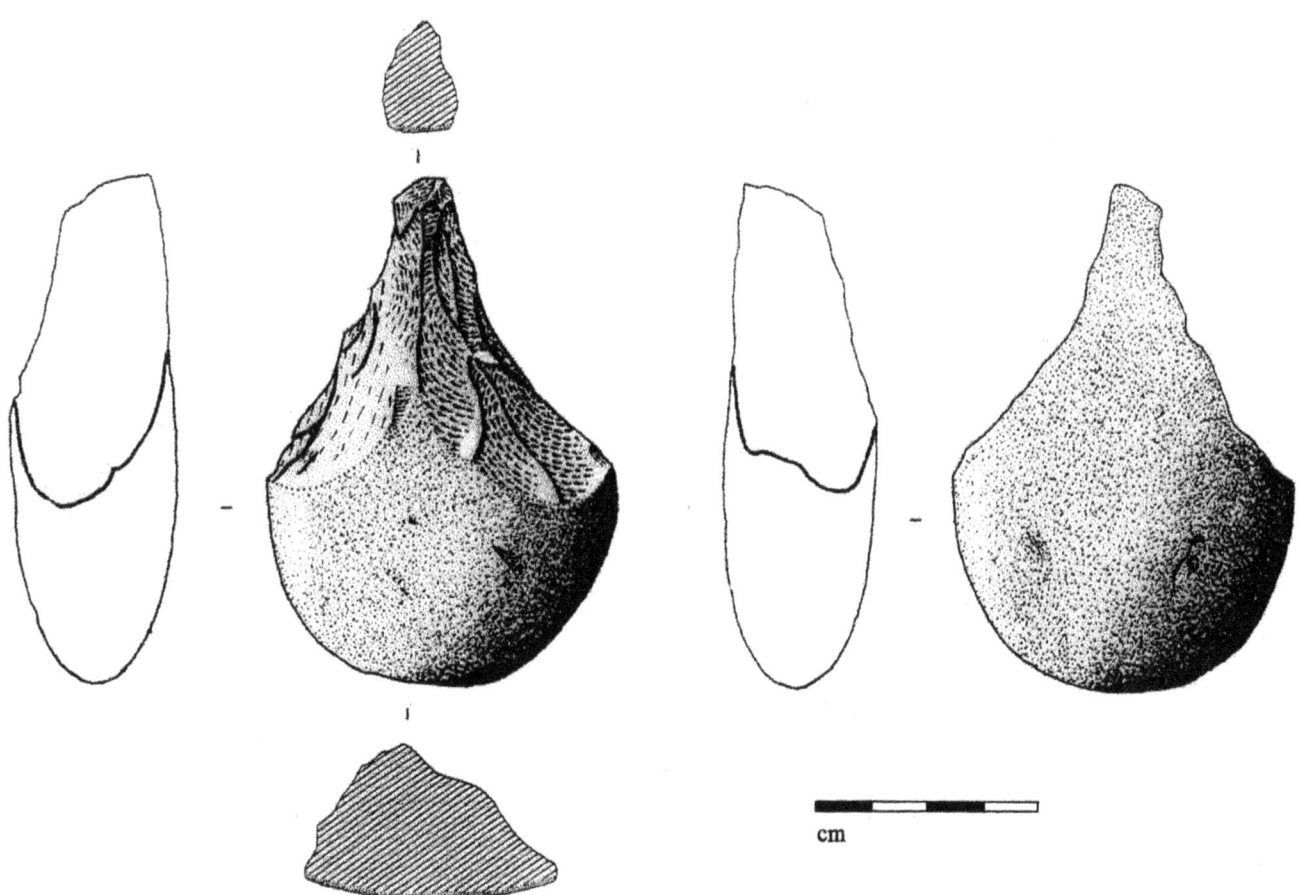

Fig.: 16. Pico asturiense localizado en la zona de la Providencia (Gijón). Dibujo obra del Lcdo. Esteban Álvarez.

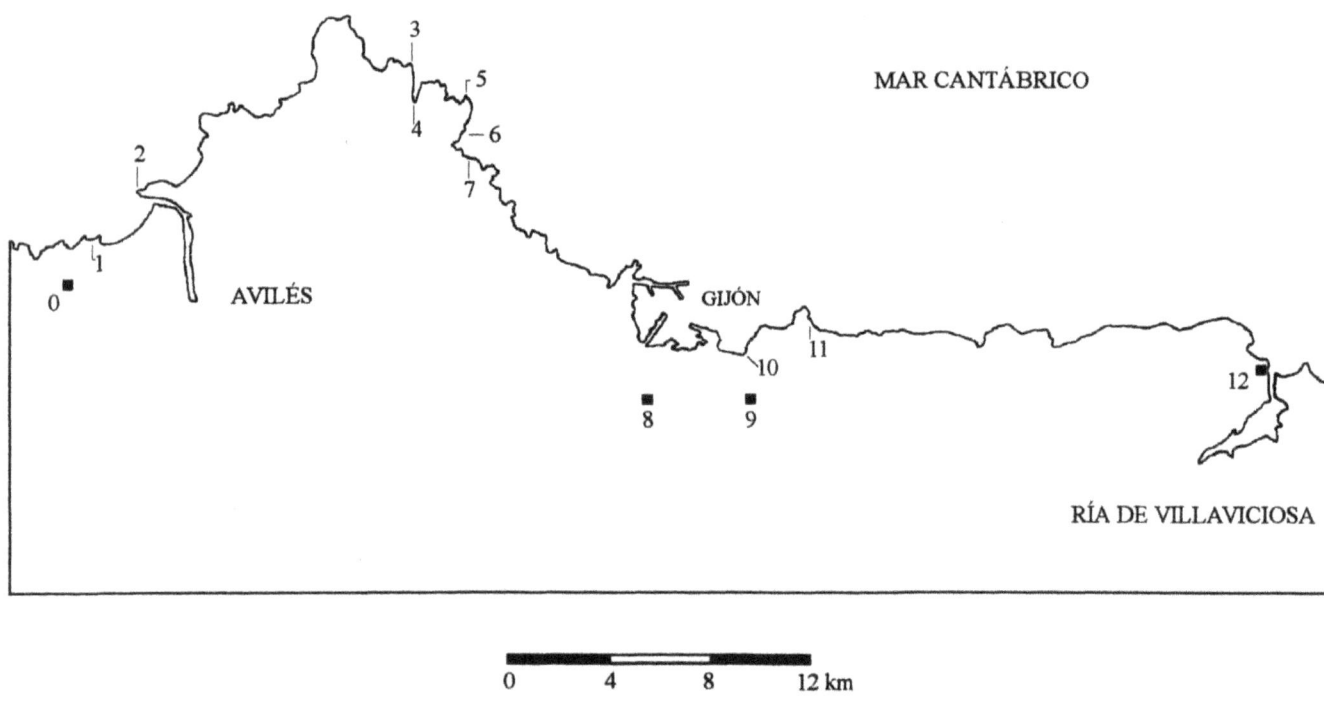

Fig.: 17. Yacimientos y hallazgos aislados de la costa central de Asturias. 0. Les Muries; 1. Pinos Altos; 2. L`Atalaya; 3. Punta Segareo; 4. Bañugues; 5. Punta de la Vaca de Luanco; 6. Playa de Cabra Muerta; 7. Playa de Aramar; 8. Pico asturiense hallado a unos 250 m de la autopista A-8; 9. Acumulación de fauna malacológica en la zona de Viesques; 10. Río Piles; 11. La Providencia; 12. Sobrepeña.

del utillaje compuesto por cantos trabajados (8), denticulados (2) y muescas (2), piezas esquirladas (2) y un raspador denticulado de gran tamaño, encaja perfectamente en la tónica industrial de este tipo de yacimientos. Interesante igualmente es el buen número de restos de talla (79) recogidos que denotan una importante actividad de taller en el yacimiento (a escasos metros hay afloramientos de cantos silíceos y de cuarcita)" (Martínez *et al*. 1992: 242). Esta actividad de taller parece desprenderse del alto porcentaje de núcleos y de lascas de decorticado del yacimiento. También resulta interesante, en este sentido, la abundancia de talones corticales propios del devastado de cantos (Martínez *et al*. 1989: ficha 91).

En la consulta de la carta arqueológica del concejo de Villaviciosa, tuvimos la oportunidad de observar las reproducciones de los picos bien conservados. Salvo en dos casos, uno de 12 cm de longitud y otro de 4,6 cm de espesor, las dimensiones de las piezas están próximas a las medias obtenidas para este tipo de útiles.

Valdediós (Villaviciosa).

La atribución cultural de este yacimiento en cueva resulta problemática. González Morales (1982: 263) lo incluyó en el apartado de los "supuestos yacimientos de conchero atribuidos al Asturiense que no existen como tales". Al enjuiciar el interés de la primera publicación que hace referencia al yacimiento -un artículo de J. García Caveda publicado en el periódico de Villaviciosa *La Opinión*-, J. Uría Ríu señaló: "Es importante destacar que en este yacimiento había, (...), un montón de huesos fuertemente cementados en una capa estalagmítica" (Uría Ríu 1958: 14). Sin que se sepa en qué circunstancias, parte del material arqueológico encontrado en la cavidad fue depositado en una de las vitrinas del Gabinete de Historia Natural de la Universidad de Oviedo, y fue estudiado por F. de las Barras de Aragón. Los resultados del estudio fueron publicados en 1898, y con respecto a los restos óseos de fauna el autor indicó que "Algunos constituyen una masa cementada por depósito calizo y otros están cubiertos en parte, por una costra de la misma naturaleza" (Barras de Aragón 1897-98: 42).

Uría Ríu recogió una interesante cita del trabajo de F. de las Barras de Aragón que alude a otros materiales presentes en el gabinete sin referencia a "[...] localidad ni dato alguno, pero procedentes casi seguramente de Asturias unos trozos bastante grandes de paradero (kjökkenmöding) formados por una masa de Trochus y Patella (ésta en más abundancia) con cemento calizo, y conteniendo además huesos de pequeños y grandes mamíferos, pedazos de carbón, piedras, de las que algunas parecen talladas, y un trozo que, aunque recubierto por la caliza, parece ser de asta de ciervo" (Barras de Aragón 1897-98: 44). Tras una serie de observaciones, Uría Ríu consideró probable que los fragmentos de "paradero" sin etiqueta procediesen de Valdediós (Uría Ríu 1958: 17).

Asimismo, Hoyos Sainz pensó que los dos cráneos humanos hallados en la cueva procedían del depósito cementado que él consideró asturiense: "Desde 1878 existían en la Universidad de Oviedo dos cráneos procedentes de Valdediós, cerca de Villaviciosa, con trozos de conglomerado cementados como los de los concheros descritos por el Conde de la Vega del Sella, característicos del período asturiense, conteniendo huesos diversos y numerosas conchas de los géneros *Trochus* y *Patella*" (Hoyos Sainz 1947: 165).

A la vista de los datos, Uría Ríu admitió la posible cronología asturiense del depósito; pero no vio tan clara la asociación depósito-cráneos, ya que cuando examinó los cráneos en 1930, éstos no presentaban señales de haber estado asociados a una capa estalagmítica (Uría Ríu 1958: 14 y 17). En síntesis, no parece que Uría Ríu criticara la posibilidad de la existencia de un conchero en Valdediós, como señala González Morales, sino más bien la asociación del depósito, presumiblemente mesolítico, con los cráneos humanos. No obstante, es evidente la falta de datos, como los referentes a la industria lítica, citada pero no descrita por Uría Ríu. Asimismo, el supuesto conchero ya no se conserva, dado que tras varias visitas a las localidades de la zona, González Morales no localizó conchero alguno, ni observó restos del mismo en la cueva donde al parecer se descubrieron los citados cráneos (González Morales 1982: 263).

3. YACIMIENTOS DE LA COSTA ORIENTAL I. CONCEJO DE RIBADESELLA.

Cueva Carmona.

La primera referencia sobre los testigos de conchero localizados en la cueva data de 1980 (Gavelas 1980: 680). Dos años después, González Morales (1982: 217) también se refirió a dichos testigos, constituidos por la fauna malacológica propia del Asturiense: *Patella, Monodonta* y *Mytilus*. Asimismo, este último autor observó materiales revueltos procedentes de probables rebuscas clandestinas; producto de las cuales se pudieron identificar ejemplares de *Littorina* y de *Patella* de gran tamaño, así como restos de industria lítica (hojitas), indicio de una posible ocupación del Paleolítico superior. En nuestro reconocimiento de Cueva Carmona, comprobamos la entidad (varios m) del testigo de conchero ubicado en la pared derecha de la cueva -según se accede a la misma-, compuesto fundamentalmente por *Patella*. En la pared izquierda, los restos son de mucha menor entidad.

Cuetu la Ventana.

Se trata de un yacimiento prácticamente desconocido en la bibliografía, puesto que aparece únicamente citado en un mapa de dispersión de yacimientos asturienses situados entre Caravia y el río Nansa (Arias 1991a: 314). Los escasos datos de que disponemos proceden de una hoja mecanografiada por C. Pérez, y que nos facilitó P. Arias. En este escrito, se incluyen las coordenadas geográficas, una somera descripción y un esquema (E. 1:100). La información arqueológica aportada por dicho documento es la siguiente: "Trochus y lapas muy pequeñas en matriz terrosa en una zona protegida por un gran bloque. Restos pegados a la pared. Puede haber yacimiento entre y bajo los bloques". Según las coordenadas geográficas, la denominación del yacimiento coincide con la del cueto en el que éste se ubica. En nuestra prospección de Cuetu la Ventana inspeccionamos varias cavidades, pero en ninguna observamos restos arqueológicos. Dado nuestro reconocimiento de la zona, consideramos posible que alguno de los covachos examinados se corresponda con el yacimiento de C. Pérez, cuya no identificación quizá se haya debido a la escasez de los restos arqueológicos conservados.

La Cuevona.

En la pared este de la entrada de esta cavidad, Gavelas (1980: 679) observó un conchero cementado constituido fundamentalmente por *Monodonta* y *Patella*.

Cueva del Molino.

La cavidad también es conocida como cueva del Molino del Arco. En el yacimiento, inicialmente citado por Gavelas (1980: 679), González Morales (1982: 240) observó restos de conchero, tanto en el abrigo exterior como en el tramo inicial de la galería. Los depósitos están formados básicamente por *Patella* y *Monodonta*, así como por diversos restos óseos y muy escasas evidencias de industria lítica. En nuestra inspección del yacimiento, comprobamos la entidad de los depósitos conservados.

Cueva de Bones.

Tuvimos noticia de la existencia de este yacimiento gracias a un listado de estaciones arqueológicas -obra de J. A. Maradona y depositado en la Consejería de Cultura del Principado de Asturias-, en el que se indica la existencia de un conchero asturiense en la cavidad. En la inspección de la cueva sólo localizamos un resto de *Patella* en superficie. No obstante, en el diario de campo de J. A. Maradona, recientemente consultado, se constata la existencia de un conchero en la pared derecha de la cueva, a más de 1 m del suelo y formado por lapas y bígaros. Atribuimos a la pésima conservación del yacimiento -la cueva se ha convertido en un establo para ovejas- la no localización del conchero en el año 1995.

Cueva de Pando.

En el vestíbulo de esta cavidad, que parece haber funcionado como sumidero, González Morales (1982: 241) observó los restos de lo que debió de ser un importante conchero. Los restos, que llegan a alcanzar 4 m de altura sobre el suelo actual, están constituidos por *Patella, Monodonta* y *Mytilus*. La fauna malacológica está acompañada por algunos restos óseos y escasas evidencias de industria lítica.

Abrigo de la Tena.

Conocimos la existencia de indicios arqueológicos en este abrigo gracias a la consulta de un listado de yacimientos correspondientes al concejo de Ribadesella, en el que sólo se indica la presencia de conchero en el abrigo. En fecha reciente, J. A. Maradona nos ha facilitado sus notas de campo sobre el abrigo de la Tena, y en ellas sólo se señala la existencia de restos de malacofauna en superficie.

Cueva de Fresno.

Tuvimos noticia de la existencia de este yacimiento gracias a un listado de yacimientos arqueológicos correspondientes al concejo de Ribadesella, en el que se indica la existencia de conchero en la cueva. En las notas de campo de J. A. Maradona, recientemente consultadas, parece confirmarse la presencia de conchero en la cueva, compuesto por lapas de mediano y pequeño tamaño, bígaros, algún mejillón, huesos y escasos restos líticos.

Cueva de Les Pedroses.

El yacimiento es conocido primordialmente por las manifestaciones artísticas paleolíticas que contiene (Hernández Pacheco et al. 1957, Jordá 1957: 69). No obstante, también se ha citado la presencia de un conchero en la cavidad. Jordá llevo a cabo excavaciones en el yacimiento, sin que se publicara trabajo alguno sobre las mismas; aunque algunos materiales se conservan en el Museo Arqueológico Provincial de Oviedo: "Se trata de piezas de gran tosquedad en su mayoría, si bien hay algunas hojas de sílex. También apareció cerámica, si bien en relación estratigráfica desconocida con respecto al conchero" (González Morales 1982: 244).

En 1969, Clark observó los restos del conchero a ambos lados de la entrada de la cavidad, y tomó una muestra de los 25 cm superiores de la cornisa conservada en la pared sur, en un punto situado a 3 m de la boca. Por lo que se refiere a la fauna malacológica, era completa la ausencia de *Patella* de gran tamaño y de *Littorina*. Asimismo, la presencia de *Patella* de pequeño tamaño, de *Monodonta* y de *Mytilus* era importante (Clark 1976: 126 y s.). El carbón contenido en la muestra permitió obtener la fecha Gak-2547, sobre cuya problemática ya nos hemos expresado en otra parte del trabajo.

Cueva del Cierro.

La cueva del Cierro fue prospectada por Jordá y Álvarez en 1958 ó 1959, pero no se llevó a cabo una publicación detallada de las excavaciones. No obstante, se ha citado la presencia de niveles correspondientes al Auriñaciense - avanzado pero con fuertes perduraciones musterienses-, al Solutrense y al Magdaleniense inferior cantábrico -en íntimo contacto con el Solutrense superior- (Jordá 1963, Utrilla 1981). Clark (1976: 119 y ss.) visitó el yacimiento en 1969, y observó claramente cuatro niveles en el corte de la antigua excavación. El investigador norteamericano obtuvo muestras del conchero (nivel IV) con la intención de comprobar si se trataba de un conchero correspondiente al Paleolítico superior. Se obtuvo la fecha 10.712 ± 515 BP.

La falta de una industria lítica característica, la ambigüedad de la datación radiocarbónica -presenta una amplia desviación-, y la falta de coherencia de la fauna malacológica, llevaron a C. González Sainz a mostrarse escéptico a la hora de atribuir el nivel de conchero al Magdaleniense superior final: "En nuestra opinión, este conchero pudiera contener mezclados, tanto elementos de época Magdaleno-Aziliense como Asturiense. Estos últimos han sido documentados en la zona anterior del yacimiento, y a ese horizonte corresponden también algunos picos, (...), por lo que no sería extraña la mezcla de restos en el fondo de la cavidad, posteriormente cementada" (González Sainz 1989: 47). La presencia de restos cementados de conchero con las especies típicas del Asturiense en la otra boca de la cueva fue advertida por González Morales (1982: 220).

Cueva del Cuetu.

Cueva situada en la parte baja de Sebreño, a algo más de 1,5 km -en línea recta- de la playa de Ribadesella. La boca de la cavidad mide 3 m de anchura por 1,70 m de altura máxima, y a través de ella se accede a una amplia sala de más de 11 m de longitud. Al fondo de esta sala continúa, hacia la izquierda, el desarrollo de la cueva (Fig.: 18). El yacimiento que alberga la cavidad permanece prácticamente inédito en la literatura arqueológica (cf. Arias 1991a: 314). En una hoja mecanografiada por C. Pérez y que nos facilitó P. Arias, se cita la presencia de huesos, de una lasca de cuarcita y de un trochus.

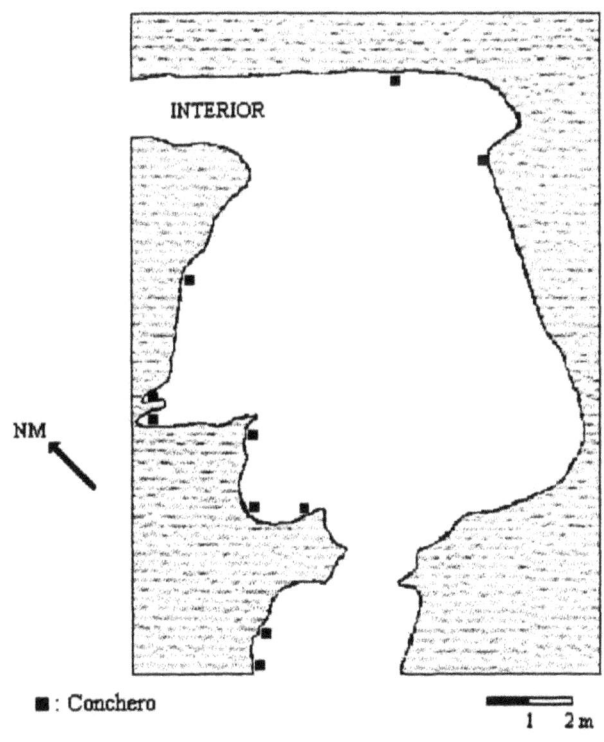

Fig.: 18. Cueva del Cuetu (concejo de Ribadesella).

En nuestra inspección de la cueva, pudimos observar restos de conchero en varios puntos: en la pared izquierda de la boca, a la altura del suelo; adheridos a la pared izquierda de la sala en seis puntos diferentes, a una altura respecto al suelo que oscila entre los 30 y los 125 cm; próximos al suelo en la parte final de la pared derecha de la sala; pegados al suelo a 11,5 m de la boca, en el fondo de la sala. Dado el estado de conservación de los depósitos, sólo pudimos apreciar la abundancia del género *Patella* y la presencia de restos de *Paracentrotus*.

Cueva de Ceñil.

En el fondo del vestíbulo y en las catas de furtivo que aparecen en la boca de esta cavidad, González Morales (1982: 220) observó importantes restos de conchero constituidos básicamente por *Patella*, *Ostrea* y *Mytilus*. Este investigador también advirtió la presencia de escasos restos óseos y de industria. En nuestra inspección del yacimiento, pudimos comprobar la entidad del conchero conservado.

Cueva de la Boquera.

Tuvimos constancia de la existencia de este yacimiento gracias a la consulta de un listado de yacimientos arqueológicos correspondientes al concejo de Ribadesella, donde se indica la presencia de conchero en la cueva de la Boquera.

Esta pequeña cueva está situada al norte de la carretera que desde el lugar de la Boquera se dirige a Cuevas, al sur de Ribadesella y en las proximidades del arroyo de la Cueva; en un punto situado a unos 800 m del lugar en que éste desemboca en el río Sella a la altura de Cuevas. La boca de la cavidad mide 3 m de anchura por 1,90 m de altura máxima. A partir de la boca se accede a un divertículo de algo menos de 3 m de profundidad máxima, del que parte una estrecha galería de unos 5 m de desarrollo que conduce a una sala de 6 m de longitud. A la izquierda de la boca se localiza un abrigo de escasa entidad.

En nuestra inspección del yacimiento, observamos testigos de conchero muy cementados en el techo del divertículo de entrada, así como en la pared de la galería. También advertimos la conservación de escasos restos muy endurecidos en el abrigo situado a la izquierda de la boca. A pesar del mal estado de conservación de los testigos de conchero, pudimos constatar el predominio de *Patella* y la presencia de *Mytilus* y de *Paracentrotus*. En el depósito de mayor entidad, situado en la pared derecha de la galería, observamos el predominio de la fauna terrestre frente a la marina.

Cueva de la Lloseta.

La cueva de la Lloseta, identificada con la cueva del Río (*cf.* Mallo *et al.* 1980-81), fue descubierta en 1913 por E. Hernández-Pacheco y excavada por él mismo con la cooperación de P. Wernert en 1916 (Hernández-Pacheco 1919: 26). Años más tarde, se encuentran breves referencias sobre los resultados de la excavación en los trabajos de Obermaier (1924: 176, 1925: 189).

Jordá se ocupó de las manifestaciones artísticas (Jordá *et al.* 1970) y de los niveles paleolíticos de la cavidad. Así, en la cata realizada en 1956, el autor detectó una serie de niveles correspondientes al Paleolítico superior. Pero Jordá también señaló la posibilidad de atribuir al Asturiense los restos cementados de conchero ubicados en las paredes y techo de la cueva: "La identidad de la fauna con la de los concheros del Asturiense y la análoga disposición del conchero, lapidificado y pegado a las paredes, nos hizo sospechar que se trataba de un conchero asturiense, aunque hasta el momento no hemos encontrado ningún pico asturiense que nos certifique la atribución a tal cultura" (Jordá 1958: 24). En este sentido, resulta interesante la localización, en 1969, de un pico asturiense procedente de una colección de útiles de la Lloseta en el Museo Arqueológico Provincial de Oviedo; aunque, como señaló Clark (1976: 118), la procedencia exacta de la colección dentro del yacimiento es desconocida.

Clark obtuvo tres muestras (A, B y C) de los restos de conchero ubicados en las paredes y en la bóveda de la cueva. Nos interesan las muestras B y C, ya que la muestra A resultó proceder de un conchero del Paleolítico superior. Tanto la muestra B como la C fueron consideradas como procedentes de concheros "post-asturienses". Clark se apoyó para ello en la alta proporción de *Mytilus edulis* y en la fecha obtenida para la muestra C (Gak-2551) (Clark 1976: 123-131), a la que ya nos referimos en el capítulo anterior.

Cueva del Tenis.

Se trata de una gran cueva situada en las inmediaciones de la desembocadura del río Sella; en el sitio denominado "Pico Mona", al sur de la playa de Ribadesella. La cavidad está fuertemente alterada por unas obras inacabadas que, según informantes de la zona, tuvieron lugar durante la Guerra Civil con el objetivo de construir un depósito de agua en la cueva. Ello nos da una idea de las dimensiones de esta cavidad, a la que se accede a través de una boca de 12 m de anchura por más de 10 m de altura.

Hemos respetado el nombre por el que la cueva es conocida en la zona, aunque parece tratarse, según A. Moure (1992: 12), de la cavidad conocida en la bibliografía de principios de siglo como cueva de Viesca (Obermaier 1916: 186, Hernández Pacheco 1919: 26). Dicha denominación ha perdurado en la literatura arqueológica hasta la actualidad (Jordá 1957: 64, Barandiarán 1973: 29, Corchón 1986: 79, González Sainz 1989: 46, etc.).

La atribución de este yacimiento al Magdaleniense, realizada por Obermaier y Hernández-Pacheco, y recogida años más tarde por Jordá, resulta hipotética según González Sainz; ya que los materiales conservados en el Museo de Ciencias Naturales -"[...] algunas piezas líticas retocadas, un fragmento de azagaya de sección circular y algunas lapas" (González Sainz 1989: 47)- no permiten atribución cultural alguna. Por otro lado, la fuerte alteración de la cavidad no permite verificar la existencia de yacimiento.

Los testigos de conchero, sorprendentemente no observados o no citados hasta el momento, se encuentran a la izquierda de la boca; el más próximo a 9 m de ésta y el más profundo a 14 m, en la zona de la cueva comprendida entre los dos muros producto de la obra inacabada. Resulta evidente el predominio de *Patella*, aunque también pueden observarse abundantes ejemplares de *Ostrea*. Los concheros también contienen fauna terrestre y restos líticos.

Cueva de Junco.

Se trata de un abrigo en el que González Morales (1982: 235) advirtió la presencia de un conchero con *Ostrea* y *Mytilus*.

Cueva de San Antonio.

En esta cavidad, González Morales (1982: 254) localizó restos de un gran conchero integrado fundamentalmente por *Patella* y *Mytilus*, así como un pico asturiense atípico en superficie. Nosotros identificamos tres zonas con concheros dentro de la gran sala inicial de la cueva. Al fondo de la sala y cerca del acceso a la galería que conduce al interior de la cueva, se sitúa el gran conchero -algo más de 3 m de desarrollo por 1,20 m de altura máxima- al que parece referirse González Morales y en el que nosotros también pudimos identificar *Monodonta* y *Paracentrotus*. También existen testigos de conchero, de mucha menor entidad, en los laterales de la citada sala. En el testigo de la pared izquierda -según se accede a la cavidad-, identificamos *Patella* y *Monodonta*. En los restos de la pared derecha predomina sin embargo *Mytilus*, acompañado por *Patella*. Los restos óseos son, en general, muy escasos.

Cueva de la Presa.

Conocimos la existencia de este yacimiento arqueológico gracias a la consulta de un listado de yacimientos arqueológicos correspondiente al concejo de Ribadesella, donde se indica la existencia de conchero en la cueva de la Presa.

La cavidad se localiza aguas arriba del arroyo de Llovio, a menos de 2 km del punto en que éste desemboca en el río Sella a la altura de Llovio. La boca tiene una anchura de algo más de 7 m por 3 m de altura máxima. A partir de los 2 m de profundidad, el vestíbulo se encuentra obstruido por un gran bloque, de manera que el acceso hacia el interior sólo es posible a partir de dos "pasillos" laterales (Fig.: 19).

En la inspección del yacimiento, observamos varios testigos de conchero, todos de escasa potencia y localizados en diferentes puntos de la pared derecha de la cueva, a la altura del suelo. Estos pequeños depósitos están constituidos fundamentalmente por *Patella*, *Monodonta* y *Mytilus*, aunque también nos fue posible identificar *Paracentrotus* y *Ostrea*.

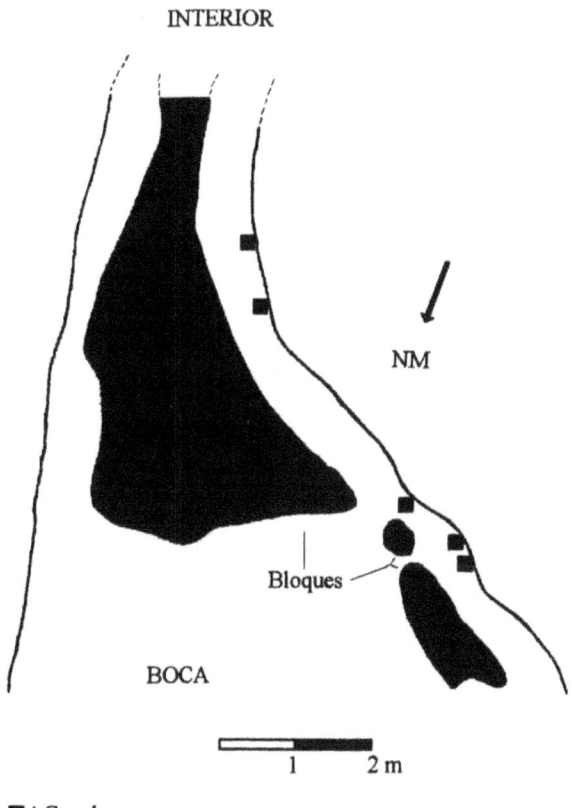

■ : Conchero

Fig.: 19. Cueva de la Presa (concejo de Ribadesella).

Cueva del Cuetu la Hoz.

En esta pequeña cavidad, González Morales (1982: 227) observó los restos de un gran depósito de conchero "[...] que debió colmatarla casi totalmente, y que ha sido posteriormente erosionado". El autor identificó *Patella*, *Monodonta*, *Mytilus* y *Paracentrotus*. En nuestra inspección del yacimiento, pudimos comprobar la entidad del depósito original, del que se conservan potentes testigos de conchero en diversos puntos.

Cueva del Cementerio.

Se trata de un yacimiento de cuya existencia tenemos constancia gracias a un listado de yacimientos arqueológicos correspondiente al concejo de Ribadesella. En dicho documento, se indica la existencia de un conchero asturiense en la cavidad. Recientemente, J. A. Maradona nos ha facilitado sus anotaciones de campo sobre la cueva del Cementerio: "Covacho que presenta en superficie restos de moluscos típicos asturienses". No parece conservarse conchero cementado.

Cueva de la Molera.

Se trata de una cavidad de escasa entidad en la que González Morales observó escasos restos de conchero constituido por la fauna malacológica propia del Asturiense. Este investigador no encontró industria lítica u ósea, pero recogió un chopping-tool en un covacho inmediato, "[...] quizá procedente de los sembrados o prados inmediatos" (González Morales 1982: 238). Nosotros no identificamos resto arqueológico alguno en la cavidad.

Cueva del Carabu.

Conocimos la posible existencia de conchero en la cueva del Carabu gracias a un listado de yacimientos arqueológicos correspondiente al concejo de Ribadesella. El interés arqueológico de esta cavidad parece confirmarse tras la reciente consulta del diario de campo de J. A. Maradona, donde se indica la presencia de conchero suelto y cementado de muy escasa entidad.

Cueva del Comontan.

Brevemente citada en la bibliografía (Arias 1991a: 314), los datos que manejamos sobre esta cueva proceden de una hoja mecanografiada por C. Pérez y que nos facilitó P. Arias. En dicho documento se señala lo siguiente: "En el interior, bajo una sima que da al exterior, restos de *Patella, Trochus*, huesos. Según González Morales está redepositado y procedería del exterior".

Cueva de Cuerres.

Tuvimos referencia sobre esta cavidad gracias a un listado de yacimientos arqueológicos en el que se indica la existencia de conchero en la cavidad. En las notas de campo de J. A.

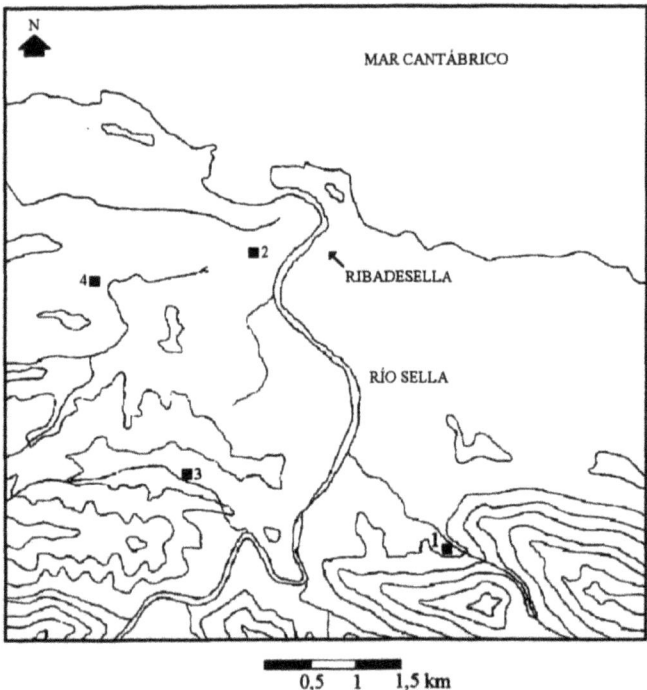

Fig.: 20. Localización de nuevos concheros en el curso bajo del río Sella. 1. Cueva de la Presa; 2. Cueva del Tenis; 3. Cueva de la Boquera; 4. Cueva del Cuetu.

Maradona, recientemente consultadas, se indica únicamente la presencia de "[...] restos típicos asturienses en superficie" (malacofauna).

4. YACIMIENTOS DE LA COSTA ORIENTAL II. CONCEJO DE LLANES.

Cueva Punteu.

Se accede a la cavidad a través de una boca de algo más de 7 m de anchura por 1,6 m de altura máxima. La sala a la que se accede, de 6 m de desarrollo, presenta una altura importante, hasta 2,8 m.

En la cueva, recientemente citada como yacimiento asturiense (Pérez Suárez 1995: 245), C. Pérez observó restos de conchero cementado y semicementado con *Patella, Monodonta, Mytilus* y restos óseos (Pérez Suárez 1992: ficha 107). A partir de nuestras observaciones, consideramos que se trata de un yacimiento de entidad. Así, en un divertículo situado a la derecha de la boca, observamos un corte de unos 30 cm que evidencia la potencia del depósito. En dicho corte, se advierte la fauna característica: *Patella, Monodonta, Mytilus, Paracentrotus* y abundante fauna terrestre.

Cueva del Penicial.

Fue en esta cueva donde Vega del Sella descubrió el Asturiense en 1914. En la pequeña sala a la que se accede a través de la entrada superior, se conservan abundantes restos de conchero asturiense, lo que motivó las siguientes palabras del Conde: "[...] tiene señales de haber estado habitada largo tiempo a juzgar por los numerosos restos adheridos a las paredes" (Vega del Sella 1914: 4). También se encuentran restos de este tipo a lo largo de la pared oeste de la entrada inferior, aunque más endurecidos y fragmentarios (Clark 1976: 44).

Vega del Sella practicó una zanja de 1 m de ancho por 2 m de profundidad y aportó un esquema de la estratigrafía documentada en la excavación. En el sector W. de la zanja, aparecieron algunos restos de hogar, y cerca de estos restos se documentó la mayor parte de los instrumentos; pero con mucha cautela el Conde indicó: "Aunque el lugar donde aparecieron éstos está inmediato a los hogares, dados los arrastres que en aquel se verificaron, sería temerario afirmar fuesen coetáneos" (Vega del Sella 1914: 6).

En lo referente a la industria, el Conde se refirió a la aparición de un útil desconocido hasta ese momento en la literatura arqueológica: "Un utensilio que he encontrado, repetido once veces, merece especial mención: está hecho de canto rodado, de forma generalmente oval y aplastada" (Vega del Sella 1914: 7). Describió así lo que con posterioridad definió como pico asturiense. Como ya indicamos en un capítulo previo, Vega del Sella se mostró prudente a la hora de establecer una clasificación de los hallazgos.

La cueva fue excavada de nuevo por Clark en 1969. Este investigador no identificó más niveles intactos que fragmentos de conchero cementado. A partir de una muestra de conchero obtuvo una datación radiocarbónica: 8650 ± 180 BP (Gak-2906) (Clark 1976: 46).

Cuevas del Mar I.

Este yacimiento forma parte de un conjunto de cavidades con conchero situadas en la desembocadura del río Nueva, ya inspeccionadas en su día por Vega del Sella (1916: 78). También fueron consideradas por la investigación posterior (Clark 1976: 70, González Morales 1982: 236). En la carta arqueológica del concejo de Llanes, se da una visión más individualizada de estos yacimientos, recogiendo únicamente las cavidades que conservan restos arqueológicos (Cuevas del Mar I, II y III) (Pérez Suárez 1992: fichas 58a, 58b y 58c).

En Cuevas del Mar I, cavidad convertida en un merendero, se conserva conchero cementado de aspecto asturiense. Al parecer, la acción del mar ha destruido el improvisado negocio. Este hecho, unido a la localización del yacimiento, nos hace pensar que se trata del covacho al que hace referencia González Morales (1982: 53): "[...] inmediato a la playa del mismo nombre que es invadido ocasionalmente por las mareas".

Cuevas del Mar II.

Una boca de 3,5 m de altura por 1,5 m de anchura da paso a una cavidad de algo más de 6 m de desarrollo. En esta cavidad, C. Pérez observó restos de conchero cementado y también fauna malacológica en superficie (*Monodonta* y *Patella*) (Pérez Suárez 1992: ficha 58b). Hemos podido observar la conservación de testigos de conchero de escasa entidad adheridos a las paredes del abrigo exterior. En dichos testigos sólo hemos podido identificar *Patella*, mientras que la *Monodonta* aparece en superficie.

Cuevas del Mar III.

Bajo esta denominación se engloban tres covachos comunicados entre sí, en los que C. Pérez documentó restos de conchero de aspecto asturiense (Pérez Suárez 1992: ficha 58c). Según nuestras observaciones, se conservan concheros en la tres bocas, todos muy endurecidos. En la boca del covacho de la derecha, se localiza un testigo de gran potencia, en el que hemos podido distinguir el predominio de *Patella* y la presencia de *Monodonta*.

Llamorey.

Llamorey aparece brevemente citado en la bibliografía (Arias 1991a: 314, Quintanal 1991: 103). En realidad, se trata de un conjunto de cavidades, en algunos casos comunicadas, que presentan restos de conchero de tipo asturiense (Pérez Suárez 1992: ficha 33). C. Pérez se refiere a dos cuevas, una con conchero cementado y otra con conchero suelto, y a un abrigo. Nosotros sólo observamos restos en una de las cuevas y en el abrigo.

En la cueva, que presenta un amplio abrigo exterior, localizamos un gran testigo de conchero -unos 8 m de longitud- adherido al techo en una ubicación próxima a la boca. En el depósito resulta evidente el predominio de *Patella*. También pudimos identificar *Monodonta* y restos óseos. Este gran depósito está acompañado por otros restos menores. En el abrigo, muy próximo a la cueva y de escasas dimensiones, sólo observamos un pequeño testigo cementado y muy endurecido con restos no identificables.

Cueva de Colomba.

El yacimiento aparece citado por el Conde de la Vega del Sella en 1916 con motivo de la aparición, en superficie, de esa pieza de tipología aparentemente antigua que El Conde definió, en un primer momento, como "pico amigdaloide" (Vega del Sella 1916: 63). Con posterioridad, el autor situó la cueva de Colomba entre los yacimientos asturienses (Vega del Sella 1923: 49). González Morales (1982: 223) observó en ambas bocas concheros de entidad, muy erosionados y constituidos por la fauna propia del Asturiense.

En la visita al yacimiento, sólo observamos concheros en la gran cueva, sobre todo a la derecha de la entrada. En esa zona se conservan testigos de conchero de gran potencia, en los que cabe distinguir el predominio del género *Patella* y la presencia de *Monodonta* y de restos óseos. Aparece *Patella* por toda la superficie de la caverna. En la cavidad menor sólo observamos conchero suelto.

Cueva del Camaleón.

En esta cavidad, también conocida como La Cueva, González Morales (1982: 215) observó una sola boca, mientras que C. Pérez (1992: ficha 35) ha indicado recientemente la existencia de dos accesos. En diversos puntos de La Cueva se han observado restos de conchero de tipo asturiense, pero la conservación es mala, ya que se han realizado obras en el interior de la cavidad para convertirla en una sala de fiestas.

Cueva de Coberizas.

La cueva de Coberizas fue descubierta por el Conde y por Obermaier en 1920 (Obermaier 1925: 262), y aparece citada, bajo la denominación de cueva Sabina, entre las localidades en las que Vega del Sella (1923: 49) documentó el Asturiense. No obstante, los datos sobre el yacimiento proceden de la excavación dirigida por Clark en 1969 (Clark & Cartledge 1973); aunque se conocen varios picos asturienses -depositados en el Museo Arqueológico Nacional- procedentes del yacimiento, donados probablemente por Obermaier (González Morales 1982: 109). Muy próxima a Coberizas, separada únicamente por 3 m, existe otra cueva de mayor tamaño que no tiene nombre (Clark & Cartledge 1973: 11 y s.).

Las dos cuevas presentan conchero, pero en la cavidad de mayores dimensiones los restos se encuentran en posición derivada, a más de 25 m de la entrada en hendiduras apenas accesibles. En Coberizas se documentaron restos de conchero *in situ*, tanto en la pared norte como en la pared sur. En este último caso, los vestigios de conchero se extienden 5 m en dirección opuesta a la entrada de la cueva, a una altura de unos 30 cm sobre el suelo actual y descendiendo gradualmente hacia la parte posterior de la cueva, lo que da idea de la potencia del conchero original.

Clark realizó dos catas en 1969, una en la entrada de la cueva (cata A) y otra a lo largo de la pared norte (cata B). En la primera de las catas se detectaron cinco niveles, tres indeterminables (1, 2 y 5) y dos determinables, el 3 -atribuido al Magdaleniense inferior cantábrico- y el 4 -atribuido al Solutrense-. En la cata B se hallaron tres niveles, uno indeterminable (3) y dos determinables, el nivel 1 -atribuido al Asturiense- y el nivel 2 -con una configuración industrial muy similar a la del nivel 3 de la cata A, y también atribuido al Magdaleniense inferior cantábrico-. Los resultados obtenidos en la cata B resultaron de gran interés, puesto que, por un lado, confirmaron la secuencia obtenida en la cata A; y por otro, pusieron de manifiesto la sucesión estratigráfica entre un nivel del Paleolítico superior final y un nivel asturiense (Clark & Cartledge 1973: 14-30).

El nivel atribuido al Asturiense tiene unos 40 cm de espesor. La fauna marina documentada es la característica de los concheros asturienses: alta proporción de *Patella* y *Monodonta*, y bajo número de los ejemplares característicos del Pleistoceno (Clark & Cartledge 1973: 17). A partir de una muestra de carbón del subnivel 1B se obtuvo la fecha 7.100 ± 170 BP (Gak-2907). No aparecieron picos asturienses en el nivel 1, pero la industria que apareció fue muy escasa, algo característico de los concheros mesolíticos de la región. Asimismo, los picos depositados en el Museo Arqueológico Nacional, aunque descontextualizados, vienen a apoyar la existencia de una ocupación asturiense en la cavidad.

Abrigo de San Antolín I.

Nos referimos al abrigo citado por Gavelas (1980: 693) antes de que González Morales (1982: 253 y s.) localizara otra cavidad (abrigo de San Antolín II) próxima a ésta y reuniera ambas bajo la denominación de abrigos de San Antolín. En esta cavidad, Gavelas halló escasos restos de conchero compuesto por *Monodonta* y *Patella*. En la inspección del abrigo, observamos dos testigos de conchero muy erosionados, en los que es fácilmente perceptible el predominio de *Patella* y la presencia de *Monodonta*.

Abrigo de San Antolín II.

Se trata de una cavidad en la que González Morales (1982: 253 y s.) localizó concheros de tipo asturiense. En nuestra inspección del yacimiento, observamos la conservación de testigos de entidad en una de las paredes de la cueva. En los depósitos hemos podido distinguir *Monodonta* y, sobre todo, *Patella*. La representación de restos de fauna terrestre parece pequeña.

Cueva de Arnero.

El Conde de la Vega del Sella no dedicó una monografía a la cueva de Arnero tras los trabajos de excavación llevados a cabo. Así, los datos obtenidos en la excavación no se publicaron, aunque sí existen referencias al yacimiento en las publicaciones del Conde (Vega del Sella 1916: 63, 1923: 42) y en otros trabajos también antiguos (Hernández-Pacheco 1919: 26, Obermaier 1925: 184).

El Conde nos informa del hallazgo de picos asturienses en superficie o débilmente enterrados en el sedimento arcilloso de la caverna, y de "[...] algunas cuarcitas que afectaban formas musterienses y auriñacienses" (Vega del Sella 1923: 42). En época reciente, ha sido hallado un nuevo pico en superficie, a 3 m de la entrada (Gavelas 1980: 694).

Por lo que respecta a la estratigrafía, Obermaier (1924: 171) habló de un nivel b, compuesto por un depósito estalagmítico y por abundantes restos industriales atribuibles al Asturiense; de un nivel a, con azagayas de base hendida, atribuible al Auriñaciense medio; y de indicios industriales musterienses. Como ya se ha indicado, los restos de atribución mesolítica se hallaron en superficie; pero también quedan restos de conchero cementado "[...] a una altura de unos tres metros sobre el suelo" (Clark 1976: 60). Nada se conoce sobre la fauna correspondiente a la ocupación mesolítica.

Cueva de las Quintas.

Se trata de un yacimiento que aparece brevemente citado en la bibliografía (Arias 1991a: 314), y que también es conocido como el covacho de la carretera de Niembro. La cavidad es de pequeño tamaño: boca de 4 m de anchura por algo más de 2 m de altura que da acceso a una pequeña cámara de menos de 5 m de desarrollo. C. Pérez (1982: 222) advirtió la presencia de restos de conchero de tipo asturiense adheridos a la pared de la cueva. En nuestra visita al yacimiento, pudimos comprobar la presencia de dos testigos de conchero de cierta entidad que se encuentran muy endurecidos, por lo que sólo nos fue posible distinguir *Monodonta* y *Patella*.

Abrigo de Posada.

La cavidad "[...] presenta restos de concheros con especies típicas asturienses adheridos en diversos puntos de la boca y parte exterior de la misma, muy cementados y erosionados" (González Morales 1982: 249). En el abrigo, utilizado como basurero, sólo hemos podido observar un testigo de conchero de escasa entidad, en el que predomina el género *Patella* y en el que también aparece *Monodonta*.

Covacho de la Torca del Alloru.

"Se trata de un covacho de muy reducidas dimensiones, situado a muy pocos metros de la Torca del Alloru, dentro de los límites del caserío de Bricia. Por su pequeñez no pudo ser habitado directamente" (González Morales 1982: 257). El autor también señala que el covacho presenta en sus paredes restos de conchero cementado de tipo asturiense. Durante la inspección del covacho, con motivo de la elaboración de la carta arqueológica del concejo de Llanes, C. Pérez (1992: ficha 80) no encontró restos de conchero en esta cavidad.

Cueva de la Llera.

Tal y como señala C. Pérez (1982: 202 y s.), y como hemos podido observar en un plano facilitado por Rodríguez Asensio, la cueva de la Llera presenta tres bocas de grandes dimensiones; a una de ellas se la denomina El Refugio, una boca en la que se halló un pico asturiense y restos de conchero cementado (Rodríguez Asensio & Quintanal 1995: 61 y s.).

C. Pérez también se refiere a la presencia de abundantes ejemplares de *Patella* y *Monodonta*, así como de fauna terrestre en una de las bocas de la caverna. Dado que se trata de conchero suelto, quizá se refiera este autor a La Cabada, donde también Rodríguez Asensio y Quintanal señalan la presencia de restos de conchero. En la boca a la que se refiere C. Pérez, también se hallaron fragmentos de cerámica de difícil adscripción cultural.

Bricia IV.

Se trata de un yacimiento prácticamente desconocido en la bibliografía, y en el que se ha observado malacofauna en superficie (Pérez Suárez 1992: ficha 85, 1995: 245). La cavidad, también conocida como el covacho de la Estación de Bombeo, es muy reducida, apenas alcanza los 3,5 m de profundidad. Nosotros tampoco observamos conchero cementado, sólo se conserva conchero suelto compuesto por *Patella* y *Monodonta*.

Cueva de Bricia II.

Algo mayor que Bricia IV pero también de pequeño tamaño: boca de 4 m de anchura por 2,2 m de altura máxima que da acceso a una pequeña cámara de 4,5 m de desarrollo. La Cueva de Bricia II aparece brevemente citada en la bibliografía (Arias 1991a: 314). Obtuvimos información sobre la misma en dos trabajos no publicados (Pérez Suárez 1982: 121, 1992: ficha 83); en los que se indica la existencia de conchero cementado compuesto por fauna de tipo asturiense en las paredes y techo de la cueva. Pudimos corroborar la conservación de testigos de conchero en el sector más interior de esta pequeña cueva, muy endurecidos y de escasa entidad, pero abarcando un amplia superficie de las paredes y del techo. Resulta difícil identificar la fauna malacológica debido al estado de los depósitos. No obstante, hemos podido observar el predominio del género *Patella* y la presencia de *Monodonta*.

Cueva de Bricia.

La cavidad, también conocida como cueva Rodríguez, fue excavada por Jordá en 1953 y en 1969 Clark efectuó un sondeo. Jordá detectó dos series estratigráficas, una con material arqueológico y otra arqueológicamente estéril. En esta segunda serie se había formado una cubeta natural, en cuyo interior se fueron a depositar los niveles arqueológicos: "Esta cubeta o fondo general de la cueva se encuentra formada por una excavación natural del primitivo suelo y con posterioridad fue recubierta por el estrato arqueológico magdaleniense, y más tarde todo quedó enterrado por una capa de travertino blanco, que a su vez fue recubierto por un conchero asturiense" (Jordá 1954: 174).

Con respecto al nivel asturiense, Jordá se expresó de la siguiente manera: "Tan solo pudimos rastrear su existencia por las numerosas Patella (de pequeño tamaño), Trochus lineatus, Cardium edule y escasos restos de algún Oricium, que se encontraban cementados y adheridos a las paredes de la cueva, junto a los cuales pudimos identificar algunos fragmentos de huesos largos pertenecientes, sin duda, a herbívoros, tan frecuentes en los concheros asturienses, sin que podamos precisar sobre su especie" (Jordá 1954: 178). Sólo se localizó un pico asturiense. La fecha Gak-2908 obtenida por Clark (1976: 107 y s.) para el nivel A vino a corroborar la adscripción cultural propuesta para el conchero.

En la inspección del yacimiento, pudimos comprobar la conservación de testigos de conchero, más o menos cementados, en gran parte de la periferia del vestíbulo. En los depósitos es evidente la abundancia de *Monodonta* y *Patella*.

Abrigo de Cueto de la Mina.

El importante yacimiento arqueológico del abrigo de Cueto de la Mina fue excavado en la segunda década de este siglo por el Conde de la Vega del Sella. En la excavación, practicada en tres sectores, se detectaron niveles correspondientes al Auriñaciense (H y G), Solutrense (F y E), Magdaleniense (D, C y B) y Asturiense (A) (Vega del Sella 1916: 21-67).

Entre los niveles A y B, el Conde documentó una serie de piezas que él clasificó como "típicamente azilienses"; aunque en realidad, no pudo diferenciar con claridad un nivel aziliense: "[...] sin que nos fuera posible separar este piso, que difusamente se presentaba entre los residuos de marisco, del inferior y del superior. La separación del corto número de ejemplares que representamos se hizo de una manera empírica, no figurando más que aquellos que, por su forma y retoques, no dejan duda alguna respecto a su procedencia aziliense" (Vega del Sella 1916: 59).

El nivel A fue documentado en el interior de la cueva, y "[...] se componía casi exclusivamente de residuos de mariscos, con algunos *Helix nemoralis*, cuarcitas, sílex y huesos fracturados" (Vega del Sella 1916: 61). Entre la fauna malacológica destacan los ejemplares de *Patella*, muchos de ellos de un tamaño muy reducido, y de *Monodonta*. Según Vega del Sella, entre el nivel A y el B no existía separación alguna, pero la variación en el tipo de fauna evidenciaba la existencia de un cambio.

En los restos de conchero cementado situados en el exterior de la cavidad, donde el Conde halló un pico asturiense, se documentó el mismo material arqueológico que en el nivel A. Al margen de limpiezas de cortes, tomas de muestras y estudios de las colecciones de materiales procedentes del abrigo, el yacimiento no volvió a ser estudiado en profundidad hasta 1981; cuando Cueto de la Mina comenzó a excavarse de nuevo dentro de un proyecto de investigación sobre el Solutrense cantábrico (Rasilla 1990). En las nuevas excavaciones no se ha detectado el nivel A del Conde, aunque se ha señalado la presencia, en el covacho, de restos adosados a la pared que son atribuibles por su posición al Magdaleniense, Aziliense y Asturiense.

Cueva de La Riera.

La Riera fue excavada por Vega del Sella en la segunda década de este siglo, y son varias las referencias que encontramos en la bibliografía sobre los resultados de la excavación (Hernández-Pacheco 1919: 25, Vega del Sella 1923: 45 y ss., Obermaier 1925: 188), aunque la memoria de excavación no fue publicada por Vega del Sella hasta 1930.

Este autor detectó niveles correspondientes al Asturiense, Aziliense, Magdaleniense y Solutrense. El Conde consideró el nivel asturiense como un testigo del gran montículo que había existido con anterioridad; tal y como ponían de manifiesto los restos de conchero cementado conservados a diferentes alturas en las paredes del abrigo. El nivel contenía los característicos picos y la fauna malacológica propia del momento (Vega del Sella 1930: 11-18). La estratigrafía documentada, con una clara sucesión Aziliense/Asturiense, permitió al Conde confirmar la cronología postaziliense del Asturiense.

Clark realizó dos catas en 1969 (A y B) (Clark 1974). La cata A fue realizada fuera de la entrada de la cueva, en el lateral izquierdo del abrigo, ante la posibilidad de que pudiesen aparecer en esa zona superficies de ocupación correspondientes al Mesolítico; puesto que en la entrada de la cavidad no parecían quedar más que restos de desperdicios correspondientes a ese período. Resultaba difícil pensar que la entrada hubiese sido utilizada como lugar de habitación. En el sondeo A, Clark detectó cuatro niveles (A1, A2, A3 y A4). En A2 y A3 aparecieron picos y fueron atribuidos directamente al Asturiense. A1 y A4 se consideraron, en principio, de filiación desconocida; pero fueron atribuidos al Asturiense tras el resultado positivo de la comparación de las colecciones de fauna e industria con las de A2 y A3 (Clark 1974: 16 y ss., 25 y ss.). Han existido críticas en torno a la localización del sondeo, su estratigrafía y su atribución cultural (*cf.* Gómez-Tabanera 1976, Clark & Straus 1977a, González Morales 1982: 93 y 97, Arias 1991a: 52 y s.). La cata B fue realizada sobre un testigo de conchero asturiense, suspendido a unos 125 cm sobre el suelo en la pared norte de la cueva. Se determinó un único nivel (B1), del que se obtuvo un pico asturiense y una datación radiocarbónica (Gak-2909).

Durante el período 1976-1979, se llevaron a cabo excavaciones en la Riera dentro de un proyecto interdisciplinar (Clark & Straus 1977b, Clark & Richards 1978, Straus *et al.* 1980, Straus *et al.* 1983, Straus & Clark 1986c). Estas excavaciones detectaron una estratigrafía que comenzaba con un posible Auriñaciense y finalizaba en el Asturiense. En la memoria de la excavación, se atribuyen al Asturiense los niveles 29, 30.1 y 30. Los restos de conchero que cuelgan del techo de la entrada de la cueva (30.1) están en sucesión estratigráfica con el nivel 29 y ambos se encuentran bajo un nivel de travertino (30). A la fecha obtenida por Clark para la base del conchero se le une la obtenida para el techo del mismo (Gak-3046).

Cueva Llamazúa.

Se trata de una cavidad de pequeño tamaño. A través de una boca de 2,3 m de anchura por 2,2 m de altura, se accede a una pequeña cámara de unos 2,5 m de profundidad por 4 m de anchura de la que parte una estrecha galería. Cueva Llamazúa aparece citada en la reseña de la carta arqueológica del concejo de Llanes entre los yacimientos de difícil adscripción cronológica (Pérez Suárez 1995: 243). En la superficie del vestíbulo de la cavidad, C. Pérez halló lascas, ejemplares de *Patella* y *Monodonta*, una azagaya de sección circular, un raspador sobre lasca y restos óseos (Pérez Suárez 1992: ficha 10).

Nosotros observamos, a la izquierda de la boca, un bloque de caliza con escasa fauna malacológica adherida. Entre los restos, muy endurecidos, sólo nos pareció identificar *Monodonta*. En superficie abundan los restos óseos y, en menor medida, *Patella*. Asimismo, en el acceso a la cueva -a unos 3,5 m de la misma-, constatamos la presencia de un pequeño testigo de conchero al aire libre en el que se distingue *Patella* y restos de fauna terrestre.

Cuevas del Palacio

Se trata de dos cavidades documentadas por Gavelas (1980: 682). En la primera, la cueva del Palacio propiamente dicha, el autor observó restos de conchero cementado en las paredes laterales del vestíbulo -*Patella* y *Monodonta*-. En la otra cavidad, Gavelas observó fauna malacológica en superficie. Por su parte, C. Pérez sólo halló restos de interés arqueológico en la primera cueva (Pérez Suárez 1992: ficha 50). Nosotros tampoco observamos resto alguno en la segunda cavidad. En la cueva del Palacio, los restos son muy escasos y se encuentran muy endurecidos, aunque es posible distinguir *Patella* y *Monodonta*.

Cueva de Cámara.

La cueva de Cámara, también conocida como Gruta de Meré, aparece citada por primera vez en la Guía de la excursión realizada a una serie de yacimientos arqueológicos de la región cantábrica dentro de las actividades llevadas a cabo con motivo de la celebración del V Congreso Internacional del *INQUA* (Hernández Pacheco *et al.* 1957). Se trata en realidad de dos cuevas superpuestas. En la pared norte del vestíbulo de la cavidad inferior, Gavelas (1980: 683) observó escasos restos cementados de *Patella* de gran tamaño y algunos restos óseos fragmentados, que el autor atribuyó a una posible ocupación magdaleniense. González Morales (1982: 216) hizo únicamente referencia al carácter paleolítico del depósito de la cueva inferior, ya que consideró que no existían elementos de juicio suficientes para atribuir el depósito a un período concreto.

En la cueva superior se documentan numerosos restos cementados de un importante conchero con las especies típicas del Asturiense (Fig.: 21), habiéndose hallado también un pico (Gavelas 1980: 683 y s., González Morales 1982: 216). Al reconocer la cueva superior, comprobamos la conservación de un importante conchero en el que destaca la modesta presencia de *Patella* -en contra de lo que parece ser habitual en el alto número de concheros observados- y la abundante representación de restos óseos. *Monodonta* también está presente.

Cueva de la Fontica.

Se trata de una gran cueva por la que penetra un arroyo. Los restos arqueológicos se encuentran en un abrigo situado a la izquierda de la boca de la cueva, a un nivel superior -en torno a los 5 m-. El yacimiento es prácticamente un desconocido en la literatura arqueológica (Pérez Suárez 1995: 245). C. Pérez localizó *Monodonta, Patella, Mytilus* y *Paracentrotus*, tanto sueltos como cementados (Pérez Suárez 1992: ficha 112). En nuestra visita al yacimiento sólo pudimos identificar *Patella*. Bajo nuestro punto de vista, los depósitos observados no son concheros propiamente dichos, sino bloques de caliza con restos malacológicos adheridos. El registro conservado es escaso.

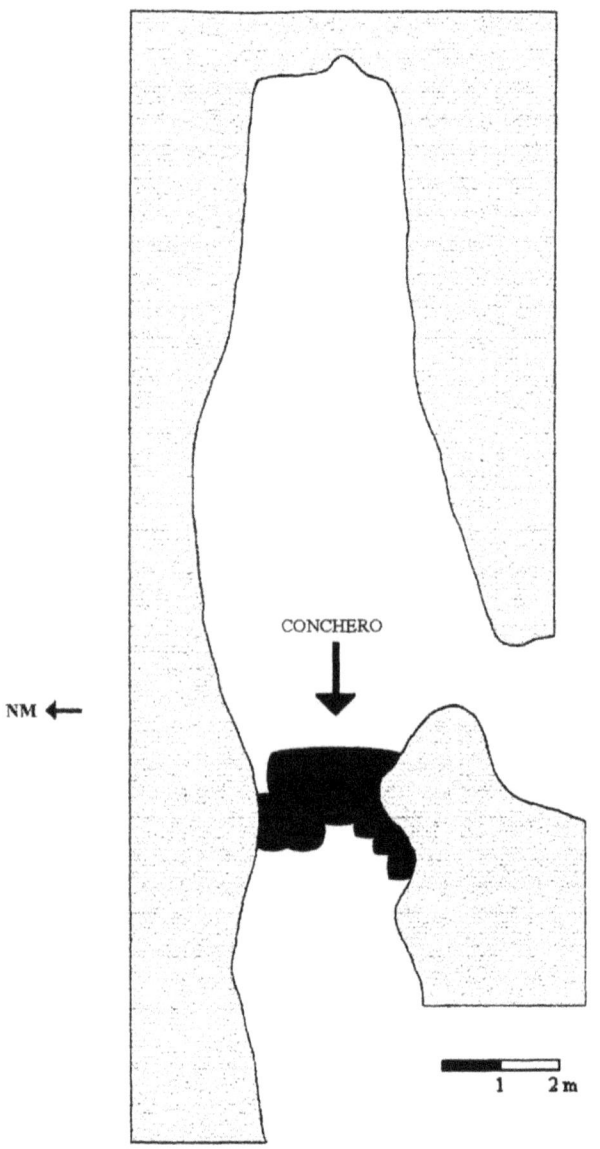

Fig.: 21. Cueva de Cámara (concejo de Llanes). Esquema según C. Pérez (1992). Localización del conchero según nuestras propias observaciones.

Abrigos del Castiello.

En 1978, Gavelas (1980: 684) localizó el abrigo del Castiello, con algunas lapas y bígaros en superficie. C. Pérez se refiere en cambio a los abrigos del Castiello; dos abrigos de pequeño tamaño situados en la base de un cueto, uno situado a un nivel superior con abundantes ejemplares de *Patella* y *Monodonta* -probablemente al que se refirió Gavelas-, y otro inferior con restos de escasa entidad (Pérez Suárez 1992: ficha 100). En nuestra inspección de la zona sólo localizamos el abrigo inferior, en el que únicamente hallamos un resto de *Patella*.

Cueva de Trescalabres.

Descubierta y explorada por Vega del Sella en la segunda década de este siglo, la cavidad fue incluida entre los asentamientos asturienses (Vega del Sella 1923: 49). Resultan escasos los datos que el Conde aportó sobre los trabajos llevados a cabo, y fue Obermaier el que comunicó la estratigrafía documentada en el yacimiento: nivel a (Asturiense) y nivel b (Solutrense superior) (Obermaier 1925: 188). Vega del Sella únicamente mencionó la cueva de Trescalabres al referirse al bastón perforado documentado en la excavación del yacimiento; aunque, por otro lado, se facilitaron algunos datos sobre el contexto en el que fue recuperada la pieza: "[...] el de Calabres apareció en una pequeña oquedad que formaba el suelo calizo, acompañado de marisco propio del Asturiense y recubierto por una costra estalagmítica que oficiaba de sello" (Vega del Sella 1930: 17).

Por su parte, Jordá estudió las piezas solutrenses procedentes de la excavación de Trescalabres, y se refirió a la existencia de "unos cuantos picos asturienses" (Jordá 1953: 47). Una reciente publicación sobre Trescalabres, con motivo del estudio de las pinturas rupestres descubiertas en su interior, pone de manifiesto la conservación de restos asturienses en el vestíbulo de entrada: "[...] pudiendo verse los restos de conchero hasta una altura de 2,5 m" (Rodríguez Asensio 1992: 82).

Abrigo de Quintana.

Se trata de una cavidad con dos accesos principales, citada por Gavelas (1980: 681) entre los yacimientos asturienses. Este autor observó en ambos vestíbulos restos muy cementados de conchero. C. Pérez (1992: ficha 102) sólo localizó restos en la boca más occidental, un hecho también comprobado por nosotros. Así, en dicha boca se conservan potentes testigos de conchero en los que hemos podido distinguir *Patella*, *Monodonta* y *Paracentrotus*.

Cueva Mary.

La cavidad fue localizada por el Grupo de Espeleología Oviedo, cuyos miembros observaron moluscos en superficie "[...] sin formar conchero solidificado" (Rodríguez Asensio & Quintanal 1995: 61). C. Pérez se refiere a la existencia de dos bocas, una principal en la que localizó restos de moluscos -*Patella* y *Monodonta*-, y otra de menor tamaño -entrada Daniel- con restos de conchero cementado (Pérez Suárez 1992: ficha 89). En la sala a la que da acceso la boca principal, se localizó un conchero suelto en el que observamos *Patella* y restos óseos. Asimismo, en un punto próximo a la boca, se conserva un pequeño testigo cementado con *Patella* y huesos. En la entrada Daniel se conservan testigos de conchero cementado y también conchero suelto. Sólo pudimos identificar *Patella* y *Monodonta*.

Cueva de la Boriza.

Se trata de una cavidad localizada por el Grupo de Espeleología Oviedo (Rodríguez Asensio & Quintanal 1995: 61). Tal y como hemos podido observar en un plano facilitado por Rodríguez Asensio, la cavidad cuenta con una boca de buen tamaño que da acceso a un amplio sistema.

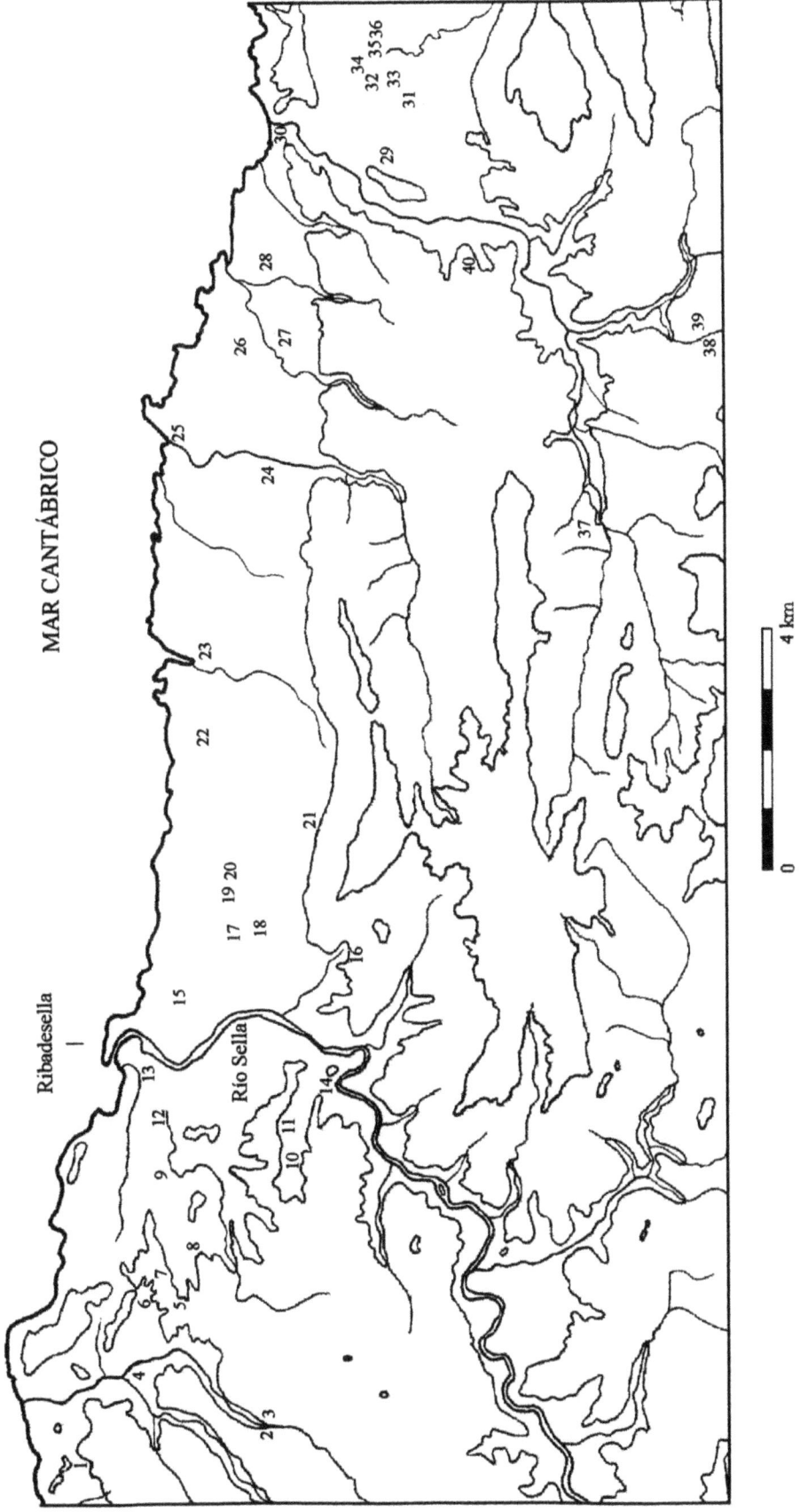

Fig.: 22. Yacimientos del concejo de Ribadesella y de la parte occidental del concejo de Llanes. 1. Cueva Carmona; 2. Cuetu la Ventana; 3. La Cuevona; 4. Cueva del Molino; 5. Cueva de Pando; 6. Cueva de Bones; 7. Abrigo de la Tena y Cueva de Fresno; 8. Cueva del Cierro y Cueva de Les Pedroses; 9. Cueva del Cuetu; 10. Cueva de Ceñil; 11. Cueva de la Boquera; 12. Cueva de la Lloseta; 13. Cueva del Tenis; 14. Cueva de Junco; 15. Cueva de San Antonio; 16. Cueva de la Presa; 17. Cueva del Cuetu la Hoz; 18. Cueva del Cementerio; 19. Cueva de la Molera; 20. Cueva del Carabu; 21. Cueva del Comontán; 22. Cueva de Cuerres; 23. Cueva Punteu; 24. Cueva de Penicial; 25. Cuevas del Mar; 26. Llamorey; 27. Cueva de Colomba; 28. Cueva del Camaleón; 29. Cueva de Coberizas; 30. San Antolín; 31. Cueva de Arnero; 32. Cueva de las Quintas; 33. Abrigo de Posada; 34. Covacho de la Torca del Alloru y Cueva de la Llera; 35. Bricia IV, Bricia II y Bricia; 36. Abrigo de Cueto de la Mina y Cueva de La Riera; 37. Cueva Llamazúa; 38. Cuevas del Palacio; 39. Cueva de Cámara; 40. Cueva de la Fontica.

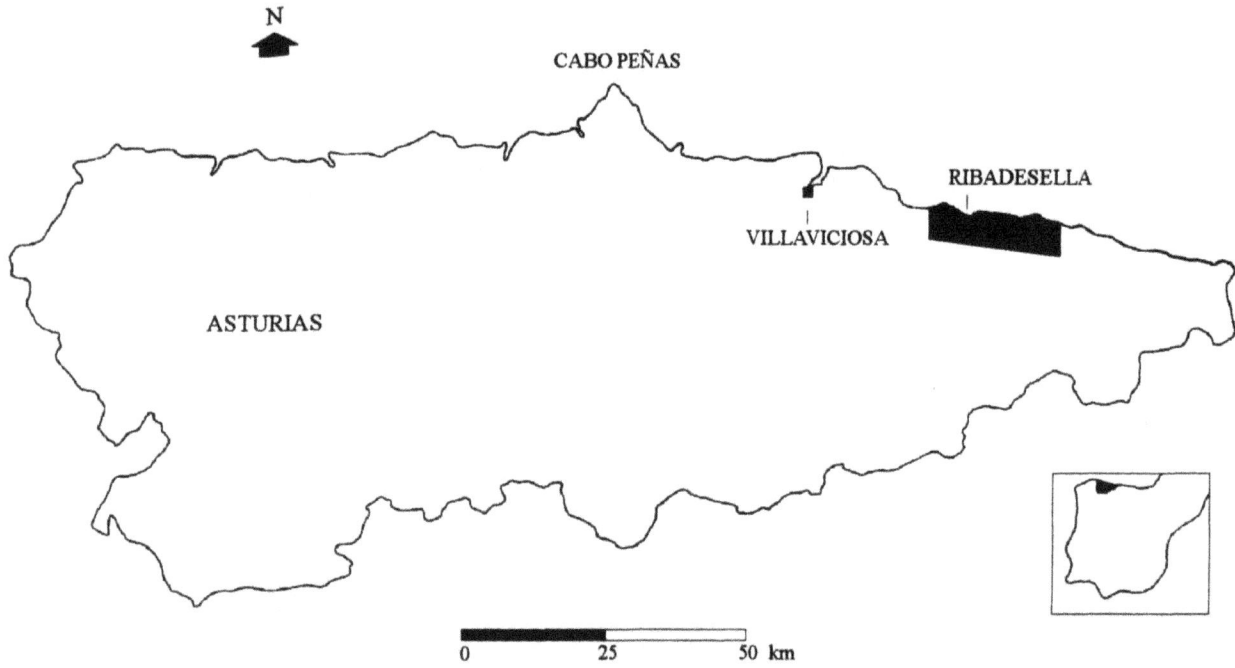

Fig.: 23. Localización en el mapa de Asturias del espacio representado en la fig. 22.

En la pared oriental de la boca, se documentó conchero cementado con *Monodonta* y *Patella* (Pérez Suárez 1992: ficha 81). La presencia en superficie de otro tipo de materiales -raspador de sílex, punta de cuarcita y un fragmento de azagaya- nos lleva a pensar en la existencia de ocupaciones previas al Mesolítico.

Cueva El Muro.

Cueva El Muro también fue localizada por el Grupo de Espeleología Oviedo (Rodríguez Asensio & Quintanal 1995: 61). Según el plano facilitado por Rodríguez Asensio, se trata de una cavidad de gran tamaño, con una boca de unos 17 m de anchura. En la publicación de los resultados de la exploración del monte "La Llera" y sus cavidades, se señala la existencia de cascajo sin formar conchero consolidado en la cueva El Muro. Sin embargo, C. Pérez observó restos de conchero cementado y algunos moluscos en superficie - *Patella* y *Monodonta*- en la parte oeste de la boca (Pérez Suárez 1992: ficha 90).

Cueva de los Menores.

La cueva de los Menores es de pequeño tamaño. A través de una boca de poco más de 3 m de anchura por 6 m de altura, se accede a una cámara de menos de 6 m de profundidad. A la derecha de esta pequeña sala se localiza un pequeño divertículo a un nivel superior (3,8 m). Se trata de un yacimiento que cuenta con una breve referencia bibliográfica (Arias 1991a: 49 y 314), y en el que C. Pérez (1982: 219) observó restos de conchero cementado con abundante *Patella*. En la inspección del yacimiento, pudimos comprobar la existencia de un solo testigo de conchero adherido a la pared,

a 1 m del suelo. Los restos están muy endurecidos, aunque es perceptible el predominio de *Patella* acompañada, en menor proporción, por *Monodonta*.

Cueva de Fonfría.

Yacimiento excavado por el Conde de la Vega del Sella en 1915. En un pequeño divertículo situado a la derecha de la entrada, Vega del Sella encontró un depósito de 0,60 m de potencia: "[...] compuesto de tierra vegetal negra revuelta con numerosos mariscos: *Patella*, *Cardium edule*, *Trochus lineatus*, caparazones de *Echinus*, pinzas de cangrejo, algún *Mytilus* y *Helix nemoralis*. Entre estos restos hallamos siete picos amigdaloides de la clase que nos ocupa; otros dos fueron encontrados en una pequeña concavidad del pilar izquierdo, a la misma altura que los anteriores, y acompañados de estos mismos mariscos, que también se percibían adheridos a la bóveda del divertículo" (Vega del Sella 1916: 63).

Según las observaciones de Vega del Sella, el nivel que contiene los picos descansa sobre un nivel de arcilla estéril, y debajo de éste el autor identificó un nivel de unos 4 cm de potencia que atribuyó al Magdaleniense inferior (Vega del Sella 1916: 64). El hallazgo de un bastón perforado de hueso en asociación con los picos fue importante, ya que era la primera vez que se documentaba un utensilio en hueso correspondiente al Asturiense (Vega del Sella 1923: 21).

En nuestra visita al yacimiento, pudimos comprobar la potencia de los testigos de conchero conservados, fundamentalmente en el divertículo situado a la derecha de la boca, aunque la fauna malacológica aparece diseminada por toda la cavidad.

Cueva de Vega Chica I.

La cavidad aparece únicamente citada en la reseña de la carta arqueológica del concejo de Llanes (Pérez Suárez 1995: 245). A través de una boca estrecha y baja, se accede a una sala un poco más amplia y algo más elevada. C. Pérez advirtió la presencia de abundantes ejemplares de *Monodonta* y *Patella*, siendo las lapas muy pequeñas. De la citada sala se pasa, a través de una pequeña abertura, a lo que en su momento debió de ser otra sala, pero que en la actualidad se encuentra comunicada con el exterior debido al hundimiento del techo (Pérez Suárez 1992: ficha 16).

Cueva de Vega Chica II.

La cueva de Vega Chica II sólo aparece citada en la reseña de la carta arqueológica del concejo de Llanes (Pérez Suárez 1995: 245). Según palabras de C. Pérez, la cavidad presenta el aspecto de un abrigo cuya visera se ha desplomado parcialmente. El autor observó un importante conchero de aspecto asturiense, con *Patella* de pequeño tamaño, *Monodonta*, erizo de mar y mejillón (Pérez Suárez 1992: ficha 17).

Cuevas de la Boriza.

Se trata de una serie de covachos brevemente citados en la bibliografía (Arias 1991a: 314, Pérez Suárez 1995: 244). C. Pérez localizó restos de conchero en tres pequeñas cavidades muy próximas al mar, con abundante *Patella* y algún ejemplar de *Monodonta* (Pérez Suárez 1982: 221).

Cueva de Balmori.

La cueva de Balmori ha sido citada, en ocasiones, como la cueva de Quintana, y ha sido confundida con la cueva del Quintanal (*cf.* González Morales & Márquez Uría 1974, Mallo & Suárez 1972-73).

Al margen de intervenciones clandestinas y de recogidas de superficie, el yacimiento fue excavado por el Conde en la segunda década de este siglo y por Clark en 1969. Escuetos informes sobre el resultado de las excavaciones de Vega del Sella (1916: 66, 1923: 45) en el yacimiento se complementan con la memoria de la excavación publicada por el autor en 1930. Ya nos hemos referido en otro capítulo a la problemática detección de un nivel aziliense entre el Mesolítico y el Magdaleniense de la cueva de Balmori.

Clark llevó a cabo cinco sondeos en la cavidad (Clark & Clark 1975). Los primeros niveles de los sondeos D y E fueron atribuidos al Asturiense atendiendo a criterios faunísticos. El carácter mesolítico de D1 ha sido rechazado por González Morales y Arias debido a las contradicciones existentes en la fauna malacológica. Por el mismo motivo, el segundo autor también rechaza como mesolítico E1 (González Morales 1982: 75-77 y 111, Arias 1991a: 40 y s.).

Cueva de El Quintanal.

Descubierto en 1908 por H. Alcalde del Río, la primera referencia conocida sobre este yacimiento fue a propósito del arte parietal que contiene (Alcalde del Río *et al.* 1911: 83 y s.).

Por lo que respecta al registro mesolítico, González Morales realizó las siguientes observaciones: "[...] hemos podido localizar restos de conchero con las especies típicas del Asturiense bajo la costra estalagmítica que desde el vestíbulo de entrada penetra hacia una sala interior" (González Morales 1982: 251). No obstante, en el trabajo de 1911 ya se citaba la presencia de restos de ocupación en la cueva, acaso más modernos que las representaciones artísticas: "Il existe des vestiges d'habitation dans la grotte; petites patelles, etc., descendant de l'entrée vers l'intérieur, galets taillés et cassés; mais ce dépôt parait moins ancien que les figures dessinées vers le fond" (Alcalde del Río *et al.* 1911: 84).

Al margen del conchero suelto indicado por González Morales (1982: 252), en nuestra inspección del yacimiento hallamos un testigo de conchero cementado en la pared opuesta, compuesto por *Patella* y *Monodonta* fundamentalmente.

Abrigo de la Llongar.

El yacimiento también es conocido como abrigo de La Leona, abrigo de Balmori y cueva de La Llongar. Según señala Mª C. Márquez Uría, a partir de la consulta de los informes inéditos del Conde, la cueva fue reconocida por Vega del Sella en 1915, "[...] que refiere en sus notas la existencia de un conchero, así como un canto rodado con cazoletas y picos asturienses, percutores, etc., procedentes de una reducida calicata" (Márquez Uría 1974: 829). Con posterioridad a 1915, la cavidad aparece ya citada entre los yacimientos asturienses (Vega del Sella 1923: 49).

González Morales (1982: 236) observó restos de conchero de tipo asturiense parcialmente cementado. Por otro lado, en el revuelto procedente de la cata el autor observó algunos fragmentos de cerámica de difícil atribución cultural. En nuestra reciente visita al yacimiento, pudimos comprobar la conservación de escasos restos cementados de conchero, así como la existencia de abundante conchero suelto -*Patella* y *Monodonta*- en la superficie de la cavidad, sobre todo en su parte derecha.

Abrigo del Alloru.

El Conde apuntó en sus notas manuscritas que reconoció este yacimiento en 1915, hallando en superficie un pico asturiense (Vega del Sella 1916: 63, Márquez Uría 1974: 829). Con posterioridad, tanto Vega del Sella (1923: 49) como Obermaier (1925: 383) incluyeron el abrigo del Alloru entre los yacimientos asturienses. En este mismo sentido se expresaron años después Clark (1976: 61) y González Morales (1982: 212).

En nuestra visita al yacimiento, pudimos observar testigos de conchero de potencia variable en gran parte de la superficie del abrigo, siendo en el fondo y en la parte derecha de la boca donde se conservan los testigos más potentes. En el conchero del fondo del abrigo, parcialmente semicementado, es fácilmente perceptible el predominio de *Patella* y la importante presencia de *Monodonta*. También pudimos observar algunos restos óseos.

Abrigo de Torrevidiego.

González Morales (1982: 257) pudo observar en el suelo del abrigo abundantes ejemplares de *Patella* y de *Monodonta*. Asimismo, parte de la fauna malacológica presentaba restos de concreción estalagmítica. En su visita al yacimiento con motivo de la elaboración de la carta arqueológica del concejo de Llanes, C. Pérez no observó material arqueológico y, según él, existen indicios para pensar que el suelo del abrigo ha sido utilizado como fertilizante agrícola (Pérez Suárez 1992: ficha 64).

Entrelascuevas.

El yacimiento, también conocido como cueva de Grandiella, apenas es conocido en la literatura arqueológica (Arias 1991a: 314, Pérez Suárez 1995: 244). La cavidad es de pequeño tamaño: una boca de unos 7 m de anchura da paso a una sala de unos 7 m de profundidad. En ella, C. Pérez (1992: ficha 59) halló un pequeño testigo de conchero en el que se pudo identificar *Monodonta* y restos de fauna terrestre. En nuestra inspección de la caverna no localizamos resto arqueológico alguno.

Cueva de Gustianroi.

La cueva tiene una cierta entidad: a través de una boca de algo más de 7 m de anchura por 4 m de altura máxima, se accede a una sala de más de 10 m de profundidad que presenta un divertículo en su lado derecho. Se trata de un yacimiento brevemente citado en la bibliografía (Arias 1991a: 314), y en el que C. Pérez (1982: 182) observó restos de conchero cementado. En la inspección del yacimiento, pudimos comprobar la existencia de restos muy escasos de conchero en las paredes de la cueva. Pudimos identificar *Patella*, *Monodonta* y *Paracentrotus*.

Cueva de Covajorno.

La cueva de Covajorno es de considerables dimensiones: una boca de más de 8 m de anchura por algo más de 3 m de altura máxima da paso a una gran sala de más de 20 m de desarrollo. Se trata de un yacimiento prácticamente desconocido en la bibliografía, ya que aparece únicamente citado en un mapa de dispersión de yacimientos asturienses (Arias 1991a: 314). Trabajos inéditos dan cuenta de la presencia de restos de conchero de tipo asturiense en una de sus bocas (Pérez Suárez 1982: 149, 1992: ficha 60). Nosotros comprobamos la existencia de concheros de cierta entidad en el vestíbulo de la cueva. Los restos conservados están muy endurecidos, pero se percibe claramente el predominio de *Patella* y de *Monodonta*.

Abrigos de Parres o Sancueva.

Gavelas (1980: 680 y s.) incluyó estos abrigos, también conocidos como abrigos de Celorio, entre los yacimientos con conchero asturiense. Se trata, según este autor, de tres abrigos con escasas muestras de conchero repartidas en distintos lugares de las paredes y techos. C. Pérez (1992: ficha 63) considera errónea la denominación utilizada por Gavelas y adopta el nombre de abrigos de Parres o Sancueva. Así, según este autor, uno de los llamados abrigos de Celorio -el más oriental- sería en realidad la cueva de la Pallota. En nuestra inspección de los abrigos de Parres no encontramos resto arqueológico alguno.

Cueva de la Pallota.

Se trata del abrigo más oriental de los denominados por parte de Gavelas como abrigos de Celorio, una cavidad de reducidas dimensiones. C. Pérez utiliza la denominación de cueva de la Pallota, por ser ese el nombre de la zona donde está la cueva (Pérez Suárez 1982: 232). Este último autor observó restos de conchero de tipo asturiense, con *Patella* y *Monodonta* (Pérez Suárez 1992: ficha 62). En la inspección del yacimiento, comprobamos la existencia de varios concheros, alguno de entidad, con claro predominio del género *Patella* y la presencia de *Monodonta*. En algún caso resulta perceptible la presencia de cuarcita en el depósito.

Abrigo de la Pallota.

En el interior de un pequeño abrigo, Gavelas (1980: 681) observó escasos restos de conchero suelto en un hueco de la pared, con *Patella* y *Monodonta*; un hecho confirmado también por C. Pérez (1982: 230), que se refiere a la fauna malacológica propia del Asturiense.

Cueva de la Colmenera.

Se trata de una cavidad de reducidas dimensiones: la boca tiene 2 m de anchura por 1,75 m de altura y da paso a una sala de menos de 5 m de desarrollo. De esta sala parte una galería de 2 m de anchura transitable a lo largo de unos 8 m. El yacimiento arqueológico que contiene resulta prácticamente desconocido, ya que aparece únicamente citado en un mapa de yacimientos asturienses (Arias 1991a: 314). C. Pérez (1982: 138) indicó la presencia de restos de conchero cementado con *Monodonta* y *Patella* de pequeño tamaño. En el reconocimiento de la cueva, pudimos comprobar la existencia de testigos de conchero de muy escasa entidad en las proximidades de la boca, tanto en la pared izquierda como en la derecha. Ambos testigos están muy endurecidos, en uno de ellos pudimos identificar *Monodonta* y *Patella*, en el otro (pared izquierda) sólo *Patella*.

Cueva de Cuartamentero.

Es en la boca orientada al SO donde existen vestigios arqueológicos y donde parecen haberse llevado a cabo excavaciones clandestinas desde mediados de los años 60 (González Morales 1982: 226). Por otro lado, en 1967 miembros del Grupo Espeleológico Querneto realizaron dos catas en las proximidades de esta boca (Clark 1976: 111). Con posterioridad, han continuado las intervenciones clandestinas, que han llegado a agotar casi por completo el depósito arqueológico de esta entrada.

Parte de los materiales procedentes de la excavación de 1967 llegaron al Museo Arqueológico Nacional, y la valoración que hizo González Morales (1982: 226) fue la siguiente: "Aparte de un posible nivel del Paleolítico superior, la cueva contenía un conchero asturiense típico, con numerosos picos y otros materiales líticos". Por otro lado, es destacable el hallazgo, en la excavación de 1967, de un cráneo humano en posición estratigráfica indeterminada; aunque la asociación del mismo al conchero asturiense parece probable, ya que algunas lapas del conchero aparecieron adheridas al cráneo (González Morales 1982: 179).

Conchero de Toró.

Se trata de una pequeña covacha de 3,3 m de desarrollo, de la que parte una estrecha galería hacia el interior del sistema. En este yacimiento, brevemente citado en la bibliografía (Arias 1991a: 314), C. Pérez observó conchero suelto y cementado. Se identificó *Patella* y un solo ejemplar de *Monodonta* (Pérez Suárez 1982: 279). En nuestro reconocimiento, sólo pudimos observar ejemplares de *Patella* en el abrigo exterior, hecho que quizá haya que relacionar con la utilización de la cavidad como desagüe; aunque tampoco pudimos inspeccionar con detalle la galería interior debido a la cantidad de basura acumulada.

Cueva del Elefante.

En esta cavidad, descubierta por Clark en 1969, se conservan depósitos de conchero en el techo y en una de las paredes de la cueva, compuestos fundamentalmente por *Patella* y *Monodonta*. Los restos óseos y el carbón también aparecen en buena proporción (Clark 1976: 109). Asimismo, González Morales (1982: 228) halló un chopper con restos de concreción procedente de uno de los testigos de conchero.

La Cuevona (Cue).

La Cuevona, también conocida como cueva de la Borbolla y cueva de Cue, aparece brevemente citada en la bibliografía (Arias 1991a: 314). Se trata de una cavidad de buen tamaño: un gran abrigo exterior da paso a una cueva de 34 m de desarrollo. La cueva es atravesada por un cauce que estaba seco cuando nosotros inspeccionamos el yacimiento. C. Pérez halló abundantes materiales modernos y restos de moluscos, sobre todo *Patella*. Se encontraron ejemplares no cementados a gran altura en una ladera inmediata. Ello llevó al autor de la carta arqueológica a plantearse una serie de cuestiones sobre el origen de la fauna malacológica encontrada: ¿depósito antiguo en la cueva?, ¿procedentes de concheros al aire libre arrastrados por una corriente de agua que se sumiría ocasionalmente por la cueva?, ¿restos modernos? (Pérez Suárez 1982: 169).

Nosotros también localizamos *Patella* en la ladera inmediata a la boca de la cueva. Los restos no son modernos y deben corresponder a una ocupación humana responsable de la formación de un conchero; pero no encontramos indicio alguno que nos permita aclarar la procedencia de los restos.

Cueva Collubina.

Gavelas observó algunos moluscos marinos (*Patella*) cerca de la pared este, en las inmediaciones de la entrada. Cabe destacar la posible existencia de arte: "En el techo y a unos 40 m de la entrada, se encuentran unos posibles grabados del tipo *macarroni*, alcanzando una extensión de unos dos metros cuadrados" (Gavelas 1980: 687). En nuestro reconocimiento, no localizamos resto arqueológico alguno, quizá debido a la fuerte alteración que presenta el vestíbulo. De hecho, existe un muro semiderruido en la boca de la cueva.

Cueva de Collamosa.

En las proximidades de la boca de esta cueva, también conocida como cueva del Acebal, González Morales observó un gran bloque de conchero cementado con la malacofauna propia del Asturiense (*Patella* y *Monodonta*). Asimismo, en la superficie de la sala se hallaron dos picos asturienses y un canto tallado.

El investigador citado considera que es difícil pronunciarse sobre la posible existencia de yacimiento bajo el suelo de la gran sala inicial. Lo que sí es seguro es que el conchero se encuentra erosionado casi por completo, excepto el bloque de la sala inicial y algunos fragmentos sobre las paredes (González Morales 1982: 223). Por otro lado, C. Pérez (1992: ficha 117b) observó la existencia de catas en la entrada de la cueva, que ponen en evidencia la existencia de conchero suelto.

Cueva del Toral III.

El yacimiento aparece únicamente citado en la reseña de la carta arqueológica del concejo de Llanes (Pérez Suárez 1995: 245). Se trata de una cavidad de entrada descendente en cuyas inmediaciones C. Pérez observó restos cementados de conchero. Asimismo, en la cola del depósito de entrada se observa una cata que permite identificar un rico conchero suelto con abundantísimos moluscos: *Patella*, en general de pequeño tamaño, *Monodonta*, erizo de mar, caracol terrestre y mejillón pequeño (Pérez Suárez 1992: ficha 123).

Cueva del Toral I.

En la bibliografía, este yacimiento aparece asociado a la cueva del Toral II, bajo la denominación común de cuevas del Toral (Gavelas 1980: 681). En la reciente carta arqueológica del concejo de Llanes, se da sin embargo un tratamiento individualizado (Pérez Suárez 1992: fichas 120 y 122). Los dos accesos a la cueva son descendentes. C. Pérez observó restos cementados de conchero con *Monodonta* y *Patella* en la boca oriental. En la otra boca sólo halló un ejemplar de *Patella*.

Cueva de Sohornos.

El yacimiento aparece únicamente citado en la reseña de la carta arqueológica del concejo de Llanes (Pérez Suárez 1995: 245). Se trata de un abrigo de gran tamaño del que parten dos galerías de considerables proporciones -de más de 40 m de desarrollo cada una-. En una de ellas, C. Pérez observó algunas lapas de tamaño medio, así como mejillón, huesos y un núcleo de cuarcita. Al final de la otra galería, el autor de la carta arqueológica halló abundantes restos de conchero de tipo asturiense en superficie (Pérez Suárez 1992: ficha 4). Nosotros sólo observamos algunos restos de fauna terrestre en una de las galerías.

Covachos de la Peña.

Según la carta arqueológica del concejo de Llanes, se trata de una serie de abrigos y covachos situados en la margen izquierda del río Barbalín (Pérez Suárez 1992: ficha 111). Uno de los covachos cuenta con una referencia bibliográfica: "Covacho no excavado, en cuya superficie se encuentran restos de conchero con las especies típicas del Holoceno, y se ha recogido un fragmento de cerámica de aspecto antiguo" (Arias 1991a: 50). C. Pérez también hace referencia a la cavidad citada por Arias, y añade otro yacimiento con restos de conchero cementado y suelto (*Patella* y *Monodonta*).

En nuestra prospección de la zona inspeccionamos siete covachos, y sólo en uno hallamos restos de interés arqueológico. Se trata de una pequeña cavidad; la boca, de 3 m de anchura por 1,7 m de altura, da paso a una estrecha galería de varios m de desarrollo. En dicha galería observamos un testigo de conchero cementado, compuesto por *Patella, Monodonta, Mytilus* y *Helix*, y también restos en superficie -*Patella* y *Monodonta* fundamentalmente, así como restos óseos-. Pensamos que es el yacimiento citado por C. Pérez.

Cueva Ciernes.

Se trata de un abrigo de grandes dimensiones -en torno a 16 m de anchura- del que parten dos galerías. Por una de ellas, la de menor entidad, discurre un cauce. La otra, de unos 20 m de desarrollo, contiene restos arqueológicos. Cueva Ciernes es un yacimiento prácticamente inédito en la literatura arqueológica (Pérez Suárez 1995: 245). En la boca de una de las galerías a las que se accede a partir del abrigo exterior, C. Pérez (1992: ficha 117a) observó un testigo de conchero cementado, con lapas y huesos. En nuestra inspección del yacimiento tuvimos oportunidad de examinar dicho depósito. Resulta destacable la escasez de *Patella* con respecto a la abundancia de restos óseos. También se conserva conchero suelto, de manera muy pobre e intermitente, a lo largo de la pared izquierda de la galería en la que se encuentra el depósito cementado, también compuesto por *Patella* y restos óseos.

Cueva de Horadada.

La cueva de Horadada es una cueva de proporciones importantes que actúa como sumidero en el fondo de una depresión. Los restos arqueológicos se encuentran en un pequeño abrigo -4 m de anchura por 1,5 m de altura- situado en las proximidades de la boca de la cueva, pero a un nivel bastante superior.

El yacimiento aparece únicamente citado en la reseña de la carta arqueológica del concejo de Llanes (Pérez Suárez 1995: 245). En dicho abrigo, C. Pérez (1992: ficha 2) localizó fauna malacológica, tanto suelta como cementada. En la inspección de la zona localizamos el abrigo, con un pequeño testigo de conchero semicementado adherido al suelo y a la pared en su lado izquierdo, con *Patella, Monodonta, Mytilus, Paracentrotus* y *Helix*. También observamos malacofauna en superficie.

Cueva de la Sonraxa.

Se trata de una cavidad de desarrollo descendente -unos 10 m- en la que se han llevado a cabo obras de acondicionamiento, fundamentalmente en la boca -tabique con puerta y ventana- y en el suelo a lo largo de todo su desarrollo, con motivo de la construcción de unas escaleras que conducen hasta el fondo de la cueva.

El yacimiento aparece únicamente citado en la reseña de la carta arqueológica del concejo de Llanes (Pérez Suárez 1995: 245). Las obras llevadas a cabo en la cueva implicaron la apertura de una trinchera en los sedimentos, "[...] dejando a la vista un nivel de conchero de aspecto asturiense muy rico, de potencia aún por determinar" (Pérez Suárez 1992: ficha 5). Nosotros también pudimos comprobar la potencia del yacimiento, puesta de relieve en el corte producido por la trinchera a la que se refiere C. Pérez. En dicho corte, se percibe el predominio de *Patella* y la presencia de *Monodonta, Mytilus* y *Paracentrotus*. La presencia de huesos también resulta notable. Pensamos que se trata de un yacimiento excavable.

Cueva de la Llana.

La Cueva de la Llana fue excavada entre 1983 y 1985 por González Morales. Una de las entradas se encontraba colmatada por sedimentos y conchero, y es en la que se desarrolló la excavación. La estratigrafía documentada fue la siguiente (González Morales 1995a: 74 y s.):

1. Depósito superficial sobre el conchero, en el que aparecieron dos fragmentos metálicos, cerámicas incisas y algunos peculiares útiles de hueso. También se detectó un esqueleto humano en una hornacina cercana.

2. Un conchero asturiense con las características conocidas en Mazaculos. Es decir, una industria escasa compuesta por un pico típico, algún "anzuelo" recto de hueso y lascas de cuarcita. La fauna malacológica también es la característica: *Patella, Monodonta* y *Paracentrotus*.

3. Un nivel de arcillas prácticamente estéril. Algunos restos (lapas y huesos) denotan una ocupación ocasional de la cavidad. No se descarta la posible detección de niveles más profundos.

Cueva del Águila II.

Se trata de un yacimiento descubierto recientemente y que conocemos gracias a la carta arqueológica del concejo de Llanes (Pérez Suárez 1992: ficha 116). En la entrada superior de la cueva, C. Pérez observó restos de conchero adheridos a la pared y también malacofauna en superficie. Según nuestras observaciones, "la sala" a la que se accede a través de la entrada superior se encuentra a más de 6 m de desnivel con respecto a la boca, quizá producto de un hundimiento general de dicha sala. En cualquier caso, es en la superficie de esta sala donde se conservan, tal y como señala C. Pérez, restos de conchero suelto: *Patella, Monodonta, Mytilus* y *Paracentrotus*. Asimismo, en la pared hemos observado dos testigos de conchero cementado, compuestos por la misma malacofauna citada así como por restos de fauna terrestre.

Cueva del Águila.

Tanto Gavelas como González Morales se han referido a los abundantes testigos de conchero conservados en este yacimiento, donde ambos autores localizaron picos asturienses (Gavelas 1980: 690 y ss., González Morales 1982: 212). El potente conchero situado en el vestíbulo esta compuesto por la fauna propia del Mesolítico regional: *Patella, Monodonta, Mytilus, Paracentrotus* y restos óseos. También se localizó un conchero de arrastre en la galería interior. En nuestro reconocimiento pudimos comprobar la entidad de los depósitos conservados, a pesar de ser un yacimiento muy afectado tanto por la erosión como por la actuación de los furtivos.

Abrigo del Río Purón.

Se trata de una pequeña cavidad en la que González Morales (1982: 253) halló restos de conchero cementado constituido por la fauna malacológica característica: *Patella, Monodonta* y *Paracentrotus*. La cavidad ofrecía huellas claras de haber sido inundada por las aguas y se encontraba rellena de arena. Asimismo, C. Pérez (1992: ficha 3) constató que el yacimiento es inundado por un pequeño arroyo que pasa a 1 m de distancia.

Abrigo del Puente de Puertas.

Abrigo en el que González Morales (1982: 249) observó escasos restos de un conchero cementado. Asimismo, es probable que este yacimiento se corresponda con el citado por Fernández Menéndez en 1927. Dicho autor publicó el dibujo de un pico asturiense "[...] hallado en el conchero de Puente de Puertas (Vidiago)" (Fernández Menéndez 1927: 316). En nuestra visita al yacimiento comprobamos la escasez del registro conservado, algún resto de *Patella* adherido a la pared a más de 2 m de altura.

Cueva de Cordoveganes.

González Morales (1982: 224) consideró que la cueva de Cordoveganes podría ser la cavidad que el Conde de la Vega del Sella (1923: 49) denominó cueva de Vidiago. Esto parece probable, puesto que, en la serie de yacimientos que cita como asturienses, Obermaier (1925: 383) incluyó la cueva de Cordoveganes y no hizo referencia a la cueva de Vidiago. Debe tenerse en cuenta que el trabajo de Obermaier es de 1925, es decir, que este autor ya conocía el citado trabajo del Conde de 1923, donde aparece la denominación de cueva de Vidiago. Probablemente, si se hubiese tratado de una cavidad diferente, Obermaier la hubiera incluido en su relación de yacimientos.

En esta cueva, González Morales observó importantes testigos de conchero constituidos por la fauna malacológica propia del Asturiense (*Patella, Monodonta* y *Paracentrotus*), tanto en puntos próximos a la boca como en el fondo de la sala inicial. Este investigador también localizó en la cueva un pico asturiense típico. Nosotros también nos percatamos de la abundancia de restos óseos contenidos en los concheros.

Cuetu Molín.

Se trata de un yacimiento inédito del que tenemos noticia gracias a la carta arqueológica del concejo de Llanes (Pérez Suárez 1992: ficha 110). Al final de una galería de esta pequeña cueva, C. Pérez localizó restos de conchero, tanto suelto como cementado, con *Patella* y algunos ejemplares de *Monodonta*.

Cueva de Entencueva.

Esta cavidad, también conocida como cueva de Puertas, es usada como basurero. González Morales (1982: 228) observó restos de conchero asturiense en diversos puntos de la boca. En la inspección del yacimiento, pudimos examinar el amplio testigo de conchero conservado en la visera del abrigo exterior, superficial y muy endurecido, con predominio de *Patella* y presencia de *Monodonta*.

Cueva de Juan de Covera.

La cueva de Juan de Covera fue excavada por Vega del Sella, sin que se conozca la fecha precisa en que se llevaron a cabo los trabajos (Márquez Uría 1974: 830). González Morales definió la cavidad como un abrigo de pequeñas dimensiones dividido verticalmente en dos partes, "[...] con comunicación de arriba abajo entre ellas por algunos orificios y chimeneas, y otra chimenea que comunica la parte superior con la exterior, saliendo a la cumbre de la colina" (González Morales 1982: 232).

En la parte superior del abrigo, se conservan restos de un conchero de dimensiones considerables con la fauna malacológica típica del Asturiense, con restos de fauna de mamíferos y con material lítico. También se localizó un pico asturiense típico. En la parte baja del abrigo, se pudieron realizar algunas observaciones estratigráficas. Un conchero del mismo tipo que el anterior está "[...] seguido de un nivel de unos 50 cm de potencia en el corte visible, integrado por arcillas aparentemente de descalcificación con numerosas plaquetas y cantos angulosos de reducido tamaño por lo general, y bajo dicho nivel se aprecia un estrato negro, aparentemente poco potente (5-10 cm), de tierra orgánica grasienta con abundantes restos de industria lítica, huesos de mamíferos, *Patella vulg.* de concha muy lisa y una *Littorina littorea*" (González Morales 1982: 235). P. Utrilla destacó el indudable aspecto magdaleniense de los materiales, aunque no faltan elementos de desconcierto (*cf.* Utrilla 1981: 105).

Cueva de Caraba.

Se trata de un yacimiento citado por Fernández Menéndez (1923: 361 y ss.), en el que al parecer el autor llevó a cabo excavaciones. González Morales (1982: 217) observó restos de conchero asturiense en diversos puntos de la cavidad. Pudimos comprobar la conservación de varios testigos de conchero, de entidad en algún caso, en los que se advierte la presencia de la fauna clásica: *Patella, Monodonta* y *Paracentrotus.*

Cueva de Maragateo.

Con la denominación de cueva de Maragoteo esta cavidad aparece citada por Obermaier (1924: 350) como yacimiento asturiense. González Morales (1982: 237) hizo referencia a la conservación de restos muy escasos de conchero en la boca este. En nuestra inspección del yacimiento no observamos resto alguno en dicha boca.

Covacho de Trescuetu.

Se trata de una pequeña cavidad que ha sido vaciada. Entre los sedimentos acumulados frente a la entrada, Gavelas (1980: 687) pudo recoger abundante fauna malacológica (*Patella* y *Monodonta*), así como bastantes restos óseos. También se ha citado un fragmento de cerámica negra procedente de este yacimiento (Pérez Suárez 1982: 226). En nuestra inspección de esta pequeña cavidad, sólo pudimos observar un par de restos óseos adheridos a la pared.

Cueva de Santa Marina.

La cueva de Santa Marina, también conocida como cueva de Las Injanas, apenas está presente en la bibliografía (Arias 1991a: 314). La cavidad es de pequeño tamaño: una boca de 1,9 m de anchura y 1,15 m de altura da paso a una galería descendente. C. Pérez (1992: ficha 136) observó algún ejemplar de *Patella* y *Monodonta* en superficie, sobre todo a lo largo de la pared derecha. Nosotros hallamos importantes concentraciones de conchero suelto en diversos puntos próximos a la pared derecha de la caverna. Los restos alcanzan los 12 m de profundidad con respecto a la boca. También se conservan pequeños testigos de conchero cementado, en las proximidades de la boca sobre la pared derecha y en la pared izquierda en un punto ya más alejado de la entrada. La fauna identificada (*Monodonta* y *Patella*) es la propia de los concheros mesolíticos de la región. En uno de los pequeños testigos de conchero se distinguen algunos restos de fauna terrestre.

También localizamos una cueva próxima, conocida en Vidiago por el mismo nombre, en la que C. Pérez halló algunos ejemplares de *Patella*. El escaso número de lapas y el carácter estéril de la matriz en que aparecieron no permiten afirmar que se trate de un yacimiento arqueológico. Nosotros no observamos resto alguno en esta segunda cavidad.

Cueva de las Madalenas.

Se trata de un yacimiento inédito del que tuvimos constancia gracias a la consulta de la carta arqueológica del concejo de Llanes (Pérez Suárez 1992: ficha 135). En dicho trabajo, C. Pérez se refiere a un yacimiento importante, con restos de conchero suelto y cementado compuestos por abundante *Patella* y *Monodonta*. En nuestra inspección del yacimiento, un gran "túnel" de 20 m de desarrollo con abrigos a ambos lados, observamos abundantes testigos de conchero constituidos por la fauna propia del Asturiense: *Patella, Monodonta, Paracentrotus, Mytilus,* así como escasos restos de fauna terrestre en superficie.

Abrigo I del Puerto de Vidiago.

Se trata de un yacimiento prácticamente inédito descubierto por C. Pérez (1995: 245) durante la elaboración de la carta arqueológica del concejo de Llanes. La anchura del abrigo es de unos 10 m y su profundidad máxima de 3 m. C. Pérez (1992: ficha 140) observó *Patella* y *Mytilus* en superficie. Nosotros sólo observamos escasos restos de *Patella* de pequeño tamaño en la superficie del abrigo. No existe resto alguno de conchero cementado.

Abrigo II del Puerto de Vidiago.

Se trata de un abrigo en el que Gavelas (1980: 689) advirtió la presencia de testigos de conchero cementado; de cierta entidad en la pared oeste, donde los restos llegan a situarse a más de 2 m de altura con respecto al suelo del abrigo. Este autor identificó *Patella* y *Monodonta*. Según nuestras observaciones, el testigo de conchero de la pared oeste está muy endurecido y resulta difícil distinguir el tipo de fauna, aunque es claro el predominio de *Patella,* acompañada en menor proporción por *Monodonta*. Los restos de la pared este, de mucha menor entidad, también se encuentran muy endurecidos, y ahí sólo pudimos identificar *Patella*.

El abrigo se ubica en una elevación del terreno, y al descender de la misma tras examinar el yacimiento, observamos fragmentos de conchero cementado así como malacofauna dispersa en la ladera; probablemente producto de las obras llevadas a cabo en el abrigo II del Puerto de

Vidiago -donde puede reconocerse un muro- y, sobre todo, en el abrigo inmediato a éste, destruido por una tubería de las instalaciones del camping en el que se ubica el yacimiento.

Covacha de la Torre.

En esta cavidad, Gavelas (1980: 689) observó restos de *Patella* en superficie, pero no restos de conchero cementado. No nos fue posible inspeccionar el yacimiento, ya que en la actualidad la cavidad está cerrada por una verja. No obstante, pudimos identificar restos de *Monodonta* junto a la boca de la cavidad.

Abrigo II de la Torre.

En este abrigo, Gavelas (1980: 690) advirtió la presencia de un testigo de conchero compuesto por *Monodonta* y *Patella*. Nosotros sólo hemos podido observar escasos restos malacológicos adheridos a la pared en diversos puntos; un hecho que quizá haya que poner en relación con las obras llevadas a cabo en el propio abrigo, ya que éste sirve de respaldo a los aseos del camping en el que se encuentra.

Cueva de Sollao.

En esta cavidad, Gavelas (1980: 690) observó restos de conchero adheridos al techo, con *Monodonta* y *Patella*. También se han localizado restos de conchero en una de las bocas (González Morales 1982: 255). C. Pérez (1992: ficha 78) también hizo referencia a la presencia de restos de conchero suelto en la cavidad.

Cueva de Novales.

En 1980, Gavelas se refirió a la existencia de restos de conchero cementado con la fauna malacológica propia de los yacimientos mesolíticos de la región (*Patella, Monodonta,* etc.) en algunos puntos de la cueva, fundamentalmente en la pared oeste (Gavelas 1980: 686). Años después, C. Pérez (1992: ficha 75) también observó moluscos sueltos en superficie, en un estrecho divertículo existente en la cavidad.

Abrigos de la Jartosa.

Yacimiento también conocido como cueva del Cueto Blanco y abrigo del Cueto Blanco. Se trata en realidad de una serie de abrigos de escasa profundidad que se encuentran enlazados entre sí por amplios conductos. González Morales (1982: 232) observó escasos restos de conchero cementado con las especies típicas del Asturiense. Según nuestras observaciones, el testigo de conchero conservado, de cierta entidad, se encuentra muy endurecido y sólo *Patella* se distingue con claridad. La identificación de *Monodonta* resulta mucho más difícil.

Abrigos de Pendueles.

Se trata de dos cavidades conocidas como La Cuevona y El Covacho (Gavelas 1980: 688). González Morales (1982: 244 y ss.) se refirió a ellas de manera conjunta, utilizando la denominación de abrigos de Pendueles. En La Cuevona, Gavelas observó dos cabañas para cuya construcción se aprovecharon las paredes de la caverna. En la cabaña situada en la pared este se halló un pequeño testigo de conchero cementado con *Monodonta* y *Patella*. En la superficie de este conchero fue donde se halló un fragmento de cerámica. En la cabaña de la pared oeste también se conservan restos cementados de conchero. En El Covacho se recogió un chopper, un pico asturiense y varios cantos rodados de cuarcita. No se observó conchero.

Sierra Plana de la Borbolla.

La Sierra Plana de la Borbolla, también conocida como Sierra Plana de Vidiago, apareció muy pronto en la literatura arqueológica con motivo del descubrimiento del arte de Peña Tú (Hernández-Pacheco *et al.* 1914). Con posterioridad, Fernández Menéndez comenzó su investigación sobre los túmulos de la Sierra Plana (Fernández Menéndez 1924, 1925, 1927 y 1931).

En las excavaciones, llevadas a cabo desde 1923, Fernández Menéndez documentó dos picos asturienses. Uno de ellos fue hallado en el Túmulo nº 2 del llano de Capilluca y el otro en el Túmulo del llano de las Mesas (Fernández Menéndez 1927: 315 y s.). Parece difícil interpretar la presencia de estas piezas en un contexto megalítico, tan diferente al de los concheros (*cf.* Fernández Menéndez 1931: 184-190, Blas 1981: 96, Arias 1990: 42 y ss.). Con respecto a la pieza documentada en el llano de la Capilluca, al parecer procedente de un contexto intacto, Fernández Menéndez se expresó de la siguiente manera: "[...] junto a ella estaba un clásico pico asturiense que no presenta señales de haber sido usado, y que seguramente fue colocado allí como ofrenda" (Fernández Menéndez 1927: 315). En el caso de la pieza del Túmulo del llano de las Mesas, no parece tan clara la relación del pico con la estructura central; aunque se ha señalado la posibilidad de argumentar en ese sentido (Arias 1990: 42).

Tras los trabajos de Fernández Menéndez y hasta el comienzo de las investigaciones recientes, la Sierra Plana de la Borbolla sólo apareció esporádicamente en la bibliografía (Blas 1972, González 1973). El trabajo de investigación iniciado en 1979 por P. Arias y C. Pérez ha permitido localizar un número superior de monumentos megalíticos -57 en lugar de los 36 catalogados con anterioridad-; así como localizar, a partir de una prospección intensiva de la Sierra, gran cantidad de material lítico postpaleolítico en superficie, sin que falte el utillaje pesado fabricado preferentemente en cuarcita: picos asturienses y choppers apuntados (Arias & Pérez 1990a: 143). El material recuperado se ha dividido en tres grupos: un grupo con útiles de tipología postasturiense, otro con útiles de tipología asturiense, y un último grupo pobre y carente de útiles significativos (Arias 1991a: 81).

Durante la década de los ochenta, también se llevó a cabo un programa de sondeos en varios sectores de la Sierra Plana. Aquí interesa hacer referencia a los resultados obtenidos en el sector C, situado en la llanura superior de la Sierra (Arias & Pérez 1990a: 146). En este sector se abrieron dos catas. En el nivel 1C de la cata oriental, una capa negra y grasienta con abundante carbón, se halló una acumulación aparentemente artificial de cantos de cuarcita. Se obtuvo la fecha UGRA-209 (7550 ± 190 BP).

En la cata occidental, y bajo el nivel superficial -rico en industria lítica- se documentó un único nivel fértil con abundante materia orgánica que le daba un color negruzco. En un sector del nivel, la coloración resultó ser más oscura y presentaba una importante concentración de restos industriales -lascas de retoque y pequeños fragmentos de lasca- que se interrumpía al pasar a la parte más clara del nivel. El cribado de lo que se denominó mancha negra arrojó también dos fragmentos de concha (*Patella sp.* y *Mytilus edulis*), así como algún otro resto de industria.

En síntesis, cabe destacar la presencia en el yacimiento de un utillaje y unos índices de materias primas similares a los de los concheros asturienses; y todo ello asociado a una fecha coherente con esta relación. Ello sería producto de una presencia ocasional de grupos mesolíticos en la Sierra.

Abrigo de Arenillas.

En el abrigo, visitado en su día por el Conde de la Vega del Sella, González Morales (1982: 214) observó los restos de lo que debió de ser un gran conchero, compuesto por la fauna malacológica propia del Asturiense.

En nuestro reconocimiento del yacimiento, pudimos observar la presencia de un elevado número de testigos de conchero cementados -muy endurecidos-, sobre todo en la parte derecha del abrigo. En los depósitos predomina *Patella* y también se ha podido identificar *Monodonta* y *Paracentrotus*.

Cueva de La Silluca.

Se trata de un yacimiento recogido en el trabajo de González Morales sobre el Asturiense: "La entrada practicable de esta cavidad se sitúa en la cercanía de los acantilados de la zona denominada la Silluca (...) La chimenea vertical de entrada comunica con una cueva de desarrollo horizontal que abre su boca directamente sobre el mar en pleno acantilado, cueva que se inunda casi totalmente durante la pleamar. Un corredor que parte de esa boca exterior adquiere un cierto desarrollo en longitud, aunque siempre con una anchura que rara vez supera los dos metros" (González Morales 1982: 221).

En el corredor citado se hallaron restos de conchero cementado, muy lavado por la constante entrada del mar en la cavidad. Se identificó *Patella*, *Littorina* y *Monodonta*, lo que llevó a González Morales a hablar de un conchero de configuración "mixta". También pudieron observarse algunos restos de fauna terrestre.

Cueva del Toralete.

Yacimiento en el que se hallaron concheros constituidos por la fauna malacológica propia de los concheros mesolíticos de la región (González Morales 1982: 255). La inspección de la cueva del Toralete nos permitió comprobar la abundancia de concheros conservados, tanto en las paredes como en el techo del abrigo. En este último caso, los testigos cementados se distribuyen a lo largo de más de 9 m, llegando a alcanzar más de 2 m de altura con respecto al suelo actual del abrigo. La fauna malacológica que aparece es la típica de los concheros asturienses: *Patella*, *Monodonta*, *Mytilus* y *Paracentrotus*.

Cueva del Toralete II.

Se trata de un yacimiento prácticamente inédito localizado por C. Pérez (1992: ficha 73, 1995: 245) durante la realización de la carta arqueológica del concejo de Llanes. La cavidad es de pequeño tamaño, con una boca que no supera el m de altura y que da acceso a una pequeña cámara, sólo practicable en sus 5 primeros m.

Una vez examinada la covacha, consideramos acertada la opinión de C. Pérez acerca de la potencia del yacimiento, perceptible en los cortes existentes a unos 5 m de la boca. La fauna malacológica aparece en gran cantidad a lo largo de toda la superficie de la cueva: *Patella*, *Monodonta* y *Mytilus* fundamentalmente. Sin embargo, sólo se conserva un pequeño testigo de conchero cementado.

Cueva de la Huerta l´Monje.

González Morales hizo referencia a la presencia, en el pasado, de un depósito de tipo coluvial que habría rellenado la cueva casi en su totalidad: "Este depósito fue ampliamente erosionado, quedando solamente como testigos numerosos parches cementados de cantos por todas partes de la cueva, y algunas bolsadas bajo costras estalagmíticas. Parece que se desarrolló entre el depósito de los cantos y su erosión una fase de reconstrucción litoquímica que cementó las citadas brechas y formó las costras" (González Morales 1982: 230).

En la sala de entrada aparecen restos de conchero cementado con la fauna malacológica típica del Asturiense. La presencia de estos restos de conchero sobre los restos de brechas anteriores cementadas parece indicar, según González Morales, la presencia de dos ciclos de depósito-reconstrucción-erosión en la historia de la cueva. En nuestra inspección del yacimiento, observamos la conservación de varios testigos de conchero; en los que predomina el género *Patella* y existe una buena representación de *Monodonta*. También se distinguen restos óseos.

5. YACIMIENTOS DE LA COSTA ORIENTAL III. CONCEJO DE RIBADEDEVA.

Abrigo del Molino de Gasparín.

El yacimiento, también conocido como abrigo de Colombres, fue excavado por Carballo en 1926. Se documentaron cuatro niveles (Carballo 1926: 12 y ss., 1960): A, una capa superior arqueológicamente estéril; B, de 20 cm de espesor, con tierra negra y grasienta entre la que se halló fauna malacológica y terrestre, fragmentos de carbón, picos asturienses y cantos rodados de cuarcita; C, de 10 cm de espesor, y con el mismo contenido de fauna y de industria que el nivel B; D, de unos 90 cm de potencia variable, y con un material arqueológico idéntico al de los niveles B y C, pero en la base del nivel, casi en contacto con la roca madre, se documentó una inhumación individual en muy mal estado de conservación.

La descripción no es demasiado clara, pero parece que sobre la superficie del enterramiento había un nivel de ocupación: "Sobre el túmulo estaba el hogar con sus millares de restos de conchas, tierras negras y cenizas" (Carballo 1926: 25). Con respecto a la inhumación, llama la atención la probable ofrenda de tres picos asturienses y de un alisador de arenisca depositados en las proximidades del cráneo.

Como apuntó Carballo, los tres niveles hallados durante la excavación corresponden a un solo momento cultural. Desde el principio, el autor atribuyó el yacimiento al Mesolítico, puesto que a la falta de evidencias paleolíticas y neolíticas se le unía la correspondencia del material arqueológico de Molino de Gasparín con el de los concheros explorados por el Conde de la Vega del Sella (Carballo 1926: 15 y ss.). No obstante, Carballo atribuyó el yacimiento al período Cuerquense (cf. Carballo 1924: 28); que era, tal y como señaló el propio autor, el período que el Conde y Obermaier denominaban Asturiense.

Por tanto, el nivel D recoge una inhumación asturiense. Lamentablemente, los datos son muy precarios; a la mala conservación del cadáver se le une la metodología de trabajo de las excavaciones antiguas: en tres días de trabajo se llegó hasta el enterramiento, es decir, se excavó 1,40 m de sedimento (Carballo 1926: 14).

El abrigo tiene un anchura de unos 14 m y apenas alcanza el m de profundidad. No observamos resto alguno. En cualquier caso, el yacimiento se encuentra muy alterado. Al margen de la propia excavación de Carballo, el dueño del molino próximo nos informó sobre rebuscas en el yacimiento. Asimismo, hace unos 25 años, parte del propio abrigo se tomó como materia prima para la construcción de los dos silos situados en las proximidades del yacimiento.

Cueva de Mazaculos II.

La caverna, también conocida como cueva de la Franca o cueva de los Antiguos, fue descubierta en 1908 por H. Alcalde del Río. En *Les cavernes de la Région Cantabrique*, además de señalarse la presencia de manifestaciones artísticas, se indica la existencia de indicios de habitación: "Le seuil de la grotte est couvert d'un superficiel très abondant de coquilles marines, petites patelles et nérinées" (Alcalde del Río *et al.* 1911: 82). Breuil encontró picos en la superficie de la cavidad, y fue quien informó al Conde de la Vega del Sella sobre la existencia de Mazaculos II. El Conde citó la presencia de un depósito de conchero de 40 a 50 cm de espesor en la cueva: "[...] procedimos al cribado de la capa de marisco, dando por resultado el hallazgo de numerosos picos de forma idéntica a los de Penicial y Fonfría" (Vega del Sella 1916: 66). Vega del Sella también hizo referencia a la composición malacológica del conchero y a los restos de fauna terrestre. En ambos casos, las especies son las típicas del Mesolítico regional.

A pesar del interés del yacimiento, la investigación moderna, con una metodología rigurosa, no comenzó hasta la década de los setenta, con los trabajos dirigidos por González Morales entre 1976 y 1983 (González Morales 1978, González Morales & Márquez Uría 1978, González Morales *et al.* 1980, González Morales 1982: 98-109 y 238). En 1993, se realizó una toma de muestras con el objetivo de localizar posibles restos vegetales (González Morales 1995a). Los trabajos de excavación se llevaron a cabo, fundamentalmente, en tres sectores:

I. En el abrigo exterior, sobre el conchero asturiense. Se obtuvo una estratigrafía de varios niveles. Cabe destacar los restos hallados en el nivel 3.3. En la base del nivel, cerca del contacto con las arcillas del nivel inferior, aumenta de manera considerable el material arqueológico, lítico y óseo. Se detectaron tres superficies de ocupación en la parte inferior del nivel. Las superficies presentaban restos carbonosos y de cenizas en abundancia; bien de manera concentrada, como en la primera, sugiriendo la existencia de un verdadero hogar con piedras quemadas, o bien repartidos los restos de fuego de forma difusa, como en la segunda. Una cuarta superficie de ocupación fue detectada sobre la arcilla del nivel inferior.

La industria lítica documentada en la excavación del conchero fue escasa. Pero se encontraron picos asturienses en niveles intactos -en el contacto de los niveles 1.3 y 2.1, y en el nivel 3.3-. El resto de la industria, como es habitual en los niveles mesolíticos de la región, es poco característica; y por lo que respecta a la industria ósea, sólo destaca el hallazgo de un anzuelo biapuntado de hueso en una de las superficies de ocupación (González Morales 1982: 105).

En relación a la fauna malacológica, era absoluto el predominio de *Patella* y *Monodonta*, frente a la inexistencia de *Littorina* y de *Patella vulgata sautuola* (González Morales 1982: 72). También los peces formaban parte de la dieta, tal y como se deriva de la presencia de abundantes mandíbulas, vértebras, otolitos y espinas de peces en la masa del conchero (González Morales 1978: 379 y s.).

De una muestra de carbón vegetal obtenida en el sondeo de 1976 se obtuvo la fecha Gak-6884 (9290 ± 440 BP), que por la posición estratigráfica de la muestra corresponde, según González Morales, al momento inicial de la ocupación de la zona excavada. Es decir, que muy posiblemente sea sincrónica de la superficie de ocupación más profunda (González Morales 1982: 105). Asimismo, la fecha del nivel 3.3 es coherente con la obtenida para un nivel superior (1.1): 7280 ± 220 BP (Gak-8162).

II. En el exterior del abrigo, con el objetivo de localizar depósitos arqueológicos en la zona: "Bajo una capa de tierra húmeda con algunos restos seguramente derivados del yacimiento principal se definió una secuencia de arcillas de características similares a las encontradas bajo el conchero, por lo que se interrumpió el sondeo" (González Morales 1978: 373 y s.).

III. En el interior de la cueva. Las campañas de 1979 a 1983 dieron como resultado una secuencia estratigráfica con varios niveles (González Morales 1995a). Cabe destacar la existencia de dos niveles con cerámica (A2 y A2f) superpuestos a un nivel de conchero (A3), en el que se halló un pico asturiense. Las dataciones confirman la estratigrafía obtenida, con 7030 ± 120 BP para el nivel A3 y 5050 ± 120 BP para el nivel A2. En los niveles con cerámica, se ha observado la continuidad de algunos elementos -útiles sobre cantos rodados que ya no parecen verdaderos picos asturienses- junto a la aparición de otros nuevos -incremento del material tallado en sílex, con algunas hojitas y un par de atípicos geométricos-. También la composición de los moluscos marinos muestra algunos cambios.

Mazaculos I.

Se trata de un yacimiento localizado en 1971, pero dado a conocer en 1975 con el nombre de cueva de La Franca (Avello 1975: 10 y s., Gómez-Tabanera 1975: 46 y s.). González Morales (1982: 237) observó un importante depósito de conchero, probablemente en posición derivada, con las especies típicas del Asturiense, así como numerosos restos óseos de mamíferos y escaso material lítico. De la importancia del conchero también se da cuenta en el citado artículo de *Asturias Semanal:* "Una de las salas es, en realidad, un enorme conchero"; y también se señala la existencia de huellas de excavaciones clandestinas: "[...] ha sido ya excavado sin ton ni son en una de sus partes, si bien, afortunadamente, la mayoría del yacimiento continúa *virgen*". En 1993, González Morales llevó a cabo un pequeño sondeo en la zona del conchero y tomó muestras con la intención de datar el depósito, identificar con más precisión la fauna terrestre y marina representada, y localizar otros elementos (vegetales, etc.). Al parecer, el daño ocasionado por los furtivos limita seriamente la posibilidad de efectuar excavaciones más amplias (González Morales 1995a).

Las Covariellas.

Se trata de una serie de abrigos en los que González Morales (1982: 224) observó restos cementados de conchero de tipo asturiense. Los depósitos conservados no deben ser de entidad, ya que dichas cavidades fueron vaciadas para poder ser utilizadas como refugios durante la Guerra Civil. Además, en la actualidad son utilizadas con fines agroganaderos.

Abrigo de Tronía.

En este abrigo, también conocido como abrigo del Hoyón, González Morales (1982: 258) documentó testigos de conchero con las especies típicas del Asturiense. En nuestra inspección del yacimiento, pudimos corroborar esta información. Los restos, situados a la altura del suelo y localizados en tres puntos del abrigo, están muy endurecidos. Ello dificulta la identificación de la fauna, pero pudimos distinguir *Monodonta* y *Patella*.

Cuevona de Tronía.

Este yacimiento aparece únicamente citado en un mapa de dispersión de yacimientos asturienses (Arias 1991a: 314); pero la información sobre el mismo procede de la carta arqueológica del concejo de Ribadedeva (Pérez Suárez 1992: ficha 15). C. Pérez observó restos de conchero cementado, "[...] con *Patella* y caracoles marinos no identificables". En nuestra inspección de la cavidad, observamos un pequeño testigo de conchero pegado al suelo en la pared derecha. Únicamente nos fue posible identificar *Patella* (Fig.: 24).

Cueva de El Pindal.

Con motivo del descubrimiento de las manifestaciones artísticas que contiene, El Pindal apareció en la literatura

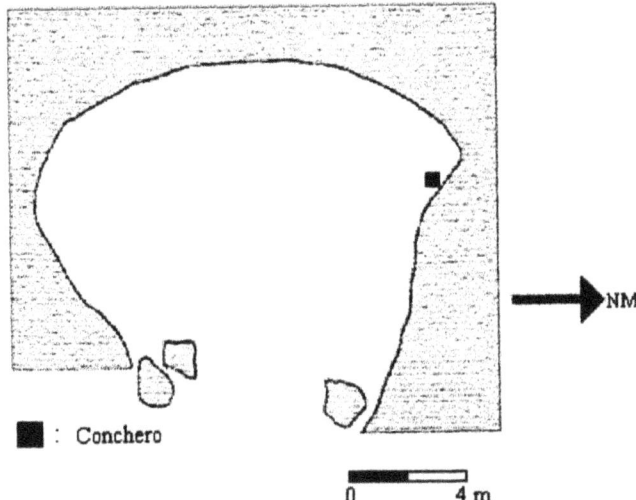

Fig.: 24. Cuevona de Tronía (concejo de Ribadedeva).

arqueológica a principios de siglo (Alcalde del Río *et al.* 1911: 59-81). Pero habrá que esperar hasta la década de los 50 para que se lleven a cabo excavaciones sistemáticas en el vestíbulo (Jordá & Berenguer 1954). No obstante, se ha puesto de manifiesto la existencia de restos de excavaciones clandestinas en la cueva: "Con anterioridad, y poco después del descubrimiento de la cueva, se realizaron excavaciones en la parte central de la entrada sin un método claro y definido, pues se limitaron a excavar un hoyo en dicha zona" (Jordá & Berenguer 1954: 7). De entre los escombros del hoyo realizado, Jordá y Berenguer recuperaron un "buril lateral en sílex", lo que les animó a realizar un pequeño sondeo.

Bajo la capa superficial, considerada arqueológicamente estéril, se halló un nivel con abundantes restos de *Patella* y alguna *Monodonta*. Según los excavadores del yacimiento, la *Patella* recogida era similar a la recuperada en los concheros asturienses. En el nivel inferior, desciende el número de restos de *Patella* y abundan los restos óseos de cápridos y cérvidos. También apareció una lasca de cuarcita informe que los excavadores del yacimiento señalan como un tipo frecuente en el Magdaleniense asturiano. En función de los datos faunísticos, Jordá y Berenguer consideraron que la cueva fue visitada durante el Magdaleniense final y el Asturiense. En trabajos posteriores, Jordá incluyó la cueva entre los yacimientos asturienses, e hizo referencia a la localización de un pico asturiense aislado en la cavidad (Jordá 1976: 115, 1977: 165 y s.).

En su visita al yacimiento, González Morales (1982: 248) localizó el lugar donde se llevó a cabo el sondeo, y señaló que en una grieta horizontal inmediata a ese lugar aún se conservaban restos de conchero cementado. Nosotros observamos restos de conchero suelto -*Patella* de pequeño tamaño- a unos 8 m de la boca sobre una grieta de la pared derecha. También hallamos algunos bloques con fauna malacológica -*Patella*- adherida en el vestíbulo. Quizá lo más interesante sea el hallazgo, gracias a las amables indicaciones de la funcionaria encargada de las visitas de la cueva, de restos de conchero -pequeños bloques de caliza con fauna malacológica adherida- a 100-125 m de la boca. Desconocemos si estos restos se encuentran *in situ*.

Abrigo de San Emeterio.

Tanto González Morales (1982: 254) como C. Pérez (1982: 271) se percataron de la existencia de conchero en este abrigo; pero sólo el segundo concretó el contenido del mismo: "[...] está compuesto fundamentalmente por *Patella* con algún fragmento de *Monodonta lineata* y de *Mytilus*". Según nuestras observaciones, los restos conservados, adherido a la base del abrigo y distribuidos a lo largo de unos 3 m de desarrollo, se encuentran muy endurecidos, aunque es perceptible el predominio de *Patella*.

Conchero nº 3 de Tina.

Al margen de una breve referencia bibliográfica (Pérez Suárez 1995: 244), este conchero es un desconocido en la literatura arqueológica. C. Pérez observó conchero suelto formado por *Patella* y *Monodonta* en la entrada de una pequeña covacha (Pérez Suárez 1982: 272). Quizá se trate, según este autor, de una yacimiento de arrastre, pero el reconocimiento de los abrigos situados a un nivel superior no permitió localizar el "[...] yacimiento de procedencia de estos restos de conchero" (Pérez Suárez 1992: ficha 13).

Conchero nº 2 de Tina.

Al margen de las recientes referencias bibliográficas (Pérez Suárez 1995: 244, Arias 1996: 398), la información sobre este yacimiento procede de los trabajos inéditos de C. Pérez (1982: 271, 1992: ficha 12). Se trata de una estación arqueológica al aire libre, una zanja en la que se advirtió la presencia de ejemplares de *Monodonta lineata* y *Patella* en una matriz terrosa (Lám.: 2). La localización del fragmento cerámico al que se refiere Arias resulta difícil de valorar. En nuestra visita al yacimiento, no observamos cerámica en los cortes de la citada zanja (6,5 por 1 m). Sí constatamos, en cambio, la presencia de *Patella* y de *Monodonta*. También pudimos observar, tal y como ya indicó C. Pérez, restos muy endurecidos de conchero, en los que apenas puede distinguirse la malacofauna, adheridos a una roca localizada a unos 20 m al norte de la zanja.

Cueva de la Cabrera.

El yacimiento también es conocido como la cueva de la Tierrona y el conchero nº 4 de Tina. Al margen de las breves referencias a los concheros de Tina (González Morales 1982: 211, Arias 1991a: 55 y 314), conocemos el yacimiento gracias a los trabajos de C. Pérez (1982: 272, 1992: ficha 7), donde se indica la presencia de abundantes testigos de conchero en la cueva, constituidos por las especies típicas del Asturiense.

La cueva consta de una entrada descendente a la que se accede a través de una boca de 2,5 m de anchura por 2,80 m de altura. La boca da paso a una amplia sala de algo más de 30 m de desarrollo y de unos 4,5 m de anchura media. En

Lám.: 2. Zanja con fauna malacológica en Tina (Conchero n° 2), concejo de Ribadedeva.

nuestro reconocimiento de la cueva de la Cabrera, pudimos comprobar el volumen de restos conservados, sobre todo a lo largo de la pared derecha tras cruzar la boca de la caverna. En los concheros, generalmente muy endurecidos, resulta evidente el predominio del género *Patella,* acompañado en menor proporción por *Monodonta.*

Cuesta Pimiango I.

Se trata de un yacimiento al aire libre que cuenta con una breve referencia bibliográfica (Arias 1991a: 314). Los datos recogidos a continuación proceden de trabajos inéditos (Pérez Suárez 1982: 53-59, 1992: ficha 11). C. Pérez halló un escaso conjunto de industria lítica en una pista forestal, en una zona de fuerte pendiente, por lo que es probable que la erosión haya sido intensa. Entre el material, depositado en el Museo Arqueológico Provincial de Oviedo, cabe destacar un raspador de sílex y un pico asturiense atípico elaborado en cuarcita, única pieza culturalmente significativa dentro del conjunto. El resto del material está compuesto por núcleos, restos de núcleos, lascas, una hoja y una hojita. El pico resulta un tanto largo entre los de su categoría -12,4 cm-, pero lo que más llama la atención de la pieza es la amplitud de la zona reservada en su cara superior.

Conchero n° 7 de Tina.

La única información arqueológica precisa sobre el yacimiento es la que proporciona C. Pérez: "Cueva a partir de la cual se extiende hacia el oeste un abrigo en el que aparecen ejemplares cementados de *Monodonta* y *Patella"* (Pérez Suárez 1982: 272).

Conchero n° 6 de Tina.

Se trata de un yacimiento prácticamente inédito en la literatura arqueológica (Pérez Suárez 1995: 244). Obtuvimos información concreta sobre el mismo gracias a la consulta de trabajos no publicados (Pérez Suárez 1982: 272, 1992: ficha 16), en los que se señala la existencia de conchero, tanto suelto como cementado. En uno de los testigos, C. Pérez observó dos zonas; una inferior en la que se distingue *Littorina* y *Patella,* y otra superior de difícil determinación. La cavidad es de pequeño tamaño, a partir de una boca de 2,6 m de anchura por 1,6 m de altura se accede a una cámara de varios m de desarrollo. A 6 m de la boca existe un pozo que no permite el paso.

Al inspeccionar la cavidad comprobamos el interés de este yacimiento arqueológico. Los restos de conchero se sitúan en tres puntos: en la boca, tanto en la pared izquierda como en la derecha, y en el interior de la cavidad, a unos 6 m de la boca. En la pared izquierda se conserva un testigo de conchero semicementado -algo más de 3,5 m de desarrollo horizontal- compuesto fundamentalmente por *Patella* y *Littorina.*

En la pared derecha, prácticamente en la boca, se observa un testigo de cierto desarrollo vertical que parece ser al que hace referencia C. Pérez. Tal y como señala este autor, cabe distinguir dos zonas: un nivel inferior, semicementado, con *Littorina* y *Patella* de gran tamaño acompañadas por restos óseos; y un nivel superior en el que el conchero se muestra muy endurecido, hecho que dificulta la identificación de la fauna. Sin embargo, en algún caso hemos podido apreciar la existencia de *Monodonta*, y la *Patella* reconocible es de pequeño tamaño. Quizá estemos ante una prueba más de la sustitución de *Littorina* por *Monodonta*, en un conchero con una ocupación continua (paleolítica y postpaleolítica). Finalmente, a unos 6 m de la boca observamos un conchero suelto, también con *Littorina*, procedente probablemente de un arrastre del testigo de la pared izquierda y de la base del conchero de la pared derecha.

Cueva del Castru los Conejos.

Yacimiento también conocido como conchero nº 5 de Tina. Al margen de las escasas referencias a los concheros de Tina, se trata de un yacimiento prácticamente desconocido en la literatura arqueológica (Pérez Suárez 1995: 244). La cavidad contiene "[...] restos cementados de conchero formado por *Patella* y *Monodonta*" (Pérez Suárez 1982: 272).

Conchero nº 8 de Tina.

Prácticamente desconocido en la bibliografía (Pérez Suárez 1995: 244), la información sobre este yacimiento, también conocido como cueva l'Burru, procede de trabajos inéditos (Pérez Suárez 1982: 272, 1992: ficha 6). Se trata de una cueva por la que penetra el mar -a 15 m de la boca cuando la inspeccionamos-. A la izquierda de la boca de la cueva existe un abrigo de unos 8 m de anchura. Al parecer, en este yacimiento se ha producido una rápida destrucción del registro en los últimos años. Así, a comienzos de los años 80, C. Pérez observó "[...] restos de conchero cementado, consistentes casi exclusivamente en *Patella*". A comienzos de los años 90, este autor sólo advirtió restos del género *Patella* en la superficie del abrigo. Nosotros no observamos resto alguno en una reciente inspección del yacimiento. Todo ello quizá haya que relacionarlo con la fuerte alteración sufrida tanto por la cueva -penetra el mar- como por el abrigo exterior -aprovechamiento ganadero-.

Cueva de la Barra.

Se trata de un yacimiento prácticamente inédito localizado por C. Pérez en 1990, arqueólogo que observó fauna malacológica distribuida por toda la cueva: *Patella*, *Monodonta* y *Mytilus* (Pérez Suárez 1992: ficha 5, 1995: 245). La boca de la cueva forma un pequeño abrigo del que parten dos galerías. Una de ellas tiene escaso desarrollo, y la otra conduce a una sala de 8 m de largo por algo más de 4 m de ancho.

Tras examinar el yacimiento, consideramos que la cueva de la Barra contiene un yacimiento con la entidad suficiente como para llevar a cabo una excavación. La malacofauna aparece distribuida muy abundantemente por toda la superficie de la cavidad, y algunos cortes ponen de manifiesto la potencia del depósito arqueológico; sobre todo una zanja de 1 m de profundidad, quizá obra de furtivos, situada en la sala interior. Sólo en algunos puntos muy concretos se conservan testigos de conchero cementado. En las dos galerías que parten del abrigo exterior, hemos observado la asociación de fauna malacológica característica de los concheros mesolíticos de la región (*Patella* de pequeño tamaño y *Monodonta*). Sin embargo, en la sala interior aparece *Patella* de aspecto paleolítico, de gran tamaño, y también el género *Littorina*. Este hecho confirma la entidad del yacimiento de la cueva de la Barra, que parece haber albergado ocupaciones paleolíticas y postpaleolíticas.

6. YACIMIENTOS DE LA DEPRESIÓN PRELITORAL. CONCEJO DE CABRALES (Arangas).

Cueva de los Canes.

El interés por este importante yacimiento comienza a suscitarse con el descubrimiento de unos grabados ubicados en la galería del final de la cueva (Arias *et al.* 1981). Con posterioridad, la cueva de los Canes fue incluida en el programa de sondeos llevados a cabo en 1985 por P. Arias y C. Pérez en la depresión prelitoral del oriente de Asturias. El programa de sondeos pretendía la localización de niveles epipaleolíticos, neolíticos y calcolíticos; y el yacimiento fue seleccionado por su carácter presuntamente intacto, así como por la presencia en superficie de fauna malacológica postglacial -*Monodonta lineata* y *Patella* de pequeño tamaño- (Arias & Pérez 1990b: 138).

Tras detectarse en el sondeo de 1985 el borde de un enterramiento prehistórico, se puso en marcha un proyecto de excavación sistemática del vestíbulo de la caverna que se prolongó hasta 1993 (Arias & Pérez 1990b, 1990d, 1992a y 1995). Los Canes es una cueva de pequeñas dimensiones, situada en medio de una escarpada ladera en la vertiente meridional de la Sierra de Cuera. La altitud con respecto al nivel marino no es excesiva (300 m), pero, tal y como señalan Arias y Pérez, el carácter abrupto de la región permite considerarlo como un auténtico yacimiento de montaña. Por otro lado, estos autores también se han referido a la estratégica situación de la cavidad: "[...] controlándose desde la cueva uno de los pocos valles que unen un surco elevado situado en la vertiente meridional de la Sierra de Cuera con el fondo del valle del río Cares" (Arias & Pérez 1990d: 39 y s.).

A la espera de los resultados de los estudios sedimentológicos, paleobotánicos y arqueozoológicos, los excavadores del yacimiento han avanzado una lectura preliminar de la complicada estratigrafía del yacimiento; basada en las industrias, en las dataciones existentes hasta el momento y en algunas observaciones sedimentológicas previas (Arias & Pérez 1995: 86 y ss.).

La primera ocupación humana de los Canes corresponde al momento de transición Solutrense-Magdaleniense. El material recuperado en las U.E. 2A y 2B resulta escaso y poco significativo desde el punto de vista cultural. Después, se constatan ocupaciones correspondientes al Magdaleniense superior (2C), y probablemente al Magdaleniense superior final (3A). El tránsito al Aziliense se observa claramente en el material lítico recuperado en los siguientes niveles (3B y 3C). La U.E. 4 ha arrojado muy poca información; por su posición estratigráfica, los excavadores del yacimiento consideran que puede corresponder a un Aziliense tardío o bien a un Epipaleolítico postaziliense contemporáneo del Asturiense antiguo de la costa.

Varios milenios después, la cavidad se convierte en un espacio funerario durante el Mesolítico (U.E. 6). Se han excavado tres tumbas (Arias 1991a: 220 y ss., Arias & Garralda 1995), datadas por AMS, que cortan los niveles subyacentes. De esta manera, el relleno del centro de la cueva fue removido, y sólo se conservan testigos de la estratigrafía anterior pegados a las paredes del vestíbulo. Los cadáveres fueron inhumados con tierra procedente de las ocupaciones anteriores, lo que ha supuesto la presencia de utillaje de tipología paleolítica en el relleno de las fosas. La complejidad de la U.E. 6 de los Canes aumentó con el hallazgo de otras estructuras de funcionalidad desconocida. Finalmente, a la espera de los resultados de los estudios en curso, la U.E. 7 se atribuye al Neolítico por la presencia relativamente abundante de cerámica.

Cueva de Arangas.

Se trata de otro de los yacimientos de la depresión prelitoral en el que se llevó a cabo un sondeo en 1985 (Arias & Pérez 1990b: 137). El yacimiento volvió a excavarse a comienzos de los años 90, aunque la información publicada es aún preliminar (Arias & Pérez 1995: 81 y s.). Hasta la fecha, la parte mejor documentada de la secuencia del yacimiento es el tramo superior de la estratigrafía del comienzo del vestíbulo. Bajo el revuelto superficial, se hallaron una serie de niveles holocenos, con abundantes huesos de mamíferos, gran cantidad de moluscos terrestres y marinos, industria lítica y algunas cerámicas similares a las de la U.E. 7 de los Canes. Por debajo de estos niveles, se documentó un estrato carbonoso muy rico en restos de mamíferos, pero con muy poca industria, que se superpone a una fina capa de color *beige* claro, con escasos restos industriales. Bajo este nivel, se documentaron una serie de capas con abundante industria, de aspecto magdaleniense o aziliense.

A partir de la información disponible, los excavadores del yacimiento han atribuido al Neolítico los niveles superiores; al Mesolítico o a un Neolítico muy antiguo los niveles intermedios; y al Paleolítico superior o Epipaleolítico los niveles inferiores. Recientemente, los niveles 3 y 4 del yacimiento han arrojado una serie de fechas que aseguran una ocupación mesolítica de la cavidad (P. Arias, com. per.). Las fechas, correspondientes al Boreal, ponen de manifiesto una presencia de cazadores-recolectores en la depresión prelitoral contemporánea del Asturiense antiguo de la costa.

IV. HÁBITAT Y CONCHEROS: INTERROGANDO AL REGISTRO

1. INTRODUCCIÓN.

Como ya adelantamos en un capítulo previo, son tres las áreas fundamentales de distribución del registro mesolítico en Asturias, cada una con su propia idiosincrasia: concheros de la costa oriental; yacimientos de superficie de la costa central con escasas prolongaciones a lo largo de la costa occidental; y los yacimientos de Arangas, que garantizan la existencia de algún tipo de actividad durante el período en la vertiente meridional de la Sierra de Cuera.

El grueso de los yacimientos se distribuye a lo largo de la marina oriental, al norte de las sierras litorales, en los concejos de Ribadesella, Llanes y Ribadedeva (Fig.: 25); una zona, como ya vimos, caracterizada por la fuerte carstificación de los afloramientos calizos del Carbonífero y, en consecuencia, por la abundancia de cavidades, muchas de las cuales albergan depósitos de conchero.

Al oeste de Berbes (Ribadesella) sólo conocemos yacimientos de superficie, con una concentración importante en torno al Cabo Peñas. Si aceptamos la relación pico asturiense-conchero, observada por Vega del Sella (1916: 63 y ss.) en las cuevas de Fonfría y Mazaculos II y confirmada por la investigación posterior al Conde, puede pensarse que los picos asturienses hallados en superficie al oeste de Berbes debieron de estar vinculados, en su momento, al mismo tipo de depósitos que hoy encontramos en la costa oriental. Como apuntó Vega del Sella (1923: 9), cuando un conchero ha desaparecido por completo, su existencia sólo puede deducirse por el hallazgo de un material lítico descontextualizado que, en otros casos, aparece asociado a los citados depósitos antrópicos. Como dato que apoya esta idea, cabe citar la localización en Bañugues de un pico asturiense con un fragmento de conchero adherido, indicio de la existencia en el pasado de un conchero en este importante yacimiento arqueológico (Pérez Pérez 1975: 116 y s.).

De momento, sólo la industria lítica nos permite definir el hábitat mesolítico más allá de la marina oriental. Se trata de un problema importante, puesto que debieron de ser más los elementos que formaron parte de las ocupaciones mesolíticas en el territorio estudiado. Asimismo, la pobreza de la industria asturiense no facilita la identificación de los asentamientos. El pico asturiense es el único elemento que nos permite identificar ocupaciones mesolíticas.

Tal y como argumentamos en el segundo capítulo, no creemos que la escasez de yacimientos localizados al oeste de Berbes pueda relacionarse con el tipo de prospección desarrollada. La pregunta que surge a continuación es la siguiente: ¿esa escasez de yacimientos es real, o es simplemente producto de la conservación diferencial?. Ya expusimos en el primer capítulo cómo el cambio geológico que se produce al abandonar la marina oriental repercute

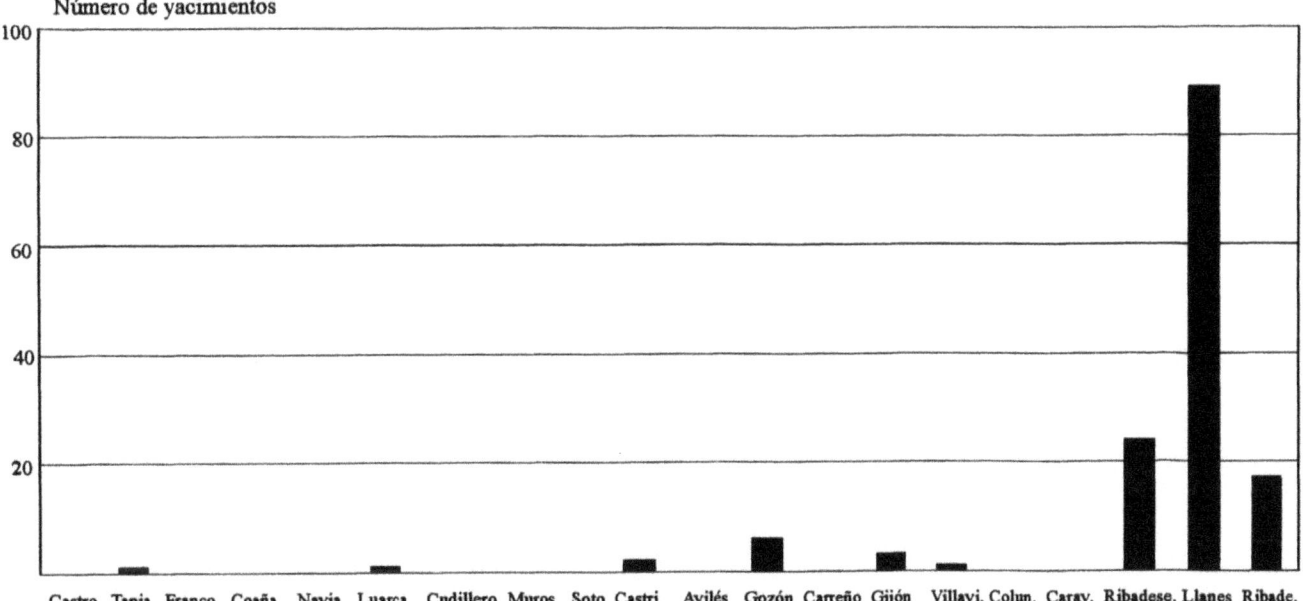

Fig.: 25. Dispersión de los yacimientos mesolíticos de oeste a este a lo largo de los concejos costeros.

directamente en el número de cavidades existente: resultan muy comunes en la marina oriental, no son ya habituales en la costa central, y desaparecen en la costa occidental.

Al observar las evidencias de la costa oriental, con más de cien concheros depositados en cavidades, parece evidente que la naturaleza del substrato geológico de la costa central y occidental influye en nuestra actual percepción del registro. Creemos que éste es el factor que determina la ruptura en la dispersión de yacimientos al oeste de Berbes. El conchero más occidental se sitúa en dicha localidad (cueva Carmona). Después, ningún otro yacimiento mesolítico de la costa central y occidental se asemeja a lo conocido en la marina oriental. Sólo contamos con indicios sin confirmar: el fragmento de conchero adherido a un pico asturiense en Bañugues; la acumulación de fauna malacológica hallada al sur de la desembocadura del río Piles; el problemático conchero de Valdediós; y la cueva del Taraxu (Nozaleda, Colunga), una cavidad recogida en carta arqueológica (Adán 1995: 240) en la que observamos escasos restos de malacofauna -*Patella* de pequeño tamaño- y de industria lítica -un denticulado en cuarcita y restos de talla-.

Cabe relacionar la no conservación de los concheros de la costa central y occidental con la desaparición de las cavidades. Pero, si la ocupación del territorio estudiado hubiese sido importante, como parece haber ocurrido en la costa oriental, el número de restos de industria lítica recuperado hubiese sido mayor. Evidentemente, dadas las circunstancias de conservación, existieron más yacimientos de los que hoy conocemos, pero siempre debieron de ser escasos en comparación con el número de asentamientos de la costa oriental. Asimismo, parece lógico suponer que, en general, el ascenso del nivel marino afectó de igual manera a ambas zonas. Una vez analizado el papel que jugaron las cavidades en la costa oriental, podremos enjuiciar con más garantías la incidencia que la rarificación de las cavernas pudo tener sobre el poblamiento mesolítico localizado al oeste de Berbes.

En cualquier caso, resulta difícil indagar el significado de unos restos que, desde el primer hallazgo de González hasta los más recientes dados a conocer en este trabajo, presentan una distribución estrictamente costera, al menos en la actualidad. Sólo el pico hallado al sur de Gijón -a unos 250 m de la autopista A-8- se encontraba a varios km de la costa. En general, parece razonable suponer una vinculación de los picos asturienses a asentamientos costeros relacionados con la explotación del litoral (Madariaga 1976, González Morales 1982: 198 y ss.). Pero, a pesar de que algunos autores han señalado que las formas de relación económica con el medio debieron de ser similares a las de la costa oriental (Blas *et al.* 1978: 355), carecemos de información paleoeconómica sobre los grupos de cazadores-recolectores responsables de la formación de los yacimientos arqueológicos comentados.

Finalmente, los yacimientos excavados en el concejo de Cabrales nos permiten pensar que la depresión prelitoral del oriente de Asturias formó parte del espacio utilizado por los cazadores-recolectores de la primera mitad del Holoceno. Sin embargo, es el registro arqueológico de la marina oriental el que nos ofrece ciertas posibilidades para la interpretación, y es en el que hemos centrado nuestros esfuerzos.

Cabe definir un conchero como "[...] una acumulación o depósito artificial muy abundante en restos malacológicos, cuya génesis deriva de la recolección y consumo humanos de moluscos marinos" (Borja Barrera *et al.* 1994: 340). A su vez, Waselkov (1987: 95) define esta parte del registro arqueológico como "a cultural deposit of which the principal visible constituent is shell"; hecho en el que también incide Chenorkian (1990: 133) al caracterizar este tipo de yacimientos. Resulta evidente que los depósitos aquí estudiados responden a estas definiciones (Lám.: 3).

Lám.: 3. Restos de conchero en la cueva de la Cabrera (concejo de Ribadedeva). Pueden observarse ejemplares de *Patella* y de *Monodonta*.

De hecho, Vega del Sella ya se refirió en 1915 a los concheros del oriente de Asturias, unos depósitos que en su monografía sobre el Asturiense definió como "[...] unos amontonamientos de conchas de marisco que sirvieron de alimentación al hombre cuaternario" (Vega del Sella 1923: 8).

Pero, al hilo de esta definición, cabe recordar que "The shells found at a site necessarily indicate only the amount of food processed there; determining whether the meat was eaten immediately or preserved depends upon a thorough understanding of the subsistence and settlement strategies of the culture" (Waselkov 1987: 109). Por otro lado, quizá sea este uno de los momentos más indicados para traer a colación el concepto de *contexto de recuperación*, entendido como aquella parte del registro arqueológico que ha llegado hasta nosotros (Sullivan 1978: 198). Al margen de los intensos procesos erosivos que han actuado sobre los depósitos, y a los que ya nos referimos en otra parte del libro, también debe considerarse que la conservación de los concheros se produce gracias a la destrucción de una parte importante de los elementos que los constituyen (Chenorkian 1990); un hecho que no cabe olvidar a la hora de reconstruir la dieta de los responsables de la formación de dichos depósitos y que, a su vez, dificulta un poco más el trabajo de investigación.

2. EL HÁBITAT EN LA COSTA ORIENTAL DE ASTURIAS DURANTE EL HOLOCENO ANTIGUO.

2.1. Enfoque del problema.

En relación a los concheros, cabe preguntarse cuál fue la zona de hábitat de estos grupos de cazadores-recolectores tan vinculados al ambiente intermareal. Se trata, sin duda, de una pregunta elemental; pero lo cierto es que tras muchas décadas de investigación, no tenemos una idea clara sobre uno de los aspectos básicos del poblamiento mesolítico del Cantábrico occidental.

El sugestivo estudio de Binford sobre la dinámica del modelo de asentamiento de los esquimales nunamiut es un buen ejemplo de la dificultad que entraña el estudio de los pueblos nómadas. Así, el área en que un esquimal reside a lo largo de su vida consta de unos cinco territorios diferentes, y puede alcanzar un espacio de hasta 22.000 km². Esta amplitud del espacio utilizado también se documenta entre los aborígenes del Desierto Central de Australia y entre los naskapi de Terranova (Binford 1988: 122 y ss.). En África, los pigmeos del este de Zaire trasladan sus campamentos de cinco a siete veces al año. Cada uno de los asentamientos es ocupado durante un período de tiempo que oscila entre los 15 y los 75 días, y la distancia que separa a un campamento del siguiente está comprendida entre los 5 y los 8 km (Bahuchet 1992: 212). Lógicamente, la disponibilidad de recursos influye en el comportamiento de los diferentes grupos (cf. Barnard 1992).

Parece ciertamente difícil acotar el territorio utilizado por los grupos portadores de una economía no productora. Nos interesa ahora abordar la cuestión del hábitat, entendido como el lugar en el que el cazador-recolector fija, de una manera más o menos estable, su residencia. Sin olvidar, en palabras de C. Gamble (1990: 43), que el presente facilita el rumbo y no el destino para aproximarnos al estudio del pasado, en el trabajo de Binford pueden observarse varias fotografías en las que se constata la existencia de estructuras habitacionales de diferente tipo, correspondientes a grupos de cazadores-recolectores contemporáneos. En el caso de los bosquimanos amarillos de Angola -también conocidos como sekele-, observamos una rudimentaria cabaña construida con troncos y ramas, con el objetivo de proporcionar sombra durante las horas más calurosas del día (Binford 1988: 183).

Parece lógico suponer que el cazador-recolector de la primera mitad del Holoceno también necesitó protegerse de alguna u otra manera del medio que le rodeaba. De hecho, cabe citar, sin ánimo de exhaustividad, una serie de yacimientos mesolíticos tanto del sur como del norte de Europa, que evidencian la lógica necesidad del hombre de contar con un hábitat mínimamente eficaz; una necesidad que, a nuestro juicio, no desapareció tras el final del Tardiglacial. Así, en Moita do Sebastião (Muge, Portugal) se halló una estructura de habitación semicircular abierta hacia el sur, que debió de proporcionar a sus ocupantes protección contra el viento y la lluvia del invierno (Roche 1989: 608).

Para el caso bretón, Kayser (1991: 200) se ha referido a la escasez de cavidades, pero "[...] les rares abris ont été utilisés". En la isla de Portland -sur de Inglaterra-, se han documentado complejas estructuras de habitación mesolíticas que han llevado a Palmer a cuestionar el carácter nómada de sus inquilinos: "The elaborate structures at Culverwell indicate clearly that social groups were stable and relatively well settled, almost in *village* style" (Palmer 1989: 256, 1990). Asimismo, ciertas estructuras de piedra localizadas en Culverwell parecen demostrar la necesidad de estas poblaciones de protegerse de los fenómenos naturales. Para el caso portugués, también J. Soares (1992, 1995) se ha referido al mayor grado de sedentarismo de las poblaciones del período Atlántico.

En Noruega, el progresivo hallazgo de estructuras de habitación mesolíticas ha llevado a Engelstad (1989) a desestimar la exclusividad de los yacimientos al aire libre, los cuales no representan la totalidad sino una parte de los asentamientos. Más de un siglo después del comienzo de los estudios sobre la cultura de Ertebøle, los datos relativos a viviendas resultan muy escasos, aunque no faltan ejemplos de autenticas estructuras de habitación, como la recientemente excavada por Sørensen (1992-93). Finalmente, también Larsson (1990: 276 y 280) ha hecho referencia a las escasas estructuras de habitación conocidas en el sur de Escandinavia, tanto para el Mesolítico reciente como para el Mesolítico tardío.

2.2. Los planteamientos previos.

En opinión de Vega del Sella, la localización de estos concheros está relacionada con la zona de habitación propiamente dicha. Según las observaciones de este autor en La Riera, el depósito de conchero habría llegado a obturar el acceso a la cueva. En Balmori se obtuvo la misma conclusión, al igual que en Cueto de la Mina, donde los testigos de conchero alcanzaban los 5 m de altura (Vega del Sella 1916: 61, 1930: 11, 53 y s.). De esta manera, el Conde abogó por una habitación al aire libre próxima a las cavidades, las cuales "[...] no han querido ni podido utilizar" (Vega del Sella 1921: 165). Asimismo, la vida al aire libre se vería favorecida por la benigna climatología del período. No se descartó además la probable existencia de concheros al aire libre, desconocidos para nosotros debido a la erosión o bien a la cobertera vegetal que los recubre (Vega del Sella 1923: 9). El hombre abandonó las cuevas y se estableció al aire libre, pero los restos de alimentación que depositó en las cavidades demuestran que las zonas de habitación seguían vinculadas a las mismas, lo que "[...] indica claramente que se trata de descendientes de los antiguos paleolíticos y que mantienen el lugar de su residencia por sus sentimientos atávicos que los liga al terreno" (Vega del Sella 1925: 168).

Como ya indicamos en un capítulo previo, Jordá se ocupó fundamentalmente de la cronología del Asturiense en la década de los años cincuenta. Pero, al hilo de las observaciones de Llopis (1953a) sobre la formación de los concheros, Jordá escribió lo siguiente: "[...] el conchero asturiense de Bricia, y análogamente los de las cuevas cercanas, no serían de formación autóctona, sino alóctona, siendo el producto de posibles acarreos del vecino río Calabres, que fue rellenando y taponando las cuevas con los restos asturienses acumulados en las orillas del río" (Jordá 1954: 178 y s.). Lógicamente, este planteamiento afectaba a la idea que hasta ese momento se tenía sobre las áreas de habitación asturienses; puesto que de ser el río Calabres responsable de la deposición de los concheros de Bricia y de otras cuevas cercanas, el hábitat seguiría desarrollándose al aire libre, pero no ya en la proximidad de las cuevas sino a orillas del río Calabres. En cualquier caso, la ubicación del hábitat asturiense no variaría de forma importante, ya que el río Calabres discurre próximo a las cuevas del extremo sur de la Llera, condición por otro lado imprescindible para que el complejo proceso postdeposicional descrito pudiera acontecer.

Al igual que Vega del Sella, Clark sostuvo la idea de un hábitat al aire libre frente a las cuevas, y rechazó la visión de los concheros como yacimientos de ocupación: "[...] con la casi absoluta ausencia de rasgos discernibles esa sugerencia difícilmente puede probarse" (Clark 1976: 272). Clark realizó una cata frente a la boca de La Riera ante la posibilidad de que pudiesen aparecer en esa zona las superficies de ocupación correspondientes al Mesolítico, ya que la entrada de la caverna difícilmente pudo ser utilizada como zona de habitación, debido a la acumulación de desperdicios existente (Clark 1974: 15 y s.). El investigador norteamericano atribuyó al Asturiense los niveles hallados.

Sin embargo, existen serias dudas acerca del supuesto carácter intacto de los niveles excavados. En los años setenta, se señaló que la cata se había realizado sobre la escombrera producto de la excavación de Vega del Sella (Gómez-Tabanera 1976: 865), hecho negado en un trabajo posterior por el propio Clark (Clark & Straus 1977a: 507). Años después, González Morales también expresó sus dudas acerca de la no alteración de la zona excavada. Según este investigador, sólo los niveles intermedios de la cata ofrecen una mínima seguridad con respecto a su atribución al Asturiense (González Morales 1982: 93 y 97).

Recientemente, Arias (1991a: 52 y s.) se ha mostrado aún más crítico, y ha considerado que no existen pruebas consistentes para atribuir al Asturiense la cata A de La Riera. Los niveles superior e inferior ya habían sido descartados por González Morales, debido a la contaminación y a la falta de elementos significativos respectivamente. Asimismo, el nivel A2 -con cerámica- tampoco es aceptado por Arias como un nivel asturiense intacto; y A3 se considera igualmente dudoso, ya que el contraste con el nivel anterior es de tipo edafológico y no de tipo sedimentológico: "[...] lo que individualiza a este estrato no son unas condiciones homogéneas de deposición que puedan garantizar una relativa contemporaneidad de sus materiales, sino procesos de alteración posteriores que podrían haber actuado sobre restos de diversas épocas" (Arias 1991a: 53). Por otro lado, la definición de los concheros como meros basureros (*cf.* Clark 1983c: 99, Clark & Lerner 1980: 61) se entiende dentro de la visión del Asturiense como una facies funcional a la que deben añadirse otros emplazamientos complementarios y contemporáneos.

Los resultados obtenidos en la excavación de Mazaculos II posibilitaron un avance cualitativo en la interpretación de los concheros. En el nivel 3.3 de la estratigrafía del sector 1, se hallaron varias superficies de ocupación consecutivas, y es el carácter ordenado de los materiales en un plano lo que las define, "[...] por oposición a la falta de organización de los materiales en los niveles superiores, más propiamente de "basurero", en tanto que las superficies a que hacemos referencia serían testimonio de una ocupación *in situ*" (González Morales *et al.* 1980: 49). Según la interpretación del excavador del yacimiento, las superficies de ocupación documentadas evidencian un asentamiento humano en esa zona de la cueva, "[...] en la base pero aún dentro del conchero" (González Morales 1982: 104). Más tarde, la zona de habitación se habría desplazado a otro punto de la cavidad, y los residuos producto de esa habitación habrían sepultado las superficies comentadas. La información obtenida en Mazaculos II no permite, por tanto, definir los concheros exclusivamente como basureros producto de una zona de habitación próxima al aire libre. Las superficies de ocupación del nivel 3.3 demuestran la existencia de una zona de habitación mesolítica asociada a una cavidad.

A la espera de la publicación de la memoria definitiva de la excavación del abrigo del Perro, los primeros avances de resultados parecen garantizar el interés de la información obtenida para la cuestión que nos ocupa. En la campaña de 1988 se observó que el conchero supuestamente postaziliense mostraba en el cuadro H16 una sucesión de capas de conchas que alternaban con otras de carbones y cenizas. Asimismo, dos años después y en el cuadro H17, el conchero "[...] mostró una relativa complejidad en su disposición interna, dado que está formado por la acumulación de lentejones de conchas, carbones y restos de hogares no estructurados que se solapan parcialmente a lo largo de toda su potencia" (González Morales & Díaz Casado 1991-92: 47).

De todos modos, González Morales restó importancia al papel que hasta ese momento habían jugado las cavidades en el hábitat humano. Las nuevas condiciones climatológicas posibilitaron una mayor independencia del hombre con respecto a las cuevas; y la escasez de concheros al aire libre frente a la abundancia de los mismos en las cuevas sería producto de la conservación diferencial (González Morales 1982: 194). El progresivo desplazamiento de la zona de hábitat hacia el exterior en la cueva de Los Azules, así como el abandono de la cueva del Espinoso -con una ubicación muy abrigada- a finales del Paleolítico superior, y la ocupación durante el Preboreal de Mazaculos II -próxima a la anterior pero en una posición mucho menos favorable-, son argumentos utilizados por González Morales para defender esa mayor independencia. Argumentos a los que habría que añadir el de la ocupación de covachas y abrigos sin ocupaciones previas, y que ya no reúnen las condiciones favorables de los emplazamientos paleolíticos. Así todo, González Morales no descartó una ocupación efectiva de las cavidades; de hecho, una de las condiciones poco favorables de las nuevas cavidades ocupadas es la falta de espacio para albergar a grupos mínimamente amplios: "[...] en muchos casos se trata de cavidades de muy reducido tamaño, aunque bien situadas, que debieron servir de refugios ocasionales a grupos muy restringidos" (González Morales 1982: 195).

De las reflexiones de Arias acerca del patrón de poblamiento asturiense, cabe deducir que este investigador vincula los hábitats del período a las cavidades. De hecho, la habitabilidad de las cuevas es una de las variables que el autor considera a la hora de evaluar los diferentes modos de concebir el sistema de poblamiento de los cazadores-recolectores responsables de la formación de los concheros. Asimismo, se asume que el tipo de cavidad condicionó el poblamiento humano: "Las deficiencias de habitabilidad de muchos concheros excluyen que todos fueran asentamientos permanentes" (Arias 1991a: 318).

2.3. Un estudio sobre las condiciones ambientales de los asentamientos mesolíticos ubicados en los concejos de Llanes y Ribadedeva (Asturias).

Evidentemente, la ubicación de los recursos debió de jugar un papel decisivo en la localización de los asentamientos de los grupos humanos. Tampoco conviene olvidar otro tipo de motivaciones, que al margen de las puramente económicas, pudieron influir en la localización de los asentamientos. Valga como ejemplo de este tipo de motivaciones, siempre difíciles de inferir, el sentimiento atávico que, según el Conde de la Vega del Sella, llevó a las poblaciones asturienses a asentarse en las proximidades de las cavernas. La vieja idea del Conde fue producto de su época, y hoy se recuerda como "[...] a romantic but not very conclusive argument" (González Morales 1997: 66). Sin embargo, debemos asumir que apenas percibimos las ideas y creencias del hombre del pasado; por lo que difícilmente podremos determinar la influencia de las mismas en la elección de los asentamientos.

Una vez elegida la zona concreta donde establecerse, ya sea por motivos económicos y/o de otro tipo, parece razonable suponer que el hombre prehistórico trató, al igual que el actual, de protegerse de la naturaleza de un modo eficaz. Cabe citar, como ejemplo, la estructura de habitación semicircular hallada en Moita do Sebastião. Pero, la elección de un determinado espacio como área de habitación -bien asociado a estructuras artificiales, como la del Estuario del Tajo, o a cavidades, como las asturianas-, debió de estar condicionada por algunos factores directamente relacionados con la calidad de vida del grupo humano: insolación, humedad, vientos, etc. En este caso, nos ocupamos del factor insolación. Aún en nuestros días, la radiación solar constituye un factor microclimático esencial en la elección de los espacios destinados al hábitat. Como ejemplo correspondiente al Paleolítico, cabe citar el caso del pequeño valle de Rebières -Cuenca del Dronne, norte de Aquitania-, donde los yacimientos se localizan únicamente en la vertiente orientada al sur. Un día de Enero a las 11.30 de la mañana, se observó una diferencia de 25°C entre la vertiente norte y la vertiente sur (Duchadeau-Kervazo 1986: 57).

La insolación es un factor modelizable, es decir, resulta posible llevar a cabo una estimación del mismo con un nivel de error aceptable. El procedimiento consiste en generar un modelo de los procesos físicos que condicionan la variable. Ello puede permitirnos aceptar o desechar la hipótesis de que las condiciones de insolación influyeron en la ubicación de los asentamientos; en una época en la que el mantenimiento de la energía debió de ser una cuestión prioritaria. En este caso, se ha trabajado sobre una muestra de 81 yacimientos mesolíticos localizados en la marina oriental de Asturias (concejos de Llanes y Ribadedeva) (Fig.: 1).

a) La modelización de la insolación potencial: objetivos y metodología.

El objetivo planteado es la estimación de la insolación potencial, definida ésta como el número de horas de sol incidente sobre un lugar concreto en ausencia de nubosidad. En nuestro caso, se asume que la insolación potencial no ha variado significativamente desde la primera mitad del Holoceno; ya que la incidencia del vector solar sobre el terreno viene determinada por factores geométricos de la órbita solar y por la topografía del entorno, ambas variables constantes dentro de los plazos implicados en este caso.

La insolación se estima en ausencia de nubosidad, es decir, se calcula insolación potencial máxima. Ello es debido a que la cobertura de nubes es una variable imposible de valorar con una mínima precisión. En cualquier caso, puede suponerse que en un territorio concreto, como la marina oriental de Asturias, la nubosidad sea, ahora y también en el pasado, similar en la totalidad del área. Por tanto, los datos estimados pueden ser empleados para realizar comparaciones objetivas entre los diferentes yacimientos arqueológicos, aunque siempre con un valor relativo.

La insolación potencial varía notablemente en función de la época del año, debido a que la trayectoria del sol sobre el horizonte es muy diferente. Ello condiciona, por un lado, el número máximo de horas de sol posible -que coincide con la duración del día; por otro, el factor de ocultamiento topográfico y, finalmente, la incidencia solar desde orientaciones Norte. El ocultamiento topográfico, es decir, el efecto de sombra por parte del entorno, es mucho más importante en el período invernal, cuando la trayectoria solar sobre el horizonte es más baja y más corta. En el período estival, durante las horas de la mañana y de la tarde, el sol incide directamente sobre las laderas orientadas al Norte, circunstancia imposible en el período invernal.

La información que requiere el análisis de la insolación potencial es, básicamente, la topografía en formato digital de la zona estudiada y la localización geográfica de los puntos analizados. Con esta información resulta factible llevar a cabo las modelizaciones. Obviamente, la fiabilidad del análisis dependerá de la información de partida, es decir, de la calidad y detalle de la topografía original y de la precisión en la localización de los puntos estudiados.

La zona de trabajo está cubierta mayoritariamente por la hoja 32 (Llanes) de la serie 1:50.000 del I.G.N. A esta superficie se le han añadido dos fracciones de las hojas vecinas: la zona de la hoja 33 (Comillas) correspondiente a Asturias -hasta el límite con la ría de Tina Mayor-; y la parte oriental de la hoja 31 (Ribadesella) -desde el río Bedón-. En el primer caso, se debe a la presencia de algunos yacimientos, y en el segundo, a la necesidad de contar con datos topográficos de un entorno suficientemente amplio alrededor de los yacimientos.

Tras una serie de valoraciones, se optó por digitalizar la topografía reflejada en las hojas E. 1:25.000 del I.G.N., la fuente más moderna y unificada, donde existen garantías de restitución con unos estándares de calidad conocidos. A esta cartografía se le añadieron los puntos acotados de las hojas E. 1:10.000, identificados como puntos de apoyo, y por tanto, interpretados como fiables en cuanto a su localización geográfica y altitud.

La modelización de la radiación solar incidente se basa en las pautas de incidencia del vector solar sobre el terreno; representado éste por el modelo digital de elevaciones -estructura numérica de datos que representa la distribución espacial de la altitud de la superficie del terreno- (Fig.: 26).

El modelo digital de elevaciones presentado es equivalente a una matriz, ya que su estructura es una retícula con los datos alineados en filas y columnas. Cada celda del modelo digital posee 20 m de lado. Los parámetros que definen la trayectoria del sol constituyen datos externos imprescindibles para llevar a cabo la modelización de la radiación solar. Así, la labor de análisis debe considerar la latitud del punto problema, la declinación solar, el ángulo horario y la elevación angular.

La existencia de zonas en sombra es una circunstancia de gran trascendencia; especialmente en zonas montañosas, donde el relieve puede ser el factor más determinante del clima local. El que un punto esté en sombra puede deberse a dos motivos: auto-ocultamiento y ocultamiento por el

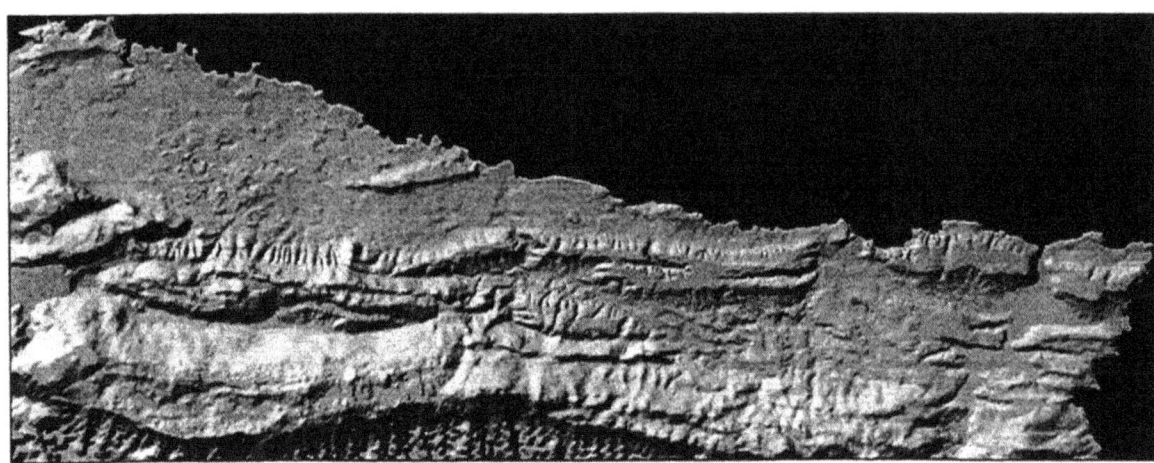

Fig.: 26. Imagen de síntesis donde se ha simulado una iluminación desde el noroeste sobre el modelo digital de elevaciones. Este tipo de imágenes permite una interpretación eficaz del relieve. Las zonas con valor de altitud cero o las situadas fuera de los límites del estudio se han representado en negro.

relieve circundante. El auto-ocultamiento se produce cuando el vector normal a la superficie forma un ángulo superior a los 90° con el vector solar. Ese sería el caso de una ladera orientada al Norte, con una pendiente de 45°, cuando el sol ilumina desde el Sur, elevado solamente 30° sobre el horizonte. El ocultamiento por el relieve circundante se produce cuando la topografía interrumpe la línea visual que va desde el sol hasta el punto analizado (Fig.: 27). En este segundo caso, el cálculo es más complejo, ya que el ocultamiento del punto analizado se produce cuando su entorno proyecta una sombra sobre él para unas posiciones determinadas del sol.

La generalización del análisis de iluminación a la totalidad de las celdas del modelo digital de elevaciones, permite la construcción de modelos de sombreado para toda el área estudiada (Fig.: 28). La elaboración de un modelo de sombreado para una posición solar determinada supone una labor de cálculo intensivo, ya que conlleva la realización de un análisis de iluminación/intervisibilidad para cada celda del modelo digital de elevaciones. La estimación de la insolación potencial es una generalización directa del cálculo de los modelos de sombreado. En un ámbito geográfico limitado, con condiciones climáticas similares, puede aceptarse que las diferencias de insolación entre dos puntos, en un mismo día del año, están condicionadas exclusivamente por el relieve; y más concretamente por el ocultamiento topográfico. Por ello, el análisis puede efectuarse a partir del modelo digital de elevaciones.

En síntesis, para conocer la insolación que recibe un punto del modelo digital de elevaciones a lo largo de un día concreto del año, el método de análisis se plantea de la siguiente forma:

1. Se especifican los parámetros básicos: latitud del lugar y declinación solar.
2. Se generan las posiciones del sol a lo largo del día a intervalos adecuados de tiempo (t), en este caso 30 minutos. El resultado es un conjunto de n posiciones solares definidas por pares de valores de acimut -orientación con respecto al Norte geográfico- y elevación angular.
3. Se descartan las posiciones con elevación angular negativa -período nocturno-.
4. Para cada posición solar restante se calcula el modelo de sombreado; el resultado es un conjunto de n modelos binarios, donde las celdas toman valor 1 si están iluminadas y valor 0 si no lo están.
5. Se suman los n modelos binarios, el resultado es el modelo de insolación (MDI), con una resolución temporal de t minutos. De esta manera, resulta posible conocer la insolación potencial que recibe un yacimiento -y su entorno inmediato- situado dentro de una determinada celda del modelo digital de elevaciones.

Para la definición de las características de insolación de un lugar, deben estimarse los modelos de insolación representativos de un conjunto suficiente de períodos anuales. Ello es debido a que los contrastes estacionales son fuertes, y contienen una información ambiental que no puede despreciarse (Felicísimo & Fernández 1984: 270 y s.), al menos en latitudes medias o altas. Así, para nuestra zona de estudio, no resulta suficiente caracterizar la insolación para un valor medio anual. Por ello, se han construido cinco modelos de insolación que representan períodos repartidos por todo el ciclo anual (Figs.: 29, 30, 31, 32 y 33). Sus principales características se resumen en la tabla 5, donde se muestran los valores encontrados de mínimo y máximo tiempo de insolación dentro de cada modelo. Puede

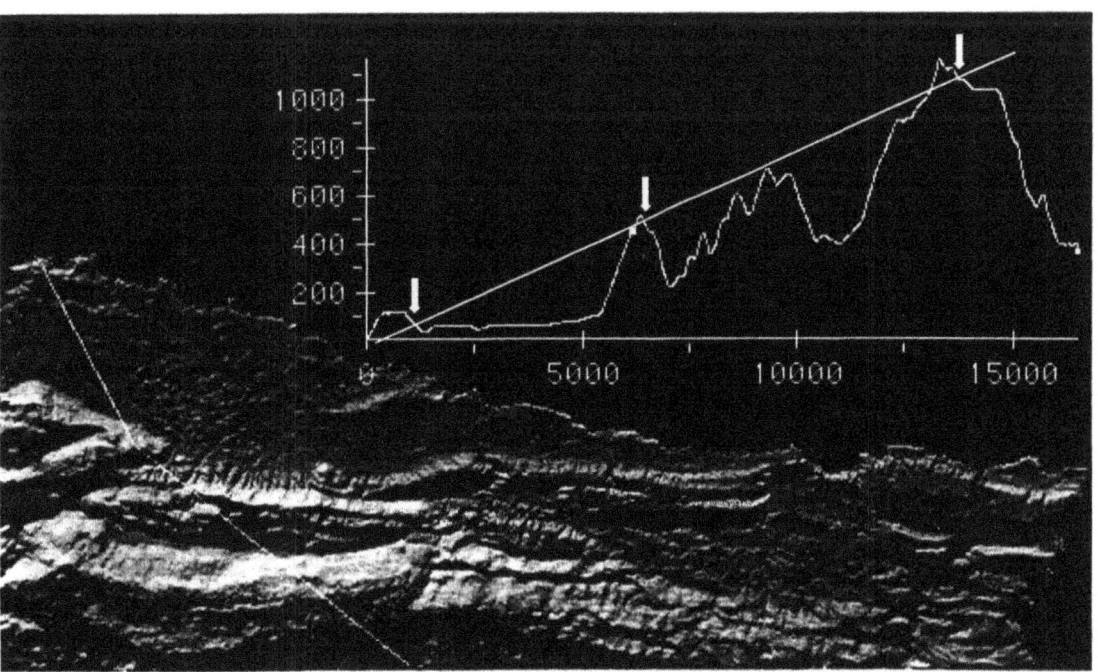

Fig.: 27. Ejemplo del levantamiento de un perfil topográfico en la zona de estudio. La línea visual -en blanco- se ha definido quebrada sólo por motivos didácticos; la correspondiente a una posición solar sería una recta. Las flechas señalan puntos de intercepción de la línea visual por el relieve.

Fig.: 28. Modelo de sombreado creado para una posición solar con acimut = 135° y elevación sobre el horizonte = 5°. Se trata de una posición próxima al amanecer en el período invernal, por lo que existen amplias zonas en sombra.

observarse que, salvo en el solsticio de verano, existe alguna celda que está en umbría permanente durante todo el día - valor de insolación igual a 0 horas-. En estos casos, las celdas sólo recibirán la radiación difusa.

b) Resultados: valoración y perspectivas de trabajo.

Una vez conocida la insolación que recibe cada uno de los 81 sitios arqueológicos considerados, se trató de detectar la existencia de agrupamientos dentro del conjunto analizado: ¿hay un grupo de yacimientos con más o menos insolación que el resto?. Es decir, se trabajó con la posibilidad de definir un mínimo de dos "grupos" estadísticamente diferentes mediante un análisis de agrupamientos. En el análisis estadístico se diferenciaron dos grupos de yacimientos arqueológicos. El Grupo 1 está formado por 73 yacimientos y el Grupo 2 por los 8 yacimientos restantes:

cueva de la Barra, covacho de la Peña, Cuesta Pimiango I, abrigo de San Emeterio, cueva de Fonfría, cueva de Grandiella, Cuetu Molín y El Pindal.

Los yacimientos del Grupo 2 presentan valores de insolación potencial significativamente inferiores a los del Grupo 1. El análisis factorial demostró que con tan solo dos variables - MDI0 y MDI12N- es posible explicar algo más del 94% de las diferencias de insolación entre los yacimientos (Tabla 6). Ello se debe a que las variables presentan un cierto grado de correlación, por lo que una parte muy significativa de las diferencias de insolación en un período se replica en, al menos, parte de las demás. De esta manera, una representación en forma de diagrama o tabla con solo dos ejes -MDI0 y MDI12N-, permite una representación adecuada de las relaciones entre los grupos y entre los yacimientos (Tabla 7).

Tabla 5. Nombres y valores representativos de los modelos de insolación potencial. D representa la declinación solar media para el período. Las efemérides no ocurren siempre en los días señalados, aunque las variaciones son de pocos días. La realización de los modelos fue encargada al Dr. Ángel M. Felicísimo.

NOMBRE	D	PERÍODO REPRESENTADO Y FECHA DE LA SIMULACIÓN	INSOLACIÓN	
			MÍNIMA	MÁXIMA
MDI23N	-23°	Solsticio de invierno (21 de Diciembre)	0 h	8 h
MDI12N	-12°	Intermedio entre el anterior y los equinoccios de primavera y otoño (4 de Febr. y 5 de Nov. aprox.)	0 h	10 h
MDI0	0°	Equinoccios de primavera y otoño (21 de Marzo y 21 de Septiembre)	0 h	12 h
MDI12P	12°	Intermedio entre el solsticio de verano y los dos equinoccios (6 de Mayo y 6 de Agosto aprox.)	0 h	13 h
MDI23P	+23°	Solsticio de verano (21 de Junio)	5 h	15 h

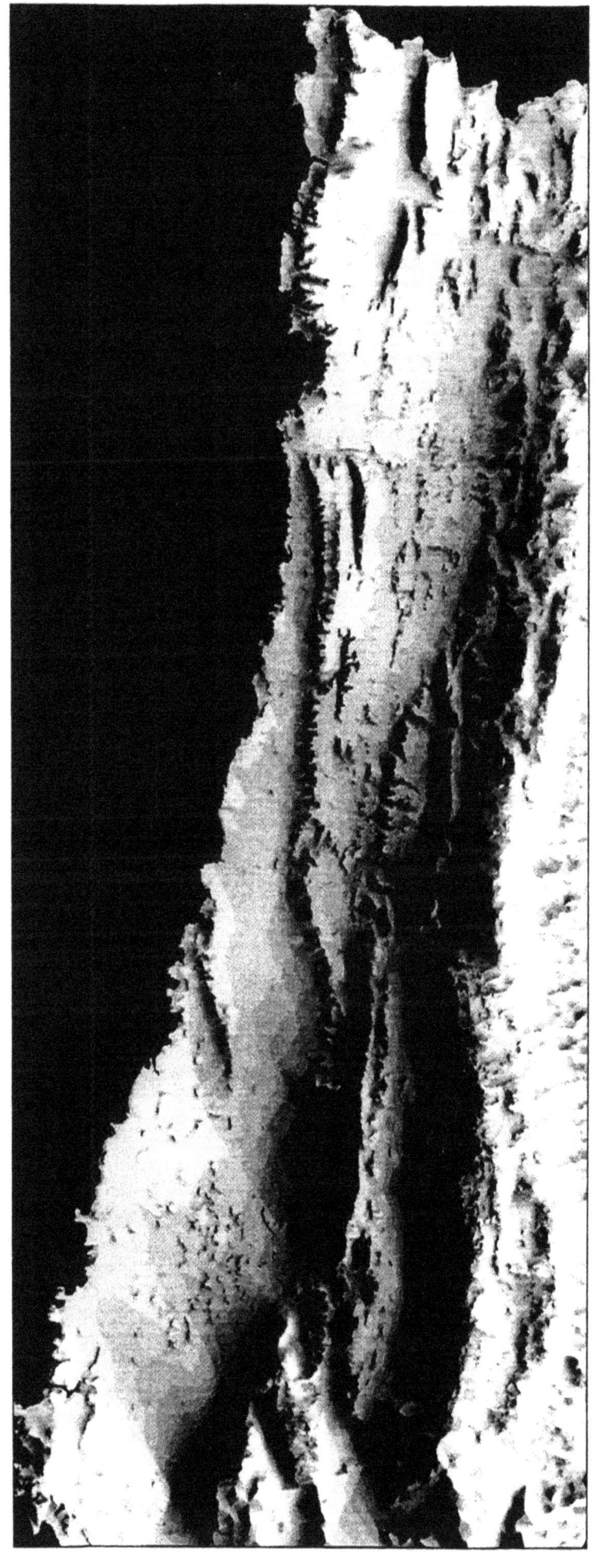

Fig.: 29. Modelo de insolación para una declinación solar de −23° (solsticio de invierno). Pueden observarse las extensas zonas que, apantalladas principalmente por la Sierra de Cuera, no reciben radiación solar directa en todo el día. En esta figura y en las siguientes se ha representado cada celda del modelo en un tono de gris en función de la insolación recibida. Las celdas más oscuras no reciben insolación directa en ningún momento; las celdas más claras están sometidas a insolación directa durante casi todo el día. Cada transición entre tonos de gris representa un incremento de 30 minutos de insolación.

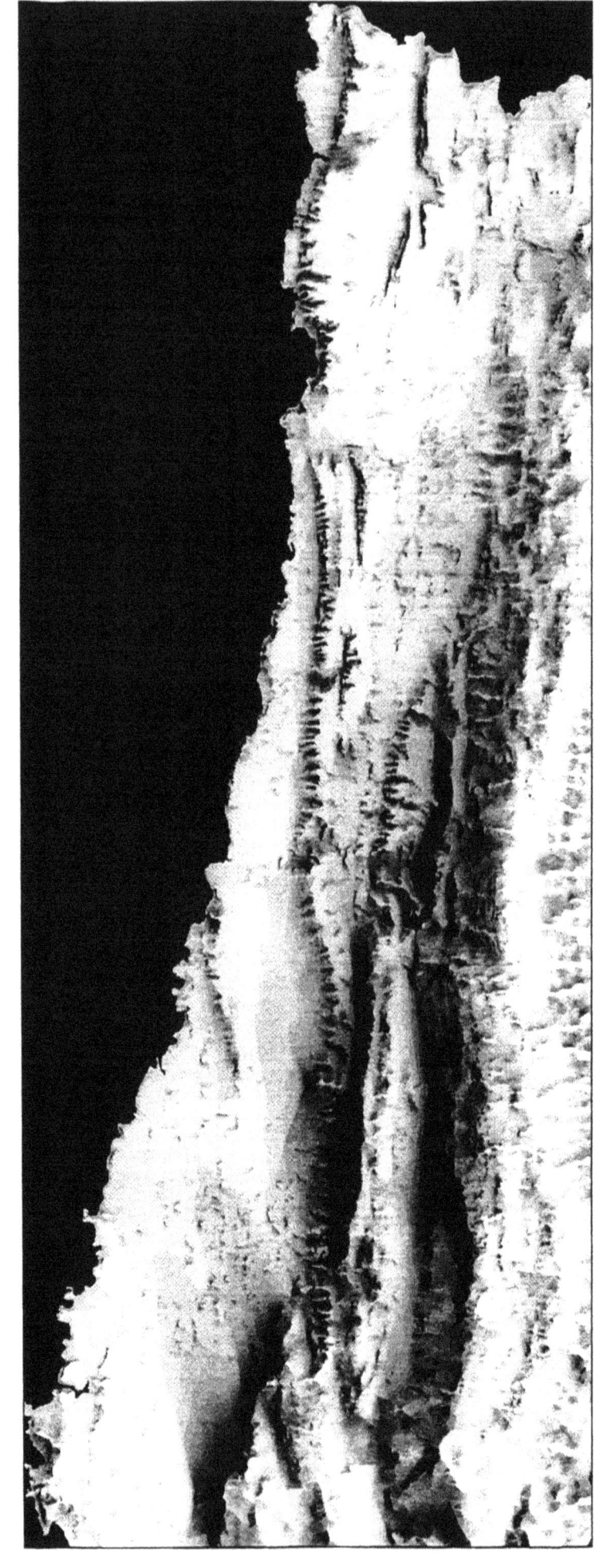

Fig.: 30. Modelo de insolación para una declinación solar de −12° (período intermedio entre el solsticio de invierno y los equinoccios de primavera y otoño).

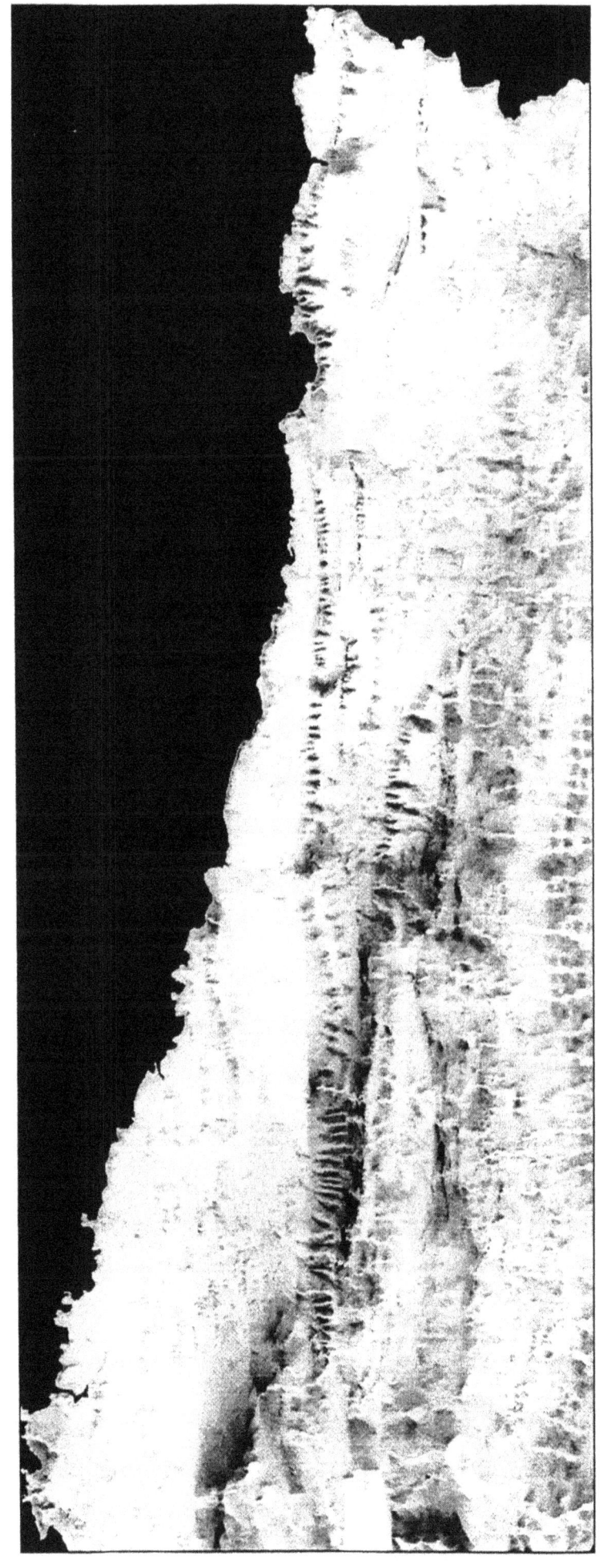

Fig.: 31. Modelo de insolación para una declinación solar de 0° (equinoccios de primavera y otoño). La insolación potencial máxima es de 12 horas.

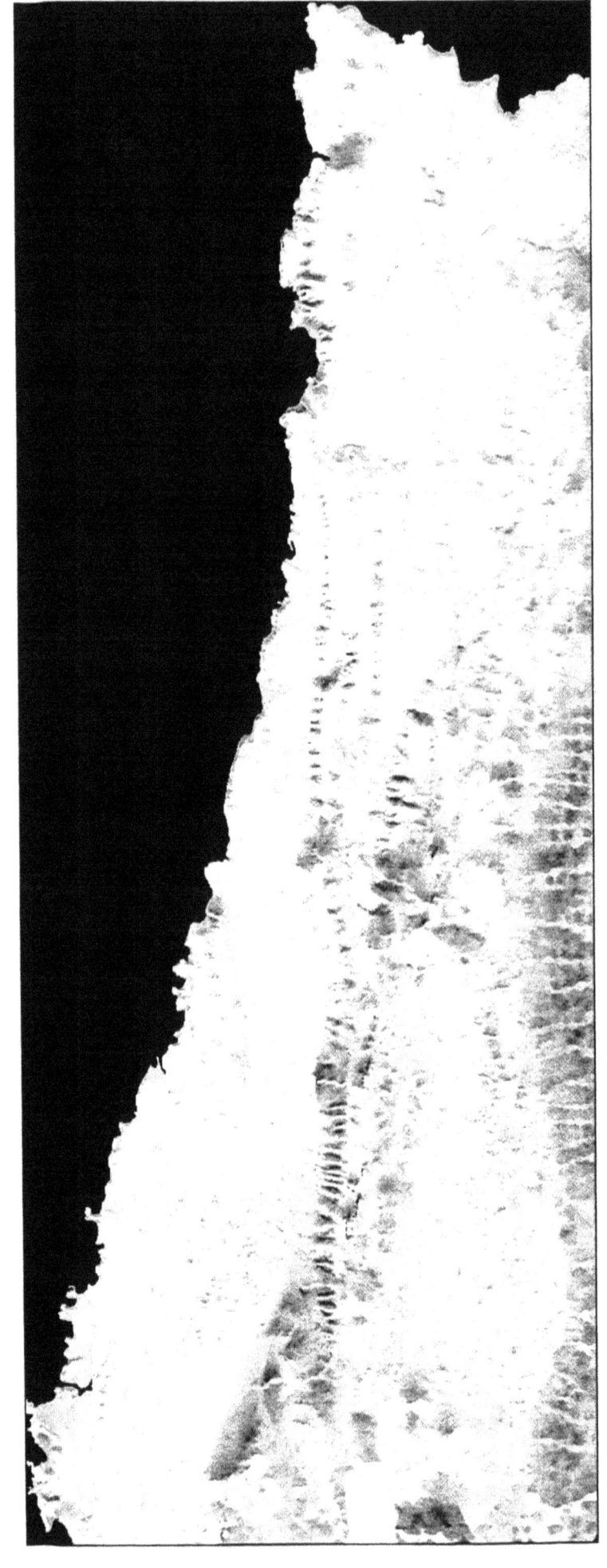

Fig.: 32. Modelo de insolación para una declinación solar de +12° (período intermedio entre el solsticio de verano y los equinoccios de primavera y otoño).

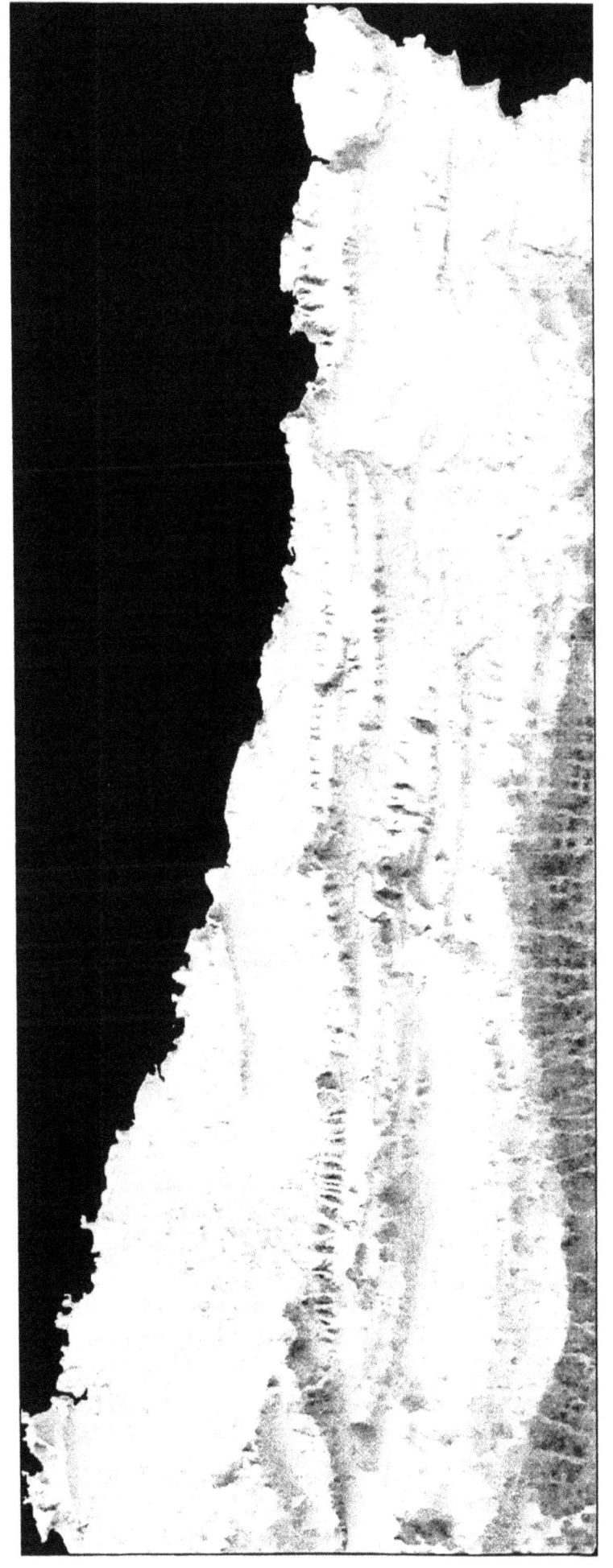

Fig.: 33. Modelo de insolación para una declinación solar de +23° (solsticio de verano). La insolación potencial adquiere sus valores máximos.

Tabla 6. Análisis factorial.

VARIABLE	% VARIANZA EXPLICADO	% VARIANZA ACUMULADO
MDI 0	74.5	74.5
MDI 12N	19.6	94.1
MDI 12P	2.7	96.8
MDI 23N	1.7	98.5
MDI 23P	1.5	100.0

En la tabla 7 se indica el número de casos -de yacimientos- para cada combinación de insolación. Los valores de insolación representan intervalos de tiempo de 30 minutos, por lo que deben dividirse entre dos para calcular las horas de insolación. Por ejemplo, puede observarse que existe un único caso para MDI12N=7 -3,5 horas de insolación- y MDIO=17 -8,5 h-; se trata de Cuetu Molín, la cavidad menos insolada del conjunto. En cambio, en el otro extremo de la tabla se constata la existencia de 19 yacimientos para el par de valores (19, 23), equivalentes a 9,5 h y 11,5 h respectivamente.

En la siguiente representación (Tabla 8), se ha sustituido el dígito que muestra el número de casos por el identificador de cada yacimiento, aunque solamente en las casillas con un solo caso; en el resto se ha incluido un símbolo convencional.

Las diferencias relativas entre ambos grupos, dada su distribución en el gráfico y calculada la posición de los centroides de cada grupo, pueden cifrarse en que el Grupo 2 recibe un 81% de la insolación del Grupo 1 en los equinoccios (MDI0), y un 67% en el modelo MDI12N. Por lo que respecta al Grupo 1, los valores de insolación potencial son muy elevados. Algo más del 87% de los yacimientos correspondientes a este Grupo presenta valores de insolación potencial de entre 9 y 10 horas en el período MDI12N, y de entre 10,5 y 12 horas en el período MDI0. Asimismo, los yacimientos menos insolados del Grupo 1 reciben un mínimo de 8 horas de sol en el período MDI12N y de 10 horas en el período MDI0.

En síntesis, los resultados del estudio nos indican que predomina la situación en la que los yacimientos y su entorno cuentan con valores elevados de insolación potencial. Por tanto, los datos de que disponemos no refutan la hipótesis planteada; ocurre más bien todo lo contrario.

Sin embargo, aún no podemos afirmar que las condiciones de insolación fuesen tenidas en cuenta por las poblaciones mesolíticas del Cantábrico occidental. Ello es debido a que, de momento, sólo hemos trabajado con datos positivos, es decir, con emplazamientos que contienen yacimiento arqueológico. El segundo paso para contrastar la hipótesis de partida, consistiría en trabajar con datos negativos, es decir, con un conjunto de ubicaciones sin presencia de concheros. De esta manera, podríamos comprobar si efectivamente la insolación es un criterio diferencial que permite explicar la presencia/ausencia de concheros en unos y otros emplazamientos.

Pero, dar ese segundo paso no resultará fácil. Deben asumirse algunas limitaciones. El análisis deberá considerar únicamente las cavidades sin yacimiento arqueológico. De momento, parece difícil considerar los potenciales asentamientos al aire libre; sobre todo para un período en el que apenas se conocen yacimientos de superficie.

Gracias al trabajo sistemático de catalogación que en la actualidad llevan a cabo varias sociedades de espeleología en la marina oriental de Asturias, en no mucho tiempo podremos contar con un catálogo de cavidades prácticamente definitivo. No obstante, dichas sociedades catalogan únicamente aquellas formaciones de interés espeleológico;

Tabla 7. Representación de los resultados obtenidos en el análisis de la insolación potencial (I).

MDI 0	MDI 12N										TOTAL
	7	12	13	14	15	16	17	18	19	20	
16			1								1
17	1	1									2
18			1	1							2
19					1						1
20		1					1				2
21			1			1	5	3	1		11
22						1		6	9	1	17
23							1	14	19	4	38
24										7	7
TOTAL	1	2	3	1	1	2	7	23	29	12	81

Tabla 8. Representación de los resultados obtenidos en el análisis de la insolación potencial (II).

MDI 0	MDI 12N										TOTAL
	7	12	13	14	15	16	17	18	19	20	
16			42								1
17	52	10									2
18			77	1							2
19					11						1
20		6					19				2
21			61			8	*	*	28		11
22						9		*	*	39	17
23							71	*	*	*	38
24										*	7
TOTAL	1	2	3	1	1	2	7	23	29	12	81

GRUPO 1 / GRUPO 2

Leyenda:

Núm.	Nombre (Grupo 2)
52	Molín
10	San Emeterio
42	Fonfría
77	Grandiella
1	Barra
6	Cuesta P. I
11	Pindal
61	C. Peña

Núm.	Nombre (Grupo 1)
19	Gasparín
8	Tina 2
9	Tina 3
71	Colmenera
28	P.V. A.I
39	Quintanal

por lo que deberá ser el propio arqueólogo el que complete la información, añadiendo aquellas otras formaciones de escaso interés espeleológico pero susceptibles de albergar ocupaciones humanas.

Finalmente, las cavidades sin ocupación aparente presentan un problema interpretativo, ya que algunas de ellas pudieron contener restos arqueológicos en el pasado. La actividad de los furtivos y el uso contemporáneo de las cuevas han provocado que la conservación de los yacimientos sea nula en algunas cavidades.

A pesar de las limitaciones señaladas, consideramos que el análisis puede llevarse a cabo con un nivel de error asumible, siempre y cuando la prospección sea total en el sector del territorio tomado como muestra. Dicho sector será reducido -una parte del territorio considerado en el primer análisis-, y deberá incluir un buen número de cavidades con yacimiento, con el fin de favorecer la fiabilidad de los análisis estadísticos. Las cuevas y abrigos sin yacimiento difícilmente faltarán, dada la riqueza de este tipo de formaciones cársticas en la región.

Si se confirmara definitivamente la hipótesis de partida, tendríamos que plantearnos la siguiente cuestión con respecto a los yacimientos del Grupo 2: ¿existe alguna razón que explique la elección de unos lugares cuyas condiciones de insolación no son las habituales entre el conjunto de sitios analizados?. De momento, sólo cabe realizar algunas observaciones acerca de los yacimientos incluidos en dicho Grupo. Tres de ellos, el covacho de la Peña, la cueva de Grandiella y Cuetu Molin, se sitúan a una distancia de la línea de costa -3, 4,5 y 2,5 km respectivamente- no habitual entre el conjunto de asentamientos considerados; la media obtenida para los 81 yacimientos es de 1,1 km. Son cuevas localizadas en valles interiores, hasta las que se trasladaron los recursos acuáticos, quizá con el objetivo de disponer de una reserva de alimento mientras se desarrollaba la actividad cinegética (*cf.* Arias 1991a: 319).

Posiblemente, la ubicación de estas cuevas se consideró idónea para la actividad a desarrollar, y se ocuparon sin tener en cuenta otros factores. Puede citarse Cuetu Molin como ejemplo paradigmático de este hipotético comportamiento. En cualquier caso, existen otros yacimientos interiores pertenecientes al Grupo 1, como la cueva de Colmenera -8,5 horas de insolación diaria en el modelo MDI12N-. Probablemente, por muy especializada que fuese la actividad a desarrollar, el hombre no renunció a asentarse en lugares propicios para el hábitat; siempre que éstos no faltaran allí donde fuera a desarrollarse la actividad. En este sentido, resultaría muy interesante localizar otras cavidades sin conchero en el entorno de estos tres yacimientos y, en su caso, estimar la insolación que reciben.

Otros tres yacimientos pertenecientes al Grupo 2, cueva de la Barra, abrigo de San Emeterio y El Pindal, se encuentran a menos de 50 m del mar. Posiblemente, esa ubicación tan favorable desde el punto de vista de la captación de recursos marinos, podría explicar la ocupación de esos lugares. Lo mismo cabe decir de la cueva de Fonfría, no tan próxima al mar pero relativamente cercana a la ría de Barro. No debemos en cualquier caso olvidar que, probablemente, la ubicación de la línea de costa ha variado desde la formación de los concheros.

El último de los yacimientos del Grupo 2, Cuesta Pimiango I, arrojó restos de industria lítica en superficie. Dada su localización en un lugar de fuerte pendiente, no parece que los restos localizados sean producto de una zona de hábitat.

A la espera de confirmar definitivamente la hipótesis de partida, creemos que es posible extraer algunas conclusiones de los resultados obtenidos hasta la fecha. Contamos con un dato objetivo producto del análisis realizado: en general, las condiciones de insolación de los emplazamientos son muy favorables; hecho que, inicialmente, cabe interpretar como favorable desde el punto de vista de la habitabilidad. Por ello, pensamos que los resultados obtenidos constituyen uno de los argumentos que, desde nuestro punto de vista, permiten defender la idea de una ocupación efectiva de la cavidades como lugares de hábitat.

2.4. Estudio de otras variables relacionadas con el hábitat.

Una aproximación al hábitat de los cazadores-recolectores responsables de la formación de los concheros requería la valoración de otras variables. La primera de ellas, la habitabilidad de las cavidades, ya había sido considerada en trabajos previos a la hora de analizar el patrón de poblamiento (González Morales 1982: 195, Arias 1991a: 318), pero no se había trabajado con ella de manera sistemática. Como apunta Ramil (1989-90: 191), no parece probable que la elección de una cavidad como asentamiento se produjese al azar; aunque quizá esa elección fuese más o menos selectiva según la función que el asentamiento fuese a desempeñar.

Así, como ha señalado Utrilla, la cavidad que fuese a albergar un campamento base requeriría una buena orientación, así como una cierta confortabilidad interior. En la elección de un campamento especializado primaría, en cambio, la ubicación y no tanto las características de la propia cavidad (Utrilla 1994: 98 y s.). Resulta evidente la existencia de cavidades intensamente ocupadas frente a otras en las que los vestigios de ocupación son escasos o inexistentes (Straus 1979b: 333). En cualquier caso, son muchas las variables, no siempre de fácil aplicación, que habría que considerar en un intento de trazar la barrera entre un medio favorable y otro hostil (*vid.* entre otros Márquez Romero & Morales 1986, Ramil Rego 1989-90).

Nosotros hemos tratado de definir potenciales espacios habitacionales en función de la morfología de las cavidades. En principio, sólo se han considerado los primeros metros de desarrollo de las cavernas, es decir, la boca y el vestíbulo; entendido éste como el conducto inmediato a la boca, generalmente formado por una galería o por una sala. Aún sin negar la utilización de otros espacios interiores, es en estas zonas donde hallamos los depósitos que nos ocupan.

En primer lugar, se han distinguido los espacios cubiertos de los no cubiertos. Entre los espacios cubiertos hemos diferenciado tres tipos: cueva (tipo 1), covacha (tipo 3) y gran cueva (tipo 4). La covacha ofrece un espacio cubierto, pero sus dimensiones no favorecen la habitabilidad. Su vestíbulo es muy reducido (Lám.: 4). La cueva también proporciona un espacio cubierto, y además ofrece unas dimensiones más favorables, con un vestíbulo que no supera los 100 m^2 (Lám.: 5). La gran cueva brinda un espacio importante a la habitación humana, con un vestíbulo que supera los 100 m^2. En segundo lugar, y matizando un tanto la definición de abrigo (tipo 2) recogida en el Diccionario de la Real Academia de la Lengua Española -covacha natural poco profunda-, hemos atribuido a este tipo aquellas cavidades que no ofrecen un espacio cubierto al hábitat humano (Lám.: 6). La clasificación de las cavidades suficientemente conocidas arrojó las siguientes proporciones: 43% de cuevas, 23,5% de covachas, 21% de grandes cuevas y 12,5% de abrigos.

Dada la naturaleza del registro arqueológico considerado, la distancia de los yacimientos al mar es otra de las cuestiones a valorar. En general, el Mesolítico en Asturias es una manifestación fundamentalmente costera, más del 80% de los yacimientos se sitúa dentro de los dos primeros kilómetros de costa (Fano 1996: 58); un dato que se mantiene para la muestra de yacimientos considerada en este estudio.

Otra de las variables consideradas ha sido la altitud. En un trabajo previo (Fano 1996: 57) ya señalamos que, para el conjunto de Asturias, la gran mayoría de los yacimientos mesolíticos conocidos no supera la curva de los 100 m de altitud; y entre ellos, son los que no superan la curva de 50 m los que constituyen la mayoría. De esta manera, hemos tratado de observar diferencias con respecto al resto de variables entre los yacimientos ubicados por encima y por debajo de la curva de los 50 m, que suponen el 18,5% y el 81,5% respectivamente dentro de la muestra de yacimientos analizada.

Lám.: 4. Vista de la boca de la cueva de Sta. Marina (concejo de Llanes), cavidad perteneciente al tipo 3.

Lám.: 5. Boca de la cueva de la Cabrera (concejo de Ribadedeva), cavidad perteneciente al tipo 1.

Lám.: 6. Vista del abrigo de Tronía (concejo de Ribadedeva), cavidad perteneciente al tipo 2. Es decir, un tipo de emplazamiento que no ofrece un espacio cubierto al hábitat humano.

También hemos valorado la localización de los restos en la cavidad. Se han planteado tres posibilidades: los restos se localizan en la boca, a menos de 5 m de profundidad; los restos se localizan a más de 5 m de profundidad; los restos se localizan en ambos contextos, en los primeros 5 m de desarrollo y también a una profundidad superior a esos 5 m. Ciertamente, la aplicación de esta variable no está exenta de problemas. Casos como el de La Riera, por citar un ejemplo, nos dan una idea de la alteración postdeposicional sufrida por los depósitos; hecho que puede perturbar la veracidad de nuestros datos y que hemos tratado de evitar a través de nuestras observaciones en los yacimientos. Para los casos bien documentados, algo más del 65% de las cavidades contiene sus restos en la boca, a no más de 5 m de profundidad. Sólo en algo menos del 6% de los casos, los restos se ubican exclusivamente a más de 5 m de profundidad. Finalmente, el 29% de las cavidades alberga restos tanto en la boca como en el interior.

La entidad de los depósitos arqueológicos conservados es otra de las cuestiones importantes. El problema es el mismo que el planteado en el punto anterior. Ello nos ha llevado a simplificar, y a referirnos únicamente a depósitos de entidad y a depósitos de escasa entidad. En el primer caso, los restos observables en la actualidad son importantes (52%), y en el segundo, los restos conservados carecen de importancia (48%). Como ejemplos, cabe citar la cueva de la Barra para el primer caso y la Cuevona de Tronía para el segundo. Ha resultado ciertamente difícil establecer un criterio de distinción, pero creemos haber obtenido dos grupos homogéneos. Asumimos de nuevo el riesgo que introducen los procesos erosivos; un hecho quizá más preocupante para los yacimientos de escasa entidad, ya que cuando las acumulaciones de conchero fueron importantes, como en el caso de La Riera, los restos adheridos a paredes y techo delatan la importancia del depósito original.

Finalmente, nos ha parecido adecuado tener en cuenta la existencia o no de ocupaciones previas al Mesolítico en los yacimientos estudiados. Pero debe tenerse en cuenta que, en la gran mayoría de los casos, no se han practicado excavaciones y los datos proceden de la prospección de superficie. Hasta la fecha, sólo se conoce una ocupación previa en el 18% de los yacimientos considerados.

2.5. Análisis de los datos.

a) Metodología.

Una vez comprobada la existencia de dos grupos de yacimientos en función de la insolación potencial, se investigó la posible relación de esta variable con el resto de variables descriptoras de los yacimientos -tipo de cavidad, entidad del depósito, localización de los restos, ocupación previa, distancia al mar y altitud-. Más tarde, se analizó la relación existente entre las otras dos variables físicas -altitud y distancia al mar- y el resto de variables. Finalmente, se indagó la relación que pudieran guardar entre sí las variables no físicas.

Para ello, se han realizado pruebas de significación estadística mediante el test de X^2 (ji-cuadrado); una prueba muy difundida y útil, pero que, al igual que el resto de pruebas de significación, presenta ciertas limitaciones. El test de X^2 nos indica la posibilidad de que una relación exista o no, pero no nos informa acerca de la intensidad de una determinada relación. La prueba tampoco nos informa sobre la forma en que las variables están relacionadas, ya que se limita a medir la distancia existente entre los valores esperados y los observados (Shennan 1992: 86). En nuestro caso, se ha utilizado el test de X^2 para datos en clasificaciones cruzadas, previa construcción de las tablas de contingencia en cada caso.

El tamaño de la muestra es muy importante en la prueba de X^2. Para que una relación sea estadísticamente significativa, no es necesario que su significación este basada en su intensidad. De hecho, es posible que una relación estadísticamente significativa sea muy débil. Ello es debido a que la significación estadística procede del efecto combinado de dos factores, el tamaño de la muestra y la intensidad de la relación. De esta manera, la pregunta clave de una prueba de significación -¿existe o no una relación?- podrá ser contestada con mayor seguridad si está basada en una muestra de cierta entidad: "Si el número de observaciones es muy grande, entonces, incluso si entre las variables sólo existe una débil relación, o una pequeña diferencia entre las muestras, llegaremos a la conclusión de que ésta es real. Si el número de observaciones es muy pequeño, entonces, para cualquier diferencia o relación considerada real, ésta habrá de estar muy marcada" (Shennan 1992: 89).

A pesar de trabajar con una muestra importante de yacimientos, no contamos con un gran volumen de datos desde el punto de vista estadístico. Debe señalarse que existen yacimientos para los cuales no se dispone de alguna información, o bien ésta no es aplicable. En cualquier caso, el problema fundamental surge cuando aparece alguna frecuencia esperada con un valor inferior a 5; sobre todo para pruebas de un solo grado de libertad, circunstancia que los manuales recomiendan reducir al mínimo.

Para cada análisis se presenta el valor de p, que muestra la probabilidad de que las diferencias entre frecuencias observadas y esperadas sean debidas exclusivamente al azar. Habitualmente, se acepta que el resultado de un test es significativo cuando p es menor que 0.05. Es decir, cuando menos de un 5% de los casos extraídos al azar de una muestra del mismo tamaño que la sometida a prueba daría valores de X^2 iguales o mayores que el calculado (Sokal & Rohlf 1969: 175 y ss.). Tras realizar una crítica de las pruebas de significación efectuadas, en el siguiente apartado presentamos los resultados obtenidos en las pruebas que cabe considerar como más fiables.

b) Resultados.

— Insolación potencial vs resto de variables.

Al comprobar la posible relación existente entre la insolación potencial y el resto de variables, los tests se han visto especialmente afectados por el escaso número de yacimientos que componen el Grupo 2. Sólo cabe rescatar uno de los análisis (tabla 9). No parece existir una relación entre la insolación potencial y el tipo de cavidad. Es decir, no existe un tipo de cavidad que reciba más o menos insolación que otro. En cualquier caso, la fiabilidad de esta prueba de significación con tres grados de libertad resulta limitada, ya que los valores esperados son inferiores a cinco en la mitad de las celdas; aunque también es cierto que se acepta la hipótesis nula con una probabilidad del 95%.

Tabla 9. Insolación vs tipo de cavidad.

		TIPO				Totales	
GRUPOS		1	2	3	4	n	%
1		28	8	16	14	66	91.7
2		3	1	1	1	6	8.3
Totales	n	31	9	17	15	72	
	%	43.1	12.5	23.6	20.8		100.0

Resultado: no significativo (P=0.95)

— Tipo de cavidad vs resto de variables.

En este caso cabe aceptar un mayor número de resultados. En principio, resulta destacable el predominio de las cavidades que ofrecen un espacio cubierto al hábitat humano, sólo el 12,5% de las cavidades consideradas no ofrece esa protección. Se consideró importante analizar la posible distribución diferencial de los distintos tipos de cavidades en función de la distancia al mar.

En primer término, se realizó un análisis separando las cavidades en dos grupos, según fuera inferior o superior a 800 m la distancia al mar (tabla 10.1). Para agotar el análisis, se realizaron dos agrupaciones más: en tres clases -1 km o menos, entre 1 y 2 km, y 2 km o más- y en dos clases -1 km o menos, y más de 1 km- (tablas 10.2 y 10.3).

Tabla 10.1. Distancia al mar vs tipo de cavidad I.

		TIPO				Totales	
DISTANCIA		1	2	3	4	n	%
1: < 800 m		14	6	8	4	32	44,4
2: > 800 m		17	3	9	11	40	55,6
Totales	N	31	9	17	15	72	
	%	43.1	12.5	23.6	20.8		100.0

Resultado: no significativo (P=0.28)

Tabla 10.2. Distancia al mar vs tipo de cavidad II.

	TIPO				Totales	
DISTANCIA	1	2	3	4	n	%
1: <1 km	17	6	9	6	38	52,8
2: 1-2 km	8	1	3	8	20	27,8
3: >2 km	6	2	5	1	14	19,4
Totales n	31	9	17	15	72	
%	43.1	12.5	23.6	20.8		100.0

Resultado: no significativo (P=0.23)

Tabla 10.3. Distancia al mar vs tipo de cavidad III.

	TIPO				Totales	
DISTANCIA	1	2	3	4	n	%
1: <1 km	17	6	9	6	38	52.8
2: >1 km	14	3	8	9	34	47.2
Totales n	31	9	17	15	72	
%	43.1	12.5	23.6	20.8		100.0

Resultado: no significativo (P=0.63)

El resultado reflejado en la tabla 10.1 procede de una prueba con tres grados de libertad en la que sólo el 12,5% de las celdas presenta valores esperados inferiores a cinco, por lo que puede aceptarse la conclusión obtenida. Puede ser igualmente aceptada la información que se desprende de la tabla 10.3. El resultado de la tabla 10.2 es, en cambio, más problemático, ya que más de la mitad de las celdas presenta valores esperados inferiores a cinco; algo por otro lado lógico al tratarse de una prueba de seis grados de libertad. En la tabla 10.3 se han agrupado dos de las clases recogidas en la tabla 10.2, obteniéndose una conclusión más fiable al decrecer la proporción de celdas con valores esperados inferiores a cinco. En síntesis, no parece que la elección de un determinado tipo de cavidad se produjese en función de la distancia al mar.

Asimismo, tampoco parece existir una relación entre la altitud y el tipo de cavidad (tabla 11). Cabe aceptar con reservas la información que se desprende de esta prueba, que tiene tres grados de libertad y varias celdas con valores esperados inferiores a cinco.

Tabla 11. Altitud vs tipo de cavidad.

	TIPO				Totales	
ALTITUD	1	2	3	4	n	%
1: < 50 m	22	9	14	13	58	80.6
2: > 50 m	9	0	3	2	14	19.4
Totales n	31	9	17	15	72	
%	43.1	12.5	23.6	20.8		100.0

Resultado: no significativo (P=0.22)

De igual manera, no se constata una relación significativa entre la entidad de los depósitos y el tipo de cavidad (tabla 12). El resultado de esta prueba con tres grados de libertad y con el 25% de las celdas con valores esperados inferiores a cinco es aceptable.

Tabla 12. Entidad vs tipo de cavidad.

	TIPO				Totales	
ENTIDAD	1	2	3	4	n	%
0: NO	13	6	9	3	31	48.4
1: SI	15	3	5	10	33	51.6
Totales n	28	9	14	13	64	
%	43.8	14.1	21.9	20.3		100.0

Resultado: no significativo (P=0.11)

La prueba de X^2 ha señalado una relación significativa entre la localización de los restos y el tipo de cavidad (tabla 13). Es decir, cuando la morfología de la cavidad lo permite, los restos de conchero también se sitúan en puntos más o menos alejados de la boca, sobre todo en las cuevas y en las grandes cuevas. En cualquier caso, el resultado del test presenta problemas de fiabilidad, ya que la mitad de las celdas presenta valores esperados inferiores a cinco. No obstante, al tratarse de una prueba con seis grados de libertad, la gravedad del problema disminuye.

Tabla 13. Localización de los restos vs tipo de cavidad

	TIPO				Totales	
LOC_REST	1	2	3	4	n	%
1: < 5 m	16	9	14	4	43	64.2
2: > 5 m	3	0	0	1	4	6.0
3: ambos	8	0	3	9	20	29.9
Totales n	27	9	17	14	67	
%	40.3	13.4	25.4	20.9		100.0

Resultado: **significativo** (P=0.008)

Finalmente, al relacionar la tipología de las cavidades con la existencia o no de ocupaciones previas (tabla 14), observamos que se siguieron ocupando las cuevas y las grandes cuevas; pero también se utilizaron, de manera importante, otro tipo de cavidades que, en función de los datos conocidos, no fueron habitualmente ocupadas con anterioridad. Los abrigos y las covachas, en principio menos favorables para la habitación humana, se utilizan de manera importante. Aceptamos la conclusión obtenida en el test con algunas reservas, ya que son varias las celdas con valores esperados inferiores a cinco.

— Localización de los concheros vs resto de variables:

Como ya se ha señalado con anterioridad, predominan de manera notable los depósitos localizados en la boca de las

Tabla 14. Ocupación previa vs tipo de cavidad.

	TIPO				Totales	
OCU_PREV	1	2	3	4	n	%
0: NO	22	9	17	10	58	80.6
1: SI	9	0	0	5	14	19.4
Totales n	31	9	17	15	72	
%	43.1	12.5	23.6	20.8		100.0

Resultado: **significativo** (P=0.02)

cavidades. Existe una relación entre la localización de los restos y la entidad de los depósitos (tabla 15). Cuando los restos conservados constan de una cierta entidad, los depósitos tienden a situarse en la boca y también a cierta profundidad; mientras que cuando estos restos son escasos, se localizan fundamentalmente en la boca. La conclusión obtenida en el test es moderadamente aceptable -33,3% de las celdas con valores esperados inferiores a cinco, en una prueba con dos grados de libertad-.

Tabla 15. Entidad vs localización de los restos.

	LOC_R			Totales	
ENTIDAD	1: <5 m	2: >5 m	3: ambos	n	%
0: NO	26	1	3	30	47.6
1: SI	13	3	17	33	52.4
Totales n	39	4	20	63	
%	61.9	6.3	31.7		100.0

Resultado: **significativo** (P=0.0005)

— Entidad de los depósitos vs resto de variables:

Los resultados obtenidos en los tests presentados en este apartado son los que mayores garantías ofrecen, ya que en ningún caso los valores esperados son inferiores a cinco. En el análisis de la relación distancia al mar-entidad de los restos (tablas 16.1, 16.2 y 16.3) hemos utilizado el mismo procedimiento seguido al estudiar la relación entre la distancia al mar y el tipo de cavidad. En este caso, contamos con más garantías para rechazar la existencia de una relación estadísticamente significativa entre la entidad de los depósitos

Tabla 16.1. Distancia al mar vs entidad I.

	ENTIDAD		Totales	
DISTANCIA	0: NO	1: SI	n	%
1: < 800 m	16	15	31	46,3
2: > 800 m	16	20	36	53,7
Totales n	32	35	67	
%	47.8	52.2		100.0

Resultado: no significativo (P=0.55)

Tabla 16.2. Distancia al mar vs entidad II.

	ENTIDAD		Totales	
DISTANCIA	0: NO	1: SI	n	%
1: <1 km	18	17	35	52,2
2: 1-2 km	6	13	19	28.4
3: >2 km	8	5	13	19,4
Totales n	32	35	67	
%	47.8	52.2		100.0

Resultado: no significativo (P=0.2)

Tabla 16.3. Distancia al mar vs entidad III.

	ENTIDAD		Totales	
DISTANCIA	0: NO	1:SI	n	%
1: <1 km	18	17	35	52,2
2: >1 km	14	18	32	47,8
Totales n	32	35	67	
%	47.8	52.2		100.0

Resultado: no significativo (P=0.53)

y la distancia al mar. Lo mismo cabe apuntar acerca de la relación de esta variable con la altitud (tabla 17): se acepta la hipótesis nula.

Tabla 17. Altitud vs entidad.

	ENTIDAD		Totales	
ALTITUD	0: NO	1: SI	n	%
1: < 50 m	28	28	56	83.6
2: > 50 m	4	7	11	16.4
Totales n	32	35	67	
%	47.8	52.2		100.0

Resultado: no significativo (P=0.41)

2.6. Otras observaciones de interés.

El taponamiento de las bocas de las cuevas producto de las acumulaciones de concheros hizo imposible, según Vega del Sella, la utilización de las cavidades como lugares de hábitat. Años después, González Morales ya indicó que el relleno total de la boca "[...] no es, por supuesto, el de todos los concheros" (González Morales 1982: 194). En nuestros trabajos de campo, hemos tenido la oportunidad de reconocer 80 de las cavidades con conchero que presentamos en el capítulo previo. Según nuestras observaciones, sólo 14 de ellas (17,5%) presentan en la actualidad indicios de haber albergado en el pasado depósitos que habrían podido llegar a obturar realmente la boca de esas cavidades, inutilizándolas como lugares de hábitat.

Otra cuestión importante a considerar es la ubicación concreta de las cavidades. Entre las cavidades inspeccionadas por nosotros, existen 10 para las que, dada su localización, resulta difícil asumir que los restos arqueológicos que contienen sean producto de una ocupación humana en las proximidades de las mismas.

La cueva de la Barra, con un importante depósito interior, se encuentra literalmente colgada sobre la ría de Tina Mayor, y apenas ofrece 2 m transitables frente a la boca, a partir de los cuales se desciende en fuerte e impracticable pendiente a la citada ría. La cueva de la Presa se encuentra próxima pero varios metros por encima del arroyo de Llovio, y se accede a la misma a través de una fuerte pendiente. De nuevo, el espacio transitable frente a la boca resulta muy escaso, por lo que los testigos de conchero conservados deben de ser producto de una ocupación indudablemente relacionada con la cavidad.

Un caso similar a éste es el de la cueva de Grandiella, cercana al arroyo de la Bola, pero a partir del cual hay que salvar un importante desnivel para acceder a la boca. Fuera de la cueva no existe un espacio transitable, sólo la pendiente que conduce al fondo del pequeño valle (Lám.: 7). Otro caso paradigmático es el del covacho de la Peña, cavidad cuya boca se abre directamente sobre el curso del arroyo Barbalín. El acceso a esta cavidad obliga a superar una fuerte pendiente que finaliza justamente al iniciarse el desarrollo de este covacho; por lo que el pequeño testigo de conchero conservado y los restos de superficie no pueden ser producto más que de una ocupación del propio covacho (Lám.: 8).

Otro ejemplo es el de la cueva de Cámara -superior-. La cueva se encuentra notablemente elevada con respecto al terreno circundante y, obviamente, no ofrece un espacio habitable próximo. El importante conchero conservado tuvo que ser producto de la ocupación de la propia cavidad. Cueva Llamazúa, abierta en lo alto de una importante elevación del terreno desde la que se denomina un pequeño valle surcado por el río de San Miguel, es de muy difícil acceso, y sólo se entiende una ocupación en la propia caverna, ya que apenas existen 2 m desde la boca hasta la pronunciada pendiente que conduce al fondo del valle. La cueva de Fonfría, el abrigo II del Puerto de Vidiago, la cueva de Ceñil y, quizá de manera menos radical, la cueva de Maragateo ofrecen panoramas similares.

Ciertamente, no parece descabellada la idea de Vega del Sella, corroborada décadas después por González Morales, acerca de nuestro desconocimiento de los concheros al aire libre, como el conservado entre las cuevas de Bricia y Cueto de la Mina: "Pudieron existir, por tanto, y de hecho tenemos la convicción de que existieron, numerosos concheros al aire libre, y el que los restos se conserven casi sin excepción en cuevas y abrigos puede deberse a un fenómeno de conservación diferencial" (González Morales 1982: 194). No obstante, la existencia de un volumen importante de esos hipotéticos depósitos de superficie, agravaría de manera notable el problema de la desproporción existente entre el Aziliense y el Mesolítico en lo relativo al número de evidencias de ocupación humana en la marina oriental: más de 100 concheros, en principio mesolíticos, frente a las ocupaciones azilienses de Cueto de la Mina, Balmori, La Riera y El Pindal. En ello probablemente influya la mayor "visibilidad" de los concheros así como la menor duración, como período, del Aziliense. Cabe igualmente preguntarse por qué en la costa oriental no se han localizado yacimientos como los de Bañugues o Sobrepeña, probablemente asociados en su momento a concheros, hoy ya destruidos.

Como ha podido observarse en los capítulos precedentes, los concheros estudiados comenzaron a formarse en el Preboreal, período en el que el clima mejoró sensiblemente con respecto a la última pulsación fría del Dryas. Sin embargo, la implantación de las condiciones interglaciares se produjo de manera progresiva. De hecho, la expansión del bosque mixto caducifolio de *Quercus* y *Corylus* no se produjo hasta el Boreal. Desde el final del Dryas III hasta el Atlántico (máximo térmico) debieron de producirse algunas situaciones intermedias. Por tanto, quizá resulte demasiado elemental el considerar, por un lado, un mundo paleolítico cuyas condiciones climáticas obligaron al hombre a cobijarse en las cavernas; y por otro, un mundo postpaleolítico, amable desde el punto de vista climático, en el que proliferó el hábitat al aire libre.

Sólo durante el Atlántico se registraron unas temperaturas netamente superiores a las actuales. En este sentido, cabe recordar que la marina oriental no está exenta de heladas durante los meses de invierno; meses en los que el marisco fue explotado, según han demostrado los análisis isotópicos efectuados a partir de muestras de fauna malacológica de varios concheros de la región (Deith & Shackleton 1986, González Morales 1992: 189). Nosotros mismos contamos con la experiencia de haber reconocido la cueva de la Cabrera, próxima al mar, a finales del mes de Diciembre, con una temperatura próxima a los 0°C. y con la cobertera vegetal próxima a la boca de la cueva cubierta por el hielo. Asimismo, al importante grado de humedad detectado en los registros lacustres peninsulares para la primera mitad del Holoceno, debe añadirse, para el caso del oriente de Asturias, la proximidad al mar de los sistemas montañosos, que provoca en este tramo costero unas precipitaciones anuales superiores a las del resto de la costa asturiana.

2.7. Valoración de las evidencias disponibles.

Existen algunas evidencias que dificultan la visión de las cavidades como áreas habitacionales, tales como el "taponamiento" de algunas bocas por los concheros -aunque ya hemos visto que no parece ser lo habitual-, y la ocupación de espacios poco aptos para la habitación. La conservación de algunos concheros situados fuera de las cuevas podría evidenciar la existencia de un hábitat al aire libre. En principio, ese tipo de hábitat pudo desarrollarse en cualquier

Lám.: 7. Localización de la cueva de Grandiella (concejo de Llanes) sobre el arroyo de la Bola.

Lám.: 8. Vista de la fuerte pendiente que hay que superar para acceder al covacho de la Peña (concejo de Llanes).

momento de la primera mitad del Holoceno en el que las condiciones climáticas fuesen favorables. Por ejemplo, en los momentos más cálidos dentro del ciclo anual. No se trata de decantarse por el hábitat al aire libre o por el hábitat en cueva. Sin negar en absoluto la primera posibilidad, pensamos que existen argumentos de peso para apoyar igualmente la segunda.

El estudio realizado sobre la insolación potencial nos permite asegurar, para la muestra de yacimientos analizada, que predomina la situación en la que la cavidad y el terreno circundante cuentan con valores elevados de insolación potencial. Si las condiciones de insolación fueron realmente tenidas en cuenta, parece lógico suponer que los espacios elegidos fueron destinados al hábitat durante un tiempo más o menos prolongado.

No debe pasarse por alto que las hipotéticas áreas de habitación frente a las cuevas se verían igualmente favorecidas por los altos valores de insolación potencial. Pero, si nos referimos al registro conocido, observamos que en el 29% de las cavidades estudiadas se documentan depósitos a más de 5 m de profundidad; y ello ocurre cuando la morfología de la cavidad lo hace posible -cueva y gran cueva-.

Asimismo, cuando los restos son cuantitativamente importantes, tienden a situarse también lejos de la boca. Existe un claro predominio de los casos en los que los depósitos se localizan sólo en la boca; pero al hablar de boca nos referimos a los primeros cinco metros de desarrollo de la cavidad, lo que supone, desde nuestra perspectiva particular, la ocupación efectiva de un espacio interior. Ello resulta aún más evidente en aquellos casos en los que la ubicación topográfica de la cavidad no permite pensar en una ocupación al aire libre frente a la misma.

Efectivamente, el cambio climático global con respecto al Tardiglacial pudo influir en decisiones tales como el abandono de la cueva del Espinoso en favor de Mazaculos II -menos protegida-; pero, de hecho, en Mazaculos II tenemos una zona de hábitat perfectamente documentada. No cabe pensar, al menos para el Boreal y sobre todo para el Preboreal, en un hábitat al aire libre sin ningún tipo de estructura asociada durante las épocas menos favorables del año; épocas, por otro lado, en las que está asegurada la explotación de la zona intermareal. Asimismo, no parece lógico pensar en estructuras de habitación artificiales cuando la marina oriental ofrece tal cantidad de refugios naturales. Además, ya hemos visto que la ocupación de las cavidades se multiplica durante el período estudiado, e incluso existe una mayor variedad entre las cavidades utilizadas.

Es cierto que resulta difícil asumir la relación de proximidad existente entre el hombre y los desechos de su alimentación. Pero no debemos olvidar que interpretamos desde el opulento y refinado Occidente y que, como apunta Hodder, la relación que se establece entre los desechos y la organización social "[...] depende de las actitudes respecto de la suciedad" (Hodder 1988: 15 y s.). Así, Binford observó vertederos inmediatos a los accesos de las viviendas de los esquimales y de los aborígenes australianos; pero también pudo observar a los nunamiut limpiando sus yacimientos de primavera y otoño para evitar que los huesos y astas producto del descuartizamiento del caribú provocaran accidentes entre los miembros del grupo (Binford 1988).

3. LOS CONCHEROS: ALGUNAS NOTAS INTERPRETATIVAS.

3.1. El transporte.

Una aproximación al significado de los concheros debe partir de un hecho elemental: existe un transporte de recursos acuáticos -moluscos, equinodermos, crustáceos y también pescado- desde la costa hasta un punto más o menos alejado de la misma. Por otro lado, ese transporte incluye la parte desechable del alimento. Ciertamente, los moluscos no son más que "[...] small packages of meat sealed in heavy inedible shells" (Waselkov 1987: 144). En otros yacimientos mesolíticos, como el ya citado de Culverwell, el material desechable entró a formar parte de la estructura de hábitat (Palmer 1990), algo difícil de imaginar en nuestro caso.

El transporte dependerá del factor tiempo-distancia, entendido como "[...] el radio máximo de desplazamiento desde un yacimiento dado a un área de explotación de recursos determinada, tal que la energía consumida durante el viaje y extracción no exceda a la energía adquirida como alimento" (Davidson & Bailey 1984: 28). Se trata de una cuestión sobre la que ya se hizo hincapié en trabajos clásicos como el de Vita-Finzi y Higgs (1970: 7) o el de Jarman (1972: 706). En el caso de los moluscos, se ha señalado que el límite espacio-temporal debió de ser reducido a causa del transporte. Bailey estimó que, en ausencia de otro alimento, una persona necesitaría 700 ejemplares de *Ostrea edulis* o 400 de *Patella vulgata* al día para adquirir una cantidad suficiente de calorías. La recolección de esas 700 ostras supondría el transporte de una carga de 25 kg (Bailey 1978: 39 y s).

Pero, no debemos obviar que, al margen del propio ciclo vital de las especies y de la sobreexplotación, hablamos de recursos "seguros". Es decir, se trata de una labor de recolección en un ambiente concreto, y como tal, no debieron de ser muchos los factores que el recolector del ambiente intertidal hubo de controlar -marea y estado del mar-. Se trata de una actividad en la que, en principio, el hombre conocía el rendimiento que proporcionaba su labor en la costa; con un desplazamiento igualmente conocido desde su hábitat hasta el mar. El cazador no contó, sin duda, con estas ventajas.

En cualquier caso, no deja de ser lógico suponer que el transporte del marisco limitara de alguna manera los desplazamientos. Si aplicamos la fórmula Naismith -10 km en llano = 2 horas, ½ extra por cada variación de altitud de 300 m, comúnmente empleada por los montañeros para calcular recorridos- a la muestra de yacimientos considerada, observamos que algo más del 50% de los yacimientos se localizaría a un máximo de 12 minutos de camino; y otra parte importante (28%) se situaría a un tiempo de entre 12 y 24 minutos. No llegaría al 20% la proporción de yacimientos alejados de la costa en más de 24 minutos. Evidentemente, se trata de una aproximación global a la realidad; ya que la variación del nivel marino probablemente haya provocado, a nivel general, una reducción del espacio existente entre los yacimientos estudiados y la costa. Así, por ejemplo, la distancia entre la costa y Mazaculos II debió de ser mayor que la que hoy conocemos durante la formación del nivel 3.3 -en torno a 9290 BP-.

Se trata éste de un problema complejo, puesto que desconocemos la cronología precisa de la gran mayoría de los yacimientos y, sobre todo, la ubicación concreta del nivel marino a lo largo del período estudiado. En el primer capítulo ya apuntamos que no cabe considerar una pérdida excesiva de territorio durante el Mesolítico. Asimismo, cada km perdido supondría unos 12 minutos menos de trayecto; por lo que tampoco pensamos que los desplazamientos en el pasado fuesen mucho más importantes. Tampoco debe olvidarse que reflexionamos a partir del registro arqueológico conocido, y que desconocemos la incidencia que la ubicación de los concheros sumergidos pudiera tener sobre nuestras deducciones.

A partir de la información arqueológica conocida, cabe pensar en un traslado relativamente rápido del alimento desde la costa hasta las cavidades, aunque también existieron desplazamientos importantes. Entre la muestra de yacimientos estudiada, pueden citarse la cueva de Grandiella -a poco menos de una hora- y Torrevidiego -a más de hora y cuarto-. Otros yacimientos recogidos en el inventario están aún más alejados: cueva Llamazúa -a algo menos de hora y media- y la cueva de Cámara -a más de hora y media-.

Contamos con algún ejemplo entre los cazadores-recolectores actuales de cómo solucionar el problema que supone el transporte del material desechable. Así, cuando los Anbarra (Australia) fijan su asentamiento en torno a 1 km de la costa, el marisco se transporta íntegramente; pero cuando el campamento se localiza a 3-3,5 km del mar, el marisco es procesado en las proximidades de la costa y solamente se transporta el alimento (Waselkov 1987: 115).

Por lo que respecta al registro arqueológico estudiado, se ha planteado la posibilidad de que el trasporte se realizara "[...] desde los puntos de recogida dejando el sobrante en lugares de depósito en relación con el medio marino para mantenerlos durante largos períodos" (Madariaga de la Campa 1994: 134). Lo que sí es evidente es que se produjo un transporte íntegro del marisco, en condiciones de comestibilidad, desde la costa hasta las cavidades. La distancia a recorrer no influyó en ese comportamiento. También encontramos un ejemplo de este comportamiento en el registro etnográfico: las mujeres Nguni recorren de 3 a 5 km hasta el mar y regresan con el marisco vivo hasta sus viviendas (Waselkov 1987: 115).

Bajo nuestro punto de vista, ese transporte apoya la visión de los recursos marinos como complemento de la dieta. De haber sido el mar la fuente principal de aprovisionamiento, los grupos humanos se habrían asentado en las proximidades de la línea de costa (Arias 1992a: 171). Entre los Anbarra de Australia, por citar un caso conocido, el marisqueo supuso, en el año que B. Meehan vivió entre ellos, la actividad recolectora más frecuente. Se practicó el 58% de los días, aunque no fue más que un complemento para el conjunto de la dieta (Waselkov 1987: 114).

Por otro lado, el transporte del alimento desde la costa apoya la tesis defendida en el apartado anterior. De ese traslado del alimento cabe deducir la existencia de una zona de hábitat concreta, más o menos alejada de la costa y relacionada con las cavidades. Pudo producirse un consumo en las inmediaciones del mar, pero el traslado hasta las áreas habitacionales denota una organización en la práctica de la subsistencia. De igual manera, tal y como se ha documentado en los concheros excavados y como se adivina en la superficie de los no excavados, los productos de la actividad cinegética también fueron trasladados a las áreas de habitación para su consumo. Lo mismo cabe pensar con respecto a otro tipo de actividades, como la recolección de productos silvestres, más difíciles de detectar en el registro arqueológico pero que seguramente jugaron un papel importante en la dieta. Así, en el estudio de una sociedad de cazadores-recolectores del sur de la India, se han contabilizado hasta 77 tipos diferentes de productos silvestres destinados al consumo (Ananda 1992: 38).

Resulta evidente que la proximidad al mar no fue el factor decisivo a la hora de establecerse, aunque existieron emplazamientos estrictamente litorales. No se cumple por entero la máxima de Bailey, según la cual "[...] cuanto más cercano a la orilla aparezca un yacimiento, más fácil resultó la explotación de las conchas marinas y, consecuentemente, más denso el conchero resultante" (Bailey 1973: 79). El planteamiento es lógico, pero el registro arqueológico conservado no parece corroborarlo. Efectivamente, es evidente que los emplazamientos más próximos a la costa gozaron de mayores facilidades para explotar la zona intermareal. Sin embargo, en la muestra de yacimientos estudiada se ha observado que la distancia al mar no está relacionada con la entidad de los depósitos. Dicha entidad no aumenta al aproximarnos a la costa, aunque también es cierto que los concheros disminuyen en número al alejarnos del ambiente intertidal.

Probablemente, existió un límite "lógico" para el transporte, en ocasiones ampliamente superado (Meré, Llamazúa, Grandiella..), dentro del cual el hombre no restringió sus desplazamientos en función de la distancia. Tomando como referencia la ubicación actual de la línea de costa, 76 de los 81 yacimientos que componen la muestra analizada se sitúan a menos de 3 km de la costa; con un trayecto que, para el yacimiento más alejado de esos 76, superaría en algunos minutos la media hora. El conocimiento en el futuro de las posiciones relativas de la línea de costa durante la primera mitad del Holoceno, nos permitirá valorar con más precisión la pérdida de yacimientos y, por tanto, fijar con mayor exactitud dicho límite. Entre los cazadores-recolectores contemporáneos, ese límite parece estar fijado entre los 2 y los 3 km (Waselkov 1987: 115).

3.2. Tratamiento de los recursos transportados.

Tal y como indicamos al principio de este capítulo al definir los concheros, cabe preguntarse cúal es el tratamiento que recibió el marisco una vez trasladado a las zonas de hábitat. Waselkov plantea dos posibilidades: un consumo inmediato o bien diferido a partir de la conservación y almacenamiento del alimento. Contamos con información etnohistórica y etnográfica acerca de los modos de conservación del alimento, tales como el desecado de los mejillones o el ahumado de las ostras. Grupos como los Pomo y los Yuki, que pasaban la mitad del año en la costa de California, transportaban mejillones conservados en sus desplazamientos hacia el interior del territorio. En el s. XVIII, las poblaciones nativas de New York y de New Jersey se trasladaban hasta la costa para recolectar ostras y almejas, que conservaban para el consumo invernal o bien para realizar intercambios con otros grupos del interior. Ese tráfico parece haber sido importante incluso antes de la llegada de los europeos. De hecho, los primeros intercambios entre los colonizadores y los nativos en Jamestown y Plymouth incluyeron el marisco desecado (Waselkov 1987: 106 y ss.).

De esta manera, de los datos etnohistóricos y etnográficos cabe deducir la existencia de otros factores que, al margen del propio consumo, quizá haya que valorar a la hora de interpretar los depósitos que nos ocupan: el almacenamiento y el intercambio. Éste último resulta muy difícil de detectar en el registro arqueológico; algunos restos de marisco localizados a más de 80 km de la costa en yacimientos del sur de Carolina, de los Andes peruanos, o del sur de África, podrían ser la prueba de su existencia (Waselkov 1987: 108). En cambio, el almacenamiento parece más fácil de detectar en el registro arqueológico. Tal es el caso de Moita do Sebastião, donde se hallaron dos hoyos rellenos de conchas de *Scrobicularia plana*; hecho que llevó a Roche (1989: 609) a interpretarlos como silos. Otro caso es el de Beg-er-Vil, yacimiento del Mesolítico bretón en el que se documentaron fosas de desechos, dos de las cuales pudieron estar inicialmente destinadas al almacenamiento (Kayser 1991: 205).

En nuestro caso, los datos conocidos no nos permiten valorar adecuadamente estos factores, sobre todo el posible uso del marisco como elemento de trueque. Efectivamente, no conocemos grupos interiores que hubiesen podido beneficiarse de la actividad recolectora de los grupos costeros. Por otro lado, no existe evidencia alguna de desplazamientos de entidad hacia el interior del territorio. Según la información de que disponemos hasta la fecha, los grupos mesolíticos no se adentraron en el territorio más allá de la depresión prelitoral. Quizá estos desplazamientos resultaban innecesarios, ya que se trataba de grupos bien adaptados a un territorio en el que explotaban un espectro amplio de recursos silvestres. La estrategia de la explotación intensiva de un medio concreto también se practicó en el abastecimiento de las materias primas líticas (*cf.* Arias 1992c).

Asimismo, la presencia de concheros en puntos alejados de la costa, como Meré, parece desacreditar la hipótesis de la conservación del alimento. El grupo o los grupos que ocuparon la cueva de Cámara transportaron el marisco durante más de hora y media desde la costa hasta la cueva, donde se arrojó el material desechable -conchas-. Es decir, el marisco se transportó vivo, sin un procesamiento previo del alimento. Otras cavidades con conchero situadas a varios km del mar apoyan igualmente este punto de vista: ¿qué sentido tiene transportar el alimento durante varios km para después conservarlo y almacenarlo?. Para el conjunto del Mesolítico europeo, M. Deith (1989: 77) también ha considerado poco probable que se produjera una conservación sistemática de los recursos acuáticos.

Por todo ello, una vez que el marisco hubiese sido transportado, se plantean dos posibilidades: consumo inmediato o moderadamente diferido en función de su grado de resistencia fuera del medio marino. En este sentido, cabe referirse al género *Patella*, "[...] posiblemente el molusco que más uniformemente aparece en los concheros de todos los yacimientos del Cantábrico" (Madariaga de la Campa 1967: 364). Se trata de un molusco ampliamente representado en la costa cantábrica (*cf.* Borja 1987 para el caso vasco). En los niveles mesolíticos de La Riera, este género predomina claramente (Ortea 1986: 290). Asimismo, el género *Patella* siempre domina en los recuentos de moluscos recuperados en excavaciones de otros concheros asturienses (González Morales 1982: 72). Por otro lado, tal y como queda reflejado en el inventario de yacimientos presentado, en la gran mayoría de los depósitos de conchero es evidente el predominio del género *Patella*, al menos en superficie. Nos interesa resaltar aquí la gran resistencia de las lapas a la desecación y a los cambios de temperatura; lo que permitió, según Madariaga, el transporte de las mismas hasta las cuevas y abrigos del interior: "[...] siempre que se mantengan fijas y se las evite la desecación, las lapas permanecen vivas sin alimento y sin agua salada durante diez e incluso más días" (Madariaga de la Campa 1967: 364 y 371). La conservación se produce mejor en seco que en agua salada, ya que los individuos, adheridos unos a otros, retienen el agua. La otra posibilidad requeriría una renovación periódica del agua -siempre salada-. La lapa, de alto contenido en proteínas y portadora de abundantes vitaminas -sobre todo A-, es un alimento pesado, de difícil digestión para ciertas personas. Ello puede evitarse mediante el tratamiento por calor (Madariaga de la Campa 1967: 398 y ss.). En un trabajo realizado a instancias de J. A. Ortea, también se verificó la resistencia de *Monodonta lineata* fuera del medio marino (de 12 a 14 días) (Arias 1991a: 319).

Ciertas observaciones nos hacen pensar que, en ocasiones, el marisco pudo no ser consumido. Cuando están agrupadas, las lapas se adhieren unas a otras para retener el agua y evitar la desecación; hecho que seguramente ocurrió durante el Mesolítico cuando fueron trasladadas desde la costa hasta las zonas de habitación. En algunos concheros -Arenillas, Punteu, Madalenas, Tina 2 y Cordoveganes-, hemos observado ejemplares de *Patella* adheridos entre sí, adoptando la misma postura que los ejemplares vivos. Probablemente, en ocasiones, parte del marisco no fue consumido por alguna circunstancia, y la parte dura de las lapas se conservó en la posición que éstas habían adquirido tras la recolección. Ello es una prueba más de que el hombre valoró la resistencia de las lapas a la desecación; las trasladó hasta las áreas habitacionales y no siempre se consumieron inmediatamente. En ocasiones, el alimento no fue aprovechado.

3.3. La distribución de los asentamientos por el territorio.

Como ya apuntamos al comienzo de este capítulo, resulta difícil aproximarse, con un cierto grado de detalle, al patrón de poblamiento de los cazadores-recolectores del pasado. Asimismo, elaboramos nuestros modelos desde una perspectiva exclusivamente económica; algo que, como ha señalado Casimir (1992: 5), empobrece notablemente una realidad que debió de ser más rica en motivaciones. La investigación sobre el tema ha valorado las diferentes propuestas: hábitat estable a lo largo del año en la zona litoral, con una explotación de recursos estacionalmente complementarios; hábitat itinerante a lo largo de la costa con constantes cambios de territorio; hábitat organizado en campamentos base y campamentos satélite a partir de los cuales se llevarían a cabo actividades especializadas (*cf.* Clark & Lerner 1980, González Morales 1982: 203, Arias 1991a: 317 y ss.).

Bajo nuestro punto de vista, no existen datos suficientes como para inclinarse, con una cierta seguridad, por alguna de estas propuestas. Además, debe valorarse la distorsión que pudo originar el ascenso del nivel del mar sobre el registro original. Por otro lado, parece lógico suponer que no todos los yacimientos conocidos hayan sido contemporáneos, un problema inherente a toda aproximación espacial en Arqueología (Hodder & Orton 1990: 261). En cualquier caso, la escasez de los datos y los problemas no nos liberan de la obligación de, al menos, tomar una postura crítica sobre esta cuestión.

Por lo que respecta al modelo de ocupación jerarquizada de asentamientos de diversos tipos, parece razonable suponer que yacimientos como el covacho de la Peña, cueva Llamazúa, el conjunto de Meré o el abrigo de Torrevidiego, fuesen emplazamientos a partir de los cuales se llevara a cabo algún tipo de actividad especializada. Según la idea propuesta por Arias (1991a: 318), la relación de los asentamientos de valle y montaña con un asentamiento importante -campamento base- de la plataforma litoral explicaría la presencia de concheros en aquéllos.

Sin embargo, no observamos con tanta claridad el hecho de que los campamentos base de la plataforma litoral contasen con asentamientos especializados para la recolección de recursos marinos en las proximidades del mar. Ya hemos demostrado que no existe una relación estadísticamente significativa entre la entidad de los depósitos y la distancia que separa a los yacimientos del mar; y tampoco entre la entidad de los concheros y la altitud. Si partimos de la base de que los emplazamientos costeros tuvieron la función de proporcionar recursos alimenticios marinos a los campamentos-base situados a unos 2 km de la costa, no parece lógico que encontremos depósitos importantes en las proximidades del mar: cueva de la Barra, cueva de la Cabrera, abrigo de Arenillas, etc. El marisco se transportó vivo hasta los campamentos más interiores, por lo que tampoco cabe interpretar estos emplazamientos costeros como centros de procesamiento donde se desechó la parte no comestible, para después transportar el alimento a las áreas residenciales; tal y como hacen los Anbarra australianos y como, según la reciente interpretación de C. Bonsall, pudo ocurrir en la costa oeste de Escocia durante el Mesolítico (Bonsall, en prensa).

Por otro lado, no se constata, al menos con la información de la que hemos podido disponer, una relación entre el tipo de cavidad y la distancia al mar; y tampoco entre el tipo de cavidad y la altitud. Es decir, no existe un predominio de cavidades poco favorables para la habitación (covachas y abrigos) en la costa. A lo largo de nuestros trabajos de prospección, hemos podido constatar la existencia de concheros en cavidades próximas al litoral que, en principio, presentan buenas condiciones para la habitación: cueva de la Cabrera, Cuevona de Tronía, San Antolín -cueva-, cueva del Tenis, etc.

Asimismo, tampoco parece existir una relación entre el tipo de cavidad y la entidad de los depósitos arqueológicos; hecho que también desacredita la idea de la existencia de cavidades favorables para la habitación que presentan ocupaciones importantes -campamentos base-, y de cavidades menos favorables con ocupaciones menos intensas -campamentos especializados-.

De la misma forma, las condiciones de insolación son bastante homogéneas. Es decir, no existe un tipo de cavidad más o menos insolado que otro. Por tanto, a través del factor insolación tampoco percibimos, en general, la existencia de campamentos muy frecuentados frente a otros ocupados de manera más esporádica y que, por tanto, no requirieron unas condiciones de insolación favorables. Finalmente, no nos parece lógico que un asentamiento situado a menos de media hora de la costa (2 km) necesitase un campamento satélite junto al mar para realizar una actividad que, como ya apuntamos anteriormente, no debió de estar sujeta a demasiados imprevistos.

El carácter de la actividad cinegética, siempre más imprevisible, quizá sí requirió la existencia de campamentos específicos en zonas de valle y montaña. Por otro lado, más allá de los 2 km siguen apareciendo diferentes tipos de cavidades. Por tanto, no parece que el argumento de la habitabilidad de las cavidades pueda ser utilizado para defender la existencia de campamentos base y campamentos especializados. En principio, la ocupación de pequeños covachos apoyaba la idea de un hábitat organizado en campamentos base y puestos de caza y/o recolección dentro del territorio. Sin embargo, al analizar los datos de manera sistemática, observamos que la distribución espacial de ese tipo de cavidades no apoya el citado modelo.

La distribución homogénea por el territorio de las cavidades poco aptas para la habitación también afecta a los otros dos modelos de explicación -hábitat itinerante y hábitat estable en la zona litoral explotando recursos estacionalmente complementarios-. En cualquier caso, no debemos olvidar que interpretamos parte de un registro arqueológico que se formó a lo largo de varios milenios. Las condiciones medioambientales no fueron siempre las mismas, por lo que la elección de los asentamientos no se produjo siempre bajo las mismas circunstancias. Esta es sólo una posibilidad de explicación, ya que desde nuestra perspectiva particular, son varias las causas que pueden explicar la ocupación de este tipo de cavidades; entre ellas una insolación favorable o el número de personas que las ocuparon. En este sentido, cabe recordar las observaciones realizadas por Binford entre los distintos grupos de cazadores-recolectores actuales. El arqueólogo norteamericano observó que el factor que condiciona las dimensiones de los distintos espacios habitacionales es siempre el mismo: el cuerpo humano. Como ejemplo, pueden citarse las chozas de los campamentos bosquimanos, cuyas variaciones de tamaño "[...] se deben simplemente al número de personas que las ocupan" (Binford 1988: 186).

Tal y como ha apuntado Arias (1991a: 318), no nos parece que un poblamiento itinerante a lo largo de la costa, con constantes cambios de territorio, resultara ser un modelo eficaz; sobre todo si se plantea la existencia de movimientos cíclicos costa-interior. En un territorio limitado, como la marina oriental de Asturias, debió de resultar más interesante tener la posibilidad de explotar varios ambientes diferentes a la vez. No parece lógico pensar que la obtención de determinados recursos requiriera constantes cambios en la ubicación del grupo.

Los análisis isotópicos están empezando a proporcionar información acerca de la estacionalidad en la práctica del marisqueo (Deith & Shackleton 1986, González Morales 1992: 189). Los análisis realizados hasta la fecha, aún escasos, apuntan hacia una recolección del marisco a finales del otoño o en invierno, y no en los momentos más cálidos dentro del ciclo anual. Pero, tal y como señalan Deith y Shackleton para el caso concreto de La Riera, "Whether the lack of summer collected shells indicates that shellfish were simply not eaten in the summer, or that the site was not occupied then, can only be determined by an examination of all the other classes of data in addition to the shells" (Deith & Shackleton 1986: 312). De hecho, nosotros ya nos referimos a la posible existencia de campamentos al aire libre en las épocas más favorables del año.

Con respecto al consumo de marisco en verano, cabe señalar la tradición popular que, en las colonias inglesas de Norteamérica, alertaba sobre el peligro que para la salud suponía el consumo de un alimento que durante el verano se estropeaba con facilidad al ser transportado hacia el interior del territorio (Waselkov 1987: 110 y s.). En el ámbito geográfico estudiado, la temperatura estival no debió de favorecer el transporte del marisco hasta unos campamentos que, además, presentaban unas condiciones de insolación muy favorables. En los meses fríos, la buena insolación de los asentamientos aumentó la calidad de vida, y las bajas temperaturas no aceleraron la desecación del marisco.

Se ha señalado que el marisco resulta menos sabroso en la época del desove (Waselkov 1987: 110). Por lo que se refiere al género más representado en los concheros (*Patella*), cabe señalar que así como en Inglaterra *Patella intermedia* se reproduce fundamentalmente entre junio y octubre (Eales 1967: 182), en la costa asturiana su período reproductor parece ser más uniforme a lo largo del año (Ortea 1980: 64). Asimismo, la máxima actividad sexual de *Patella rustica* en el tramo costero estudiado tiene lugar entre octubre y noviembre (Ortea 1980: 70), el mismo período en el que se reproduce *Patella vulgata* en la costa inglesa (Eales 1967: 182). En cualquier caso, no podemos asegurar que el medio marino no fuese explotado durante los meses cálidos.

El hallazgo de individuos muy jóvenes entre la fauna terrestre del nivel 3.3 de Mazaculos, cazados en primavera y verano, parece indicar, junto con el marisqueo de otoño e invierno, una utilización de la zona costera durante todo el año (González Morales 1992: 189). Debieron de existir cavidades que se utilizaron durante mucho tiempo, como atestiguan las fechas de La Riera y de Mazaculos II, dentro de un modelo de ocupación perfectamente adaptado a la realidad.

La caza de ciertas especies, sobre todo de *Capra Pyrenaica*, bien adaptada a los roquedos abruptos, pudo motivar la existencia de campamentos un tanto alejados de la costa. El bosque mixto caducifolio proporcionó casi todo lo necesario para la subsistencia: los productos vegetales y los mamíferos bien adaptados al mismo -*Sus scrofa*, *Capreolus capreolus* y, sobre todo, *Cervus elaphus*-. Los recursos marinos tuvieron un papel importante, pero no fueron los protagonistas de la subsistencia.

Por todo lo comentado, nos decantamos por un hábitat estable en la costa a lo largo del año, en lugares relativamente cercanos al mar desde los que se explotarían recursos estacionalmente complementarios. En ocasiones, la caza de una/s determinada/s especie/s pudo motivar la existencia de campamentos considerablemente alejados del mar.

CONCLUSIONES FINALES

Tras los rigores climáticos del Dryas reciente, período en el que el Golfo de Bizkaia conoció un importante descenso de las temperaturas, los datos de interés paleoambiental procedentes de los niveles mesolíticos de cavidades de Asturias, así como de yacimientos no antrópicos del norte peninsular, garantizan una substancial mejora del clima durante la primera mitad del Holoceno. Sin embargo, la implantación de las condiciones interglaciares se produjo de manera progresiva, tal y como demuestra el hecho de que la expansión del bosque mixto de *Quercus* y *Corylus* no se produjera hasta el Boreal.

En general, se observa una cierta similitud entre el presente y el período que nos ocupa, pero no debemos obviar los efectos de la proximidad cronológica del Preboreal con respecto al Dryas III, así como el aumento de las temperaturas durante el Atlántico. Por tanto, cualquier aproximación al hábitat humano del Holoceno antiguo en el Cantábrico debe asumir que el medio ambiente no condicionó siempre del mismo modo la existencia de los cazadores-recolectores de la primera mitad del Holoceno. De hecho, según el modelo propuesto por Salas, la temperatura media habría ascendido 10°C desde el final del Tardiglacial hasta los comienzos del Atlántico. Apenas contamos con información relativa a las precipitaciones, pero los registros lacustres peninsulares sugieren la existencia de un grado de humedad superior al actual durante el período estudiado.

Observamos con preocupación los destructivos efectos de la transgresión flandriense sobre el registro arqueológico del Tardiglacial, pero nos inquieta aún más la escasa acogida del problema entre los paleolitistas. Bajo nuestro punto de vista, se trata de una cuestión ineludible, al menos para aquellos que no sólo conciben la Prehistoria desde una perspectiva diacrónica. Una vez conocido un yacimiento en profundidad (estratigrafía, industria, dataciones, etc.), no podemos obviar la necesidad de conocer la naturaleza del enclave, pero no la actual sino la pretérita. Difícilmente podremos aproximarnos a la realidad cotidiana de un determinado grupo humano que ocupa una cavidad, hoy yacimiento arqueológico, si ni tan siquiera conocemos la relación espacial que ese hábitat guardó con ese punto de referencia que, aún hoy en día, sigue siendo el mar. Por otro lado, debe valorarse la pérdida de yacimientos, un hecho que distorsiona nuestra percepción del registro arqueológico tardiglacial, y lo que es más grave, nuestras interpretaciones.

Afortunadamente, en nuestro caso el impacto debió de ser mucho menor, aunque sí suficiente como para tenerlo en consideración, tal y como se ha hecho en otras zonas de la fachada atlántica europea (Portugal, Francia, Escocia, etc.). En primer lugar, desconocemos el número de yacimientos perdidos por el ascenso del nivel del mar. Pero contamos con un dato significativo: más de la mitad de los yacimientos localizados en el primer km de costa no se alejan del mar más allá de los 500 m; lo que nos permite proponer, al menos como hipótesis, que el número de yacimientos en la franja de territorio sumergida debió de ser importante. En segundo lugar, desconocemos la distancia real de los asentamientos hasta el mar, ya que en la actualidad sólo percibimos la distancia existente a la línea de costa actual.

La ausencia de caliza en el substrato geológico (costa occidental) o la falta de condiciones propicias para el desarrollo del modelado cárstico (costa central), determinan nuestra percepción del registro arqueológico. Al oeste de Berbes, sólo los picos asturienses parecen garantizar la existencia de ocupaciones mesolíticas más allá de la marina oriental. No pensamos que la escasez de yacimientos en la costa central y occidental deba relacionarse con el tipo de prospección desarrollada. Es evidente que la ausencia de cavidades determinó la no conservación de los concheros. Sin embargo, una ocupación importante del territorio hubiese arrojado un mayor número de restos de industria lítica.

Desde nuestra perspectiva particular, la ausencia de abrigos naturales es el factor que determina la ruptura en el poblamiento al oeste de Berbes. Tras defender la idea de la utilización de las cavidades de la marina oriental como lugares de hábitat, pensamos que el registro arqueológico conservado al oeste del concejo de Ribadesella constituye la evidencia de un poblamiento mesolítico marginal. Debido a la escasez o ausencia de abrigos naturales, la costa central y occidental no se ocupó de manera importante. Se produjo un poblamiento diferente al de la marina oriental, localizado en un sector del territorio en el que las condiciones geomorfológicas no permitieron que se repitiera el comportamiento observado en los concejos orientales. Más difícil resulta explicar la existencia de esos asentamientos en la costa central y occidental.

Desde el punto de vista económico, también cabe definir como marginal el poblamiento situado al oeste de Berbes. En general, la localización de los yacimientos es estrictamente litoral, al menos en la actualidad. De cualquier modo, a juzgar por el tipo de utillaje, parecen ser asentamientos vinculados a la explotación del medio costero. Por tanto, se trata de un hábitat carente de las posibilidades económicas que se desprenden del poblamiento mesolítico del oriente asturiano; donde la estrategia económica se basaba en la explotación de un espectro amplio de recursos (Arias 1992a, 1992b).

Puede pensarse en una dependencia de los emplazamientos ubicados al oeste de Berbes con respecto al poblamiento de la marina oriental; ya que los yacimientos de la costa central y occidental parecen ser producto, únicamente, de la explotación del litoral. En cambio, dicha explotación sólo supuso un complemento para la dieta de los cazadores-recolectores que poblaron la costa oriental. La zona de máxima concentración de yacimientos (Cabo Peñas) se encuentra a unos 50 km de Berbes, lo que implicaría un desplazamiento importante. Sin embargo, hablamos de cazadores-recolectores y la existencia de incursiones más o menos habituales en la costa central y occidental entra dentro de lo posible. Ello pudo deberse a motivos económicos, pero tampoco conviene elaborar los modelos sobre poblamiento desde una perspectiva exclusivamente económica, ya que ello contribuye a empobrecer una realidad que debió de ser mucho más rica en motivaciones. No obstante, sí es cierto que emplazamientos interesantes desde el punto de vista económico, como la desembocadura de la ría de Villaviciosa o la ensenada de Bañugues, presentan restos arqueológicos que denotan, sobre todo en el segundo caso, ocupaciones importantes.

El estrecho corredor que se desarrolla entre los Picos de Europa y las sierras litorales del oriente de Asturias formó parte del espacio ocupado por los cazadores-recolectores mesolíticos. Se han obtenido fechas correspondientes a los períodos Boreal y Atlántico. La escasez de asentamientos conocidos en esta parte de la región está relacionada con la lógica desaparición de los concheros, en un sector del territorio relativamente alejado de la costa. Ello resta eficacia a la prospección de superficie, por lo que la realización de sondeos se hace imprescindible. No creemos que los Canes y Arangas sean dos casos aislados.

El panorama en la marina oriental es muy diferente al del resto de la costa y al de la vertiente meridional de las sierras litorales del oriente. La intensidad del trabajo de campo desarrollado desde comienzos de siglo y las favorables condiciones para la conservación del registro, posibilitan la existencia de un mapa de distribución de yacimientos cuantitativamente aceptable. Como ya indicamos en las páginas introductorias, en Prehistoria difícilmente puede llegar a obtenerse una base de datos definitiva, y la que nosotros hemos utilizado tampoco lo es. Pero, una vez valorados los factores de distorsión, cabe ser optimistas y pensar que, al menos, trabajamos con una muestra representativa de lo que debió de ser el registro original. El daño causado por el mar es, de momento, irreparable.

En el sector del Cantábrico estudiado, las fechas disponibles para el Aziliense se sitúan dentro de los límites temporales considerados para el desarrollo de este período en el conjunto de la región. Las dataciones nos indican que existieron contextos mesolíticos durante el Preboreal en Asturias, aunque las dataciones se concentran en el Boreal y en la primera mitad del Atlántico. El Preboreal fue un período de continuidad en el poblamiento y también de cambio, pero no se caracterizó por la existencia de asentamientos funcionalmente complementarios en la costa y en el interior.

Desde aproximadamente el 6000 BP hasta la plena expansión del fenómeno megalítico (*circa* 5500 BP), asistimos a un período difícil de definir. El debate está centrado en la existencia o no de producción de alimentos antes del desarrollo del citado fenómeno funerario. No somos desde luego partidarios de otorgar a la cerámica un papel decisivo en esta discusión, pero creemos que la presencia de ésta en la U.E. 7 de los Canes -nivel datado dentro de esos "siglos oscuros"- nos indica que algo, no sabemos qué, está cambiando en una región en la que el registro permaneció impasible durante milenios. En función de las diferencias observadas entre "lo asturiense" y "lo mesolítico", consideramos que existió un período de transición -bien representado por la U.E. 7 de los Canes- en el que el equilibrio de la economía depredadora comenzó a romperse. Los últimos datos procedentes del Cantábrico oriental confirman de una manera aún más evidente esa ruptura. En cualquier caso, mientras no se defina con un cierto grado de detalle esta fase de transición, difícilmente podremos etiquetarla de mesolítica o de neolítica.

La costa oriental de Asturias sigue proporcionando nuevos concheros, y probablemente se conocerán más en los próximos años. El alto número de yacimientos registrados ha hecho posible nuestra labor; pero también ha resultado difícil trabajar, en la mayoría de los casos, con información procedente de la prospección de superficie. Sólo algunos yacimientos han sido datados de forma absoluta, mientras que en otras ocasiones se pudo acudir a la datación relativa (tipología y estratigrafía arqueológica).

Sin embargo, la situación más habitual es aquella en la que sólo ha resultado posible describir, de manera aproximada, la composición malacológica del depósito. En estos casos, existen algunos argumentos negativos que nos ayudan a fijar la cronología relativa de los concheros. La total ausencia de *Littorina l.* y de una determinada industria lítica u ósea, nos lleva a descartar la cronología aziliense o paleolítica en general. Asimismo, la falta de cerámica en los concheros y el hecho de que la asociación conchero-cerámica no sea una realidad usual en la región, nos hace suponer que no estudiamos un registro arqueológico producto de poblaciones portadoras de cerámica.

En relación a los concheros, definidos éstos como depósitos antrópicos en los que la fauna malacológica es la principal realidad observable, cabe preguntarse cuál fue la zona de hábitat de aquellas poblaciones que tan vinculadas estaban al ambiente intertidal. Sin negar en absoluto la posible existencia de un hábitat al aire libre, sobre todo en las épocas más favorables del año, consideramos que existen una serie de evidencias que permiten defender la idea de la ocupación efectiva de las cavidades como lugares de hábitat:

1. No parece razonable pensar, al menos para el Preboreal y el Boreal, en un hábitat al aire libre sin estructuras de habitación asociadas en los momentos más fríos dentro del ciclo anual; momentos además en los que está garantizada la explotación económica del medio costero.

2. Según nuestras observaciones de campo, sólo una minoría de las cavidades inspeccionadas presenta indicios de haber albergado en el pasado concheros que habrían podido llegar a obturar realmente la boca de esas cavidades, inutilizándolas como lugares de hábitat. Asimismo, la ubicación topográfica de algunas cuevas no permite pensar que los restos arqueológicos que contienen sean producto de una ocupación al aire libre en las proximidades de las mismas.

3. En una parte importante de las cavidades estudiadas (29%) se conservan concheros a más de 5 m de profundidad. Lógicamente, ello ocurre cuando la morfología de la cavidad lo permite. Asimismo, cuando los restos son cuantitativamente importantes, también ocupan puntos alejados de la boca. Predominan los casos en los que los depósitos se sitúan sólo en la boca. En cualquier caso, ello supone la ocupación efectiva de un espacio interior, ya que al hablar de boca nos referimos a los primeros 5 m de desarrollo de la cavidad. Este hecho resulta aún más evidente cuando la ubicación topográfica de la cueva no permite pensar en una ocupación al aire libre frente a la misma.

4. El estudio realizado sobre la insolación potencial nos permite asegurar, para la muestra de yacimientos analizada, que resulta común la situación en la que la cavidad y el terreno circundante cuentan con valores elevados de insolación potencial; hecho que cabe interpretar, en principio, como un factor favorable desde el punto de vista de la habitabilidad. Ello debió de tener mayor importancia en la época invernal, momento del año en el que, como ya hemos señalado, está garantizada la explotación de la zona litoral. La modelización de los factores que determinan la calidad de vida que ofrece un determinado emplazamiento puede permitirnos conocer las características de los asentamientos, y en consecuencia, las decisiones del grupo humano respecto a la ubicación de sus campamentos. Se trata de una línea de investigación a explorar en detalle, ya que puede proporcionar un avance notable en nuestros conocimientos sobre el hábitat de cualquier período (*vid.* al respecto Chapa *et al.* 1998).

5. Durante el Mesolítico, los recursos marinos se transportaron, en condiciones de comestibilidad, desde la costa hasta las cavidades del oriente de Asturias. En ocasiones, el desplazamiento fue limitado, pero en otros casos éste fue más importante. Este traslado de los recursos acuáticos desde el litoral apoya la tesis de la existencia de una zona de hábitat concreta, más o menos alejada del mar y relacionada con las cavidades. La existencia de restos faunísticos producto de la caza en los concheros también apoya este punto de vista.

En síntesis, los cazadores-recolectores de la primera mitad del Holoceno ocuparon las cavidades de la costa oriental de Asturias. No por ello negamos la posible existencia de un hábitat al aire libre. De hecho, a juzgar por los resultados de los escasos análisis isotópicos efectuados hasta la fecha, el marisqueo de verano, de existir, no estuvo relacionado con las cavidades.

En otro orden de cosas, estimamos que el buen rendimiento económico que proporcionaba la explotación del medio costero restó importancia al transporte; pero la inexistencia de un patrón de poblamiento estrictamente litoral corrobora la idea de que los recursos acuáticos sólo fueron un complemento para la dieta. Existió un límite "lógico" para el transporte, dentro del cual el hombre no limitó sus desplazamientos.

La información etnohistórica y etnográfica nos indica que existen otros factores, al margen del propio consumo, que no deben obviarse en el estudio de los concheros: el almacenamiento y el intercambio. En nuestro caso, no conocemos grupos interiores que hubiesen podido beneficiarse de la actividad recolectora de los grupos costeros. Por otro lado, la existencia de concheros en lugares notablemente alejados de la costa desacredita la hipótesis de la conservación del marisco. Asimismo, la falta de datos sobre desplazamientos de entidad hacia el interior del territorio tampoco apoya dicha posibilidad.

Por ello, tras el traslado del marisco sólo cabe pensar en dos posibilidades: consumo inmediato o moderadamente diferido según el grado de resistencia del alimento fuera del medio marino. En este sentido, cabe destacar la gran resistencia del género *Patella* a la desecación y a los cambios de temperatura. En algunos concheros, hemos observado ejemplares de *Patella* adheridos entre sí, en la misma posición que adoptan los ejemplares vivos para no desecarse. En ocasiones, el marisco no fue consumido, y la parte desechable de las lapas se conservó en la posición que estas habían adoptado tras la recolección. No es posible hablar de almacenamiento, pero sí de un consumo moderadamente diferido; un hecho interesante a la hora de valorar la presencia de concheros en cavidades localizadas a más de hora y media de la costa.

Dada la naturaleza de un sistema económico cazador y recolector, resulta difícil plantear una aproximación al modo en el que los pobladores de la marina oriental gestionaron el espacio durante el Holoceno antiguo. Bajo nuestro punto de vista, el carácter imprevisible de la actividad cinegética requirió la existencia de campamentos específicos en zonas de valle y montaña. Sin embargo, no parece admisible que un asentamiento localizado a unos 2 km de la costa necesitase un campamento satélite junto al mar para llevar a cabo la actividad recolectora. Los tests estadísticos efectuados a partir de una serie de variables relacionadas con esta cuestión también rechazan esta posibilidad.

El hecho de que los análisis isotópicos realizados indiquen una recolección del marisco a finales del otoño o en invierno, no nos garantiza que el marisqueo no se practicara durante los meses cálidos. Los nuevos análisis en curso arrojarán algo más de luz sobre esta cuestión. Probablemente, la temperatura estival no favoreció el traslado del marisco hasta unos campamentos que, además, presentaban unos valores elevados de insolación potencial. En cambio, durante los meses fríos, el descenso de las temperaturas contribuyó a una mejor conservación del marisco.

A la luz de la información disponible, pensamos que los cazadores-recolectores del Holoceno antiguo ocuparon emplazamientos relativamente cercanos a la costa. Los recursos acuáticos se trasladaron hasta esos lugares, quizá de manera estacional, para complementar la dieta. En ocasiones, la práctica de la caza pudo exigir la existencia de campamentos especializados en puntos alejados de la costa; todo ello dentro de un sistema económico en el que el bosque proporcionó casi todo lo necesario para la subsistencia.

SUMMARY

After the rigours of the climate of Younger Dryas, period at which Bay of Biscay went through as low temperatures as those of the last glacial maximum, the data of paleoenvironmental interest originating in the mesolithic levels of Asturias caves, as well as of non-anthropic sites north of the Iberian Peninsula, guarantee a substantial improvement of the climate during the first half of Holocene.

In general, a certain similarity is observed between the present and the period we are studying (*circa* 9-6000 BP). But we should not obviate the efects of the chronologic proximity of Preboreal with respect to Dryas III, as well as the rise of temperatures during Atlantic. Therefore, any approach to the human habitat of old Holocene in the Cantabrian must assume that the environment did not always condition the existence of the hunter-gatherers in the same way.

Concerned, we watch the destructive efects of the Flandrian transgression on the archaeological register of the Late Glacial period. But we are more concerned about the slight welcome of the problem among the archaeologists. Fortunately, in our case (Mesolithic) the impact must have been much weaker, although strong enough as to take it into consideration, as it has been done in other places of the European Atlantic front (Portugal, France, Scotland, etc.).

In first place, we do not know the number of sites that have been lost due to the rise of the sea level. But we have an interesting fact: more than half of the sites in the first km of the coast do not go away from the sea further than 500 m; which lets us propose, at least as a hypothesis, that the number of sites in the submerged strip of land must have been important. In second place, we do not know the real distance from the sites to the sea, since today we only perceive the distance to the present coast line.

The absence of limestone in the geological substratum (western coast of Asturias) or the lack of suitable conditions for the development of the carstic modelling (central coast), determine our perception of the archaeological register. West of Berbes (Ribadesella), just the asturian summits seem to guarantee the existence of mesolithic occupations further than the Asturian eastern coastal area. We do not think that the scarcity of sites in the central and western coast should be connected to the kind of prospection developed. It is evident that the absence of caves determined the non-conservation of the asturian shell middens. However, an important occupation of the territory would have given a larger number of rests of lithic industry.

After defending the idea of the use of the caves of the eastern coastal area as habitat places, we think that the archaeological register kept west of the Ribadesella council constitutes the evidence of a marginal mesolithic settlement. Due to the scarcity or absence of natural shelters, the central and western coast was not significantly occupied. A settlement was produced that was different to that of the eastern coastal area. It was placed in a sector of the territory where geomorphical conditions did not permit the repetition of the behaviour observed in the eastern councils.

The narrow passage between Picos de Europa and the coastal mountain range east of Asturias formed part of the space that the mesolithic hunter-gatherers occupied. The scarcity of settlements known in this part of the region is connected to the logical disappearance of the shell middens, in a sector of the territory fairly far from the coast. This reduces the efficiency of the surface prospection. Therefore the realization of excavations is essential. The scene at the eastern coast of Asturias is very different to that of the rest of the coast and to that of the southern side of the eastern coastal mountain range. The intensity of field work developed since the beginning of the century and the advantageous conditions for the conservation of the register, enable the existence of a quantitatively acceptable map of sites distribution.

The datings indicate that mesolithic contexts existed in Asturias during Preboreal, although the datings concentrate in Boreal and in the first half of Atlantic. Preboreal was a period of continuity in the settlement and also of change. But it was not distinguished for the existence of funcionally complementary settlements on the coast and inland. From approximately 6000 BP to the total expansion of the Megalithic phenomenon (*circa* 5500 BP), we watch a period which is difficult to define. The debate is focused on the existence or not of food production before the development of the named funeral phenomenon. According to the differences observed between "the Asturian" and "the Megalithic", we consider that a period of transition existed when the balance of the predator economy began to fall apart. The last data from eastern Cantabrian confirm in a yet more evident way that falling apart.

In relation to the asturian shell middens, defined as anthropic deposits where malachological fauna is the main observable reality, one wonders which was the place of habitat of those settlements that were so linked to the intertidal environment. Not denying at all the possible existence of a habitat in the open air, above all in the most favourable periods of the year, we consider that a series of evidence exist that allow to defend the idea of the effective occupation of the caves as places of habitat: the necessity to have available a minimally efficient habitat during the coldest periods of the year, at least for Preboreal and Boreal; the topographic location of some caves, which does not allow to think of the existence of occupations in the open air in front of them; the situation of the shell middens in the caves, in numerous cases deeper than 5 m; the favourable sun exposure on the caves under study; and the transfer of the resources, marine as well as terrestrial, to the caves.

Not because of that do we deny the possible existence of a habitat in the open air. In fact, judging by the results of the scarce isotopic analysis undertaken up to the date, summer shellfishing, if it existed, had nothing to do with the caves. Probably, summer temperatures did not favour the transfer of the shellfish to camp sites which, besides, had a great potential of sun exposure. Instead, during the cold months, the decrease in temperatures contributed to a better conservation of shellfish.

Passing now to other matters, we reckon that the good economic performance that the exploitation of the coast resources supplied, made transport less important; but the inexistence of a strictly coastal pattern of settlement confirms the idea that water resources were just a complement to the diet. A "logical" limit existed for transport, in which man did not limit his journeys.

Ethnohistoric and ethnographic information indicate that other elements exist, besides consumption itself, that must not be obviated in the study of the shell middens: storage and interchange. In our case, we do not know inland groups that might have profited from the picking activity of the coastal groups. On the other side, the existence of shell sites in places quite far away from the coast discredits the hypothesis of shellfish conservation. Likewise, the lack of data about significant journeys inland does not support such possibility either.

Therefore, after the transfer of the shellfish one can only think of two possibilities: immediate or moderatelly postponed consumption depending on the degree of resistance of the food out of the sea. In this sense, the great resistance of genus *Patella* to dessication and temperature changes is outstanding. It is not possible to talk about storage, but it is to talk about a moderatelly postponed consumption. An interesting fact when considering the presence of shell middens in caves which are more than one hour and a half away from the coast.

All in all, we think that the hunter-gatherers of old Holocene occupied sites which were fairly close to the coast. The water resources were transferred to these places, perhaps depending on the season, to complement the diet. Sometimes, the practice of hunting might have required the existence of specialized camp sites far from the coast; all of this within an economic system in which the woods supplied almost everything that was needed to subsist.

APÉNDICE I. INFORMACIÓN ADICIONAL SOBRE LA MODELIZACIÓN DE LA INSOLACIÓN POTENCIAL

1. LA DIGITALIZACIÓN DE LOS MAPAS TOPOGRÁFICOS.

En principio, la información topográfica digital podría obtenerse de dos fuentes: Instituto Geográfico Nacional (I.G.N., comercializado por el C.N.I.G., Centro Nacional de Información Geográfica) y Servicio Geográfico del Ejército (S.G.E.). Las consultas efectuadas en su momento dieron, sin embargo, resultados negativos.

En el caso del I.G.N./C.N.I.G., no está disponible la topografía digital de la zona en su versión vectorial -curvas de nivel-. Sí se encuentra disponible un conjunto de modelos digitales de elevaciones en formato matricial con una resolución de 25 m. Sin embargo, éstos eran insuficientes ya que, de la zona de trabajo, sólo se disponía de la hoja 32-IV. Por este motivo se descartó la compra de estos modelos para el análisis. Del resto del área se dispondría de las hojas 31-II, 31-III y 31-IV, por lo que podrían ser utilizados si se decide realiza el estudio en el resto de la marina oriental de Asturias (hoja 31). El precio fijado por el C.N.I.G. para el modelo digital de elevaciones de cada hoja (E. 1:25.000) es de 30.000 pts y no existe descuento académico.

El Servicio Geográfico del Ejército dispone de la topografía E. 1:50.000 del área de estudio. Sin embargo, debido al cambio de procedimiento de comercialización, en este momento (1997) la venta de cartografía digital está paralizada de forma indefinida. El precio de la topografía digital de cada hoja E. 1:50.000 era de 30.000 pta en 1996, con un descuento aplicable a organismos de la Administración de un 25%.

Por todo ello, se descartó la compra del material digital preexistente y se decidió realizar la digitalización manual de la información topográfica necesaria. Para ello, se disponía de la siguiente información cartográfica:

1. Hojas editadas por el I.G.N. a escala 1:25.000.
2. Hojas editadas por el Servicio Hidroeconómico de la Excma. Diputación Provincial de Oviedo a escala 1:5.000. Esta cartografía se realizó con fotogramas aéreos tomados en los años 1969-70 y se publicó cinco años más tarde.
3. Hojas del Servicio de Ordenación del Territorio de la Consejería de Ordenación del Territorio, Vivienda y Medio Ambiente, a escala 1:10.000 y editadas en 1986.

Las pruebas realizadas mostraron una notable incompatibilidad entre las tres potenciales fuentes de datos. Esta incompatibilidad se refleja en la diferente disposición y trazado de las curvas de nivel, especialmente en las zonas de menor relieve -rasa y parte superior de las sierras planas-, y en la imposibilidad de superponerlas de manera satisfactoria. Por ello, se optó por digitalizar la topografía reflejada en las hojas E. 1:25.000 del I.G.N.

La digitalización manual se realiza con un tablero digitalizador sobre el que se coloca el mapa. Las curvas de nivel se siguen manualmente con un cursor de forma que el ordenador recibe a ciertos intervalos, prefijados o decididos por el operador, las coordenadas que definen la trayectoria de la línea. En este caso, la digitalización se realizó sobre un tablero digitalizador DIN A1, con una selección de los puntos relevantes de la topografía de acuerdo con las siguientes pautas:

1. La totalidad de curvas de nivel desde la línea de costa hasta los 200 m de altitud, con intervalos entre curvas de 10 m.
2. La totalidad de curvas a partir de los 200 m y dentro del área de estudio con intervalos entre curvas de 20 m.
3. La totalidad de puntos acotados presente en los mapas E. 1:25.000 y 1:10.000 por debajo de los 100 m de altitud.

La digitalización de las curvas de nivel se realizó a intervalos similares a los existentes entre curvas e incluyendo los puntos relevantes del relieve. El resultado de la digitalización en un conjunto de puntos acotados con una distribución espacial equilibrada y pseudo-aleatoria, donde se han obviado los redundantes o no representativos y, al contrario, se han incluido los que definen mejor las características del diseño topográfico. Los trabajos de digitalización son, en la práctica, de calidad muy irregular. En nuestro caso, se han seguido algunas normas básicas que sirven de control ante la comisión de errores:

1. Se han usado mapas en buen estado y sin plegar, ya que es básico evitar mapas doblados, deformados o con las líneas poco visibles. Esta precaución no es banal ya que, desde hace algún tiempo, el I.G.N. pliega la totalidad de sus mapas, dificultando enormemente la labor de digitalización.
2. Se ha controlado con precisión la referencia espacial del mapa mediante los necesarios puntos de control. El error cuadrático medio ha sido igual o inferior a 5 m -equivalente a 0,20 mm sobre el mapa E. 1:25.000-.
3. Se ha observado la recomendación de no introducir un número excesivamente elevado de puntos en las curvas de nivel. En principio, el resultado óptimo en el proceso de generación del modelo digital de elevaciones se obtiene cuando la distancia entre puntos a lo largo de una línea sea similar a la distancia entre líneas. El mapa digitalizado es sometido a continuación a un conjunto de procesos para generar el modelo digital de elevaciones matricial.

2. EL MODELO DIGITAL DE ELEVACIONES (MDE).

Un modelo digital de elevaciones se define como una estructura numérica de datos que representa la distribución espacial de la altitud de la superficie del terreno. Un terreno real puede describirse de forma genérica como una función continua bivariable $z=\zeta(x, y)$, donde z representa la altitud del terreno en el punto de coordenadas y ζ es una función que relaciona la variable con su localización geográfica. En un MDE se aplica la función anterior sobre un dominio espacial concreto, D. Por tanto, un MDE puede describirse genéricamente como MDE$=(D, \phi)$.

En la práctica, la función no es continua sino que se resuelve a intervalos discretos, por lo que el MDE está compuesto por un conjunto finito y explícito de elementos. Los valores de x e y suelen corresponder con las abscisas y ordenadas de un sistema de coordenadas plano, habitualmente un sistema de proyección cartográfica.

La generalización inherente a la discretización del modelo implica una pérdida de información que incrementa el error del MDE y, en consecuencia, se propaga a los modelos derivados. Por este motivo, se han ensayado numerosas opciones en la búsqueda de una forma de representar y almacenar la altitud que equilibre la pérdida de información y algunos efectos secundarios indeseables, como el excesivo tamaño de los archivos o la dificultad de manejo.

En general, la unidad básica de información en un MDE es un punto acotado, definido como una terna compuesta por un valor de altitud, z, al que acompañan los valores correspondientes de x e y. Las variantes aparecen cuando estos datos elementales se organizan en estructuras que definen sus interrelaciones espaciales y topológicas.

Mientras que los mapas impresos usan casi exclusivamente una única convención -las curvas de nivel- para la representación de la superficie del terreno, en los MDE se usan alternativas algo más variadas.

Históricamente, las estructuras de datos en los sistemas de información geográfica y, por extensión, en los modelos digitales del terreno, se han dividido en dos grupos en función de la concepción básica de la representación de los datos: vectorial y raster. El modelo de datos vectorial está basado en entidades u objetos geométricos definidos por las coordenadas de sus nodos y vértices. El modelo de datos raster está basado en localizaciones espaciales, a cada una de las cuales se le asigna el valor de la variable para la unidad elemental de superficie.

En el modelo vectorial los atributos del terreno se representan mediante puntos acotados, líneas o polígonos. Los puntos se definen mediante un par de valores de coordenadas con un atributo de altitud, las líneas mediante un vector de puntos y los polígonos mediante una agrupación de líneas. En el modelo raster, los datos se interpretan como el valor medio de unidades elementales de superficie no nula que teselan el terreno con una distribución regular, sin solapamiento y con recubrimiento total del área representada.

En nuestro caso, la construcción del MDE se realiza en dos fases principales: digitalización de la información topográfica y generación de la estructura de datos adecuada para el tratamiento informático. La primera fase genera un modelo de contornos-vectorial-, mientras que en la segunda se reestructura la información para adaptarla al proceso de modelización, generándose un modelo matricial -raster-.

2.1. El modelo de contornos.

La estructura básica de un modelo de contornos es la polilínea definida como un vector de n pares de coordenadas (x, y) que describe la trayectoria de las curvas de nivel o isohipsas. El número de elementos de cada vector es variable; la reducción de éste a un único elemento, $n=1$, permite incorporar cotas puntuales sin introducir incoherencias estructurales. Una curva de nivel concreta queda definida, por tanto, mediante un vector ordenado de puntos que se sitúan sobre ella a intervalos adecuados para garantizar la exactitud necesaria del modelo. La localización espacial de cada elemento es explícita, conservando los valores individuales de coordenadas. En el caso más sencillo, el MDE está constituido por el conjunto de las curvas de nivel que pasan por la zona representada, separadas generalmente por intervalos constantes de altitud, más un conjunto de puntos acotados que definen lugares singulares -cimas, fondos de dolinas, collados, etc.-.

2.2. El modelo matricial regular.

La estructura matricial es el resultado de superponer una retícula sobre el terreno y extraer la altitud media de cada celda. La retícula adopta normalmente la forma de una red regular de malla cuadrada. En esta estructura, la localización espacial de cada dato está determinada de forma implícita por su situación en la matriz, una vez definidos el origen y el valor del intervalo entre filas y columnas.

2.3. La estructura a utilizar.

En todo proyecto es necesario decidir la estructura de datos idónea para los modelos digitales. Algunas de sus implicaciones son las siguientes:

1. Adoptar una estructura de datos concreta supone decidir el método de construcción del modelo e, indirectamente, qué tipo de información va a ser representada y cuál descartada.
2. Implica decidirse por un esquema concreto de almacenamiento y gestión informática de los datos, con sus ventajas e inconvenientes.
3. Implica la necesidad de traducir los algoritmos a formas compatibles con la estructura de datos elegida.
4. Supone aceptar las limitaciones que las aplicaciones informáticas puedan tener para gestionar la información en el formato elegido.

Es decir, la elección de la estructura de datos es importante porque condiciona completamente el futuro manejo de la información. Los sistemas de información geográfica y algunas aplicaciones dedicadas expresamente al tratamiento de los MDT usan mayoritariamente una sola estructura: las matrices regulares.

El papel del modelo de contornos ha quedado reducido a ser una etapa intermedia en la captura de información: la de digitalización del mapa topográfico. El diseño de algoritmos para el manejo posterior de la información se ha mostrado tan dificultoso que no se considera una alternativa viable para el tratamiento de los datos topográficos.

2.4. Generación del MDE matricial.

Como ya se han indicado, tras el proceso de digitalización la información topográfica no está en un formato adecuado para su manejo informático directo. La transformación del modelo de contornos a un modelo matricial puede realizarse de diferentes formas. En nuestro caso, se ha utilizado un algoritmo de interpolación denominado genéricamente *kriging*, que se ha mostrado especialmente adecuado para variables geográficas con pautas espaciales similares a las que sigue la topografía -variables regionalizadas-. Se incluye a continuación una introducción al método, donde se muestran sus principales ventajas e inconvenientes.

2.5. La interpolación mediante *kriging*.

El método de interpolación denominado habitualmente *kriging* deriva del nombre de D. G. Krige, uno de los pioneros del método. En castellano se utilizan también las expresiones *krigeado* y *krigeage*. El *kriging* está estrechamente relacionado con los métodos de interpolación en función inversa de la distancia, cuya expresión general es la siguiente:

$$\bar{z}_j = \sum_{i=1}^{n} k_{ij} \cdot z_i$$

donde $\bar{z}_j$ es el valor de altitud estimado para el punto j; n es el número de puntos usados en la interpolación; z_i el valor en el punto i-ésimo y k_{ij} el peso asociado al dato i en el cálculo del nodo j. Los pesos k varían entre 0 y 1 para cada dato y la suma total de ellos es la unidad. Es decir, cada punto del modelo matricial será interpolado a partir de los datos que existan en un entorno a su alrededor. Normalmente, se fija un entorno circular, se buscan los datos existentes en el modelo de contornos y se realiza una interpolación.

Las diferencias entre los diversos métodos estriban en la forma de calcular los pesos de cada dato. Los métodos de distancia inversa calculan la distancia entre cada dato y el punto problema, y establecen una función de proporcionalidad entre el peso y la distancia. Lo lógico es que los datos más cercanos tengan una influencia mayor que los más lejanos.

En el *kriging* se asume que la altitud puede definirse como una variable regionalizada, lo que quiere decir que la variación espacial de la variable a representar puede ser explicada, al menos parcialmente, mediante funciones de correlación espacial: la variación espacial de los valores de z puede deducirse de los valores circundantes de acuerdo con unas funciones homogéneas en toda el área.

El método asume que estas funciones pueden deducirse analizando la correlación espacial entre los datos en función de la distancia entre ellos. En efecto, en el caso de los MDE, es razonable suponer que el valor de altitud en un punto está relacionado de alguna manera con el valor de los puntos vecinos, distribuidos a distancias variables. Puede suponerse, asimismo, que la "influencia" de los puntos más lejanos es menor que la de los más próximos. El *kriging* estima esta dependencia midiendo la semivarianza entre datos separados por distancias diferentes, lo que permite efectuar una interpolación estableciendo la influencia de la distancia entre los datos de forma objetiva y adaptada a las condiciones del relieve de cada zona concreta a estudiar.

El *kriging* es un método muy exigente desde el punto de vista informático por su complejidad, pero los resultados obtenidos pueden considerarse adecuados para realizar la modelización de la insolación potencial. El resultado del proceso de interpolación mediante kriging es un MDE matricial con las siguientes propiedades:

Nombre : MDE20		
Tamaño de celda (m)	20	
Dimensiones:	Filas: 616	Columnas: 1631
Límites (UTM):	X mínima = 348262	X máxima = 380882
	Y mínima = 4799940	Y máxima = 4812260
Extensión (m):	E-O : 32620	N-S : 12320
Rango de altitud (m):	Z mínima = 0	Z máxima = 1300
Altitud media (m):	Z media = 333	

Se ha utilizado un SIG (*Idrisi* v. 2 para Windows) para transformar los datos de altitud digitalizados en un modelo digital de elevaciones, así como para realizar los cálculos de los modelos de insolación.

3. LA TRAYECTORIA SOLAR.

Los parámetros que definen la trayectoria del sol constituyen datos externos imprescindibles para llevar a cabo la modelización de la radiación solar. La localización aparente del sol depende de una serie de parámetros de los cuales los más importantes son:

1. La latitud del punto problema, L, que puede variar en un rango de $\pm$ 90° entre los polos geográficos N y S.
2. La declinación solar, D, variable según la época del año en un rango de $\pm$ 23½° entre los solsticios de verano e invierno.
3. El ángulo horario, H, dependiente de la hora del día y variable en un círculo de 360° centrado en el punto analizado.

La localización del sol se suele expresar en coordenadas esféricas: acimut φ y elevación angular sobre el horizonte θ cuyas expresiones de cálculo son las siguientes (Felicísimo 1994: 175):

$$\operatorname{sen} \theta = (\operatorname{sen} D \cdot \cos L) + (\cos D \cdot \operatorname{sen} L \cdot \cos H)$$

$$\cos \varphi = \frac{(\cos L \cdot \operatorname{sen} D) - (\cos D \cdot \operatorname{sen} L \cdot \cos H)}{\cos \theta}$$

donde D representa la declinación solar, L la latitud geográfica del punto problema -positiva en el hemisferio norte y negativa en el sur- y H en ángulo horario.

La declinación solar para una determinada época del año puede determinarse a partir de tablas o, aproximadamente, mediante expresiones empíricas. Una de las más simples es:

$$D = 23.5 \cdot \operatorname{sen} [0.986 \cdot (284 + d)]$$

donde d es el ordinal del día del año, comenzando el 1 de enero y todas las magnitudes se expresan en grados sexagesimales.

Refiriéndonos al hemisferio norte, el ángulo horario suele tomarse como cero en el mediodía, cuando el acimut solar es de 180° y, por tanto, el sol está situado al sur. Los ángulos son negativos hacia el este y positivos hacia el oeste, con intervalos de 15° por hora: por ejemplo, a falta de dos horas para el mediodía, el ángulo horario es de -30°.

A partir de las expresiones anteriores es posible obtener las horas de salida y puesta del sol -cambio del signo de la altura sobre el horizonte- así como el número de horas de sol del día -intervalo en el cual los valores de altura sobre el horizonte son positivos-. Como es lógico, la duración máxima teórica del día representa un límite superior a la insolación potencial.

4. ANÁLISIS DEL OCULTAMIENTO TOPOGRÁFICO DEBIDO AL RELIEVE CIRCUNDANTE.

Formalmente, definiremos una función de intervisibilidad υ, entre dos puntos S, Q que puede tomar dos valores:

$$v(S,Q) = \begin{cases} cierto & \text{si } S \text{ y } Q \text{ son mutuamente visibles} \\ falso & \text{en caso contrario} \end{cases}$$

El punto S representa la posición del sol o fuente de iluminación, definida por sus coordenadas esféricas. El punto Q es cualquiera de las celdas del modelo digital de elevaciones. La intervisibilidad se decide de acuerdo con la definición siguiente: dos puntos S y Q son mutuamente visibles si el segmento rectilíneo que los une o línea visual tiene siempre una altitud superior a la del terreno sobre su proyección, excepto en los propios puntos inicial y final, S y Q. En este caso, si S es una fuente de luz, Q está sometido a iluminación directa y no existe ocultamiento topográfico.

Por tanto, para el cálculo de la iluminación de S sobre Q, se construirá el perfil topográfico definido por la proyección de la línea visual. Posteriormente, se analizarán los puntos intermedios para comprobar si su altitud es suficiente para interceptarla.

La intercepción de la línea visual por un punto depende de la altitud de dicho punto y de la correspondiente a la línea visual en el mismo lugar. El análisis se ha realizado de la forma siguiente:

1. Se calcula la pendiente de la línea visual -ángulo con respecto a la horizontal- desde la fuente de iluminación S al punto final Q. La pendiente coincide con la tangente de la elevación solar sobre el horizonte $\tg \theta$.
2. Se construye un perfil topográfico sobre la proyección de la línea visual, compuesto por n puntos separados por una distancia d.
3. Se comprueba cada uno de los puntos del perfil para comprobar si alguno de ellos intercepta la línea visual; para ello se calcula la pendiente entre el punto k y el punto analizado Q:

$$\tg \theta_k = (z_Q - z_k)/d_k$$

donde z_Q es la altitud del punto Q, z_k la del punto a comprobar y d_k la distancia entre los puntos Q y k.
4. Se comparan las pendientes: si $\tg \theta > \tg \theta_k$ no existe intercepción, en caso contrario, el punto problema intercepta la línea visual y no existe iluminación directa.

El proceso anterior nos permite conocer si un punto concreto recibe iluminación directa para una posición solar determinada. De esta manera, el modelo de sombreado para una posición solar S se define como el conjunto de puntos de un MDE para los cuales se ha definido el valor de la función binaria de intervisibilidad $v(S, MDE)$. Es decir, un modelo de sombreado, MDS, está formado por el resultado de aplicar la condición de intervisibilidad al MDE para una posición solar S. El resultado sólo puede adoptar los dos valores lógicos cierto o falso:

$$MDS(S) = \{\forall Q \mid v(S,Q) = cierto \vee falso\}$$

5. ANÁLISIS DE AGRUPAMIENTOS -*clustering*-.

Este tipo de análisis se denomina genéricamente *clustering* o análisis de agrupamientos. El objetivo de estas técnicas es realizar el agrupamiento de los elementos en grupos o clases con propiedades significativamente diferentes entre sí.

Los métodos de clasificación son métodos multivariables donde es posible tener en cuenta más de un descriptor. En nuestro caso, se han utilizado los valores de los cinco modelos de insolación potencial. Estos modelos forman un conjunto de información único equivalente a una matriz tridimensional, en la que las filas y columnas representan la localización geográfica, mientras que la tercera dimensión representa las diferentes propiedades medidas: cada celda de la matriz (i, j, k) posee el valor de la variable k en la localización geográfica definida por la fila i y la columna j.

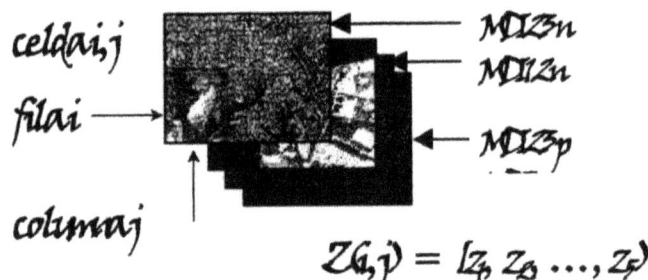

La imagen superior muestra un esquema de un modelo digital multivariable, similar conceptualmente a una matriz de tres dimensiones donde cada capa es un modelo de insolación y cada celda queda definida por los valores de los cinco modelos incluidos en el análisis.

El conjunto de los modelos agrupados se denomina modelo digital multivariable, MDM. En el MDM cada celda queda definida por un vector de valores o signatura, uno para cada MDI incluido en el análisis. Los grupos creados por el análisis de agrupamientos incluirán en una clase todas aquellas celdas con valores semejantes en sus signaturas. El *clustering* no requiere intervención externa alguna ya que divide las celdas en "grupos naturales" con criterios puramente estadísticos.

Este tipo de clasificación presenta la ventaja de que no requiere un previo conocimiento de las clases existentes en la zona; obliga, en contra, a realizar una interpretación de los resultados, reflejo de combinaciones de variables inicialmente desconocidas.

Uno de los métodos más habituales en la clasificación no supervisada es el algoritmo denominado habitualmente *isodata* (Duda & Hart 1973). Este algoritmo realiza un proceso iterativo para dividir el espacio k-dimensional en un número definido de clases, n. En un primer paso, los n vectores de medias de las clases se rellenan con valores arbitrarios y las celdas se clasifican en función de su signatura, asignándolos a la clase más similar. Posteriormente, los vectores de medias de las clases son recalculados a partir de los nuevos grupos y las celdas son reclasificadas. El proceso se repite hasta que no se detecta un cambio significativo en la asignación de celdas entre un paso y el anterior.

El análisis se ha realizado extrayendo para cada celda con presencia de yacimiento los valores de insolación para cada época del año. El resultado es un listado de forma similar al que presentamos en la página siguiente.

Este conjunto de valores se ha analizado en un programa estadístico para realizar los agrupamientos. Para realizar los análisis estadísticos presentados en este libro se ha utilizado el programa SPSS (v. 5 para Windows).

ID	XUTM	YUTM	MDR23N	MDR12N	MDR0	MDR12P	MDR23P
1	351572.4	4811370.5	16	20	23	25	29
2	351272.4	4810630.5	9	13	16	21	24
3	351172.4	4810370.5	16	20	24	26	29
4	350532.4	4810350.5	16	20	24	26	29
5	351172.4	4810330.5	16	20	24	26	29
6	351752.4	4810330.5	15	20	22	25	27
7	351592.4	4810270.5	15	19	23	25	28
8	350472.4	4810170.5	16	20	24	26	29
9	351852.4	4810170.5	15	20	23	26	29
10	350372.4	4810150.5	16	20	24	26	29
11	350092.4	4809950.5	16	20	23	26	30
12	351992.4	4809770.5	14	20	23	26	29
13	350292.4	4809690.5	16	20	24	26	30
14	350052.4	4809650.5	16	19	23	26	29
15	350672.4	4809290.5	13	20	24	26	30
16	358772.4	4808830.5	15	19	23	26	30
...	...	...	...	...	...	...	...

APÉNDICE II. ANÁLISIS ESTADÍSTICOS

I. Quick Cluster

Initial Cluster Centers.

Cluster	MDR0	MDR12N	MDR12P	MDR23N	MDR23P
1	24.0000	20.0000	26.0000	16.0000	29.0000
2	17.0000	7.0000	22.0000	.0000	25.0000

Convergence achieved due to no or small distance change.
The maximum distance by which any center has changed is .0000
Current iteration is 3
Minimum distance between initial centers is 22.4944

Iteration	Change in Cluster Centers	
	1	2
1	3.4124	7.1955
2	.1273	.8284
3	.0000	.0000

Case listing of Cluster membership.

ID	Cluster	Distance
1	2	5.799
2	1	5.021
3	1	5.021
4	1	5.021
5	1	5.021
6	2	7.945
7	1	1.166
8	1	4.626
9	1	3.685
10	2	4.430

11	2	3.142
12	1	2.181
13	1	2.237
14	1	1.791
15	1	1.836
16	1	2.385
17	1	1.183
18	1	3.460
19	1	5.833
20	1	2.178
21	1	3.380
22	1	1.111
23	1	2.977
24	1	2.215
25	1	1.909
26	1	1.154
27	1	3.119
28	1	3.439
29	1	1.251
30	1	2.215
31	1	2.181
32	1	6.188
33	1	2.359
34	1	1.685
35	1	2.391
36	1	1.074
37	1	1.733
38	1	2.246
39	1	2.745
40	1	1.810
41	1	2.975
42	2	4.345
43	1	3.315
44	1	3.315
45	1	2.559
46	1	3.315
47	1	3.315
48	1	3.315
49	1	3.560
50	1	3.282
51	1	2.690
52	2	7.882
53	1	1.074
54	1	1.035
55	1	1.111
56	1	3.625
57	1	2.680
58	1	.959
59	1	.959
60	1	1.124
61	2	3.791
62	1	1.111
63	1	1.142
64	1	1.142
65	1	1.795

66	1	1.142
67	1	1.717
68	1	2.209
69	1	2.209
70	1	1.054
71	1	6.721
72	1	1.099
73	1	2.209
74	1	1.829
75	1	.959
76	1	1.008
77	2	6.883
78	1	2.738
79	1	2.209
80	1	.959
81	1	3.460

Final Cluster Centers.

Cluster	MDR0	MDR12N	MDR12P	MDR23N	MDR23P
1	22.5479	18.5753	25.3836	13.4795	28.6575
2	18.2500	12.3750	21.8750	5.6250	25.1250

Distances between Final Clusters Centers.

Cluster	1	2
1	.0000	
2	11.9749	.0000

Analysis of Variance.

Variable	Cluster MS	DF	Error MS	DF	F	Prob
MDR0	133.1832	1	.982	79.0	135.6172	.000
MDR12N	277.1783	1	1.363	79.0	203.2955	.000
MDR12P	88.7536	1	.989	79.0	89.7359	.000
MDR23N	444.7947	1	5.418	79.0	82.0819	.000
MDR23P	89.9706	1	1.991	79.0	45.1816	.000

Number of Cases in each Cluster.

Cluster	unweighted cases	weighted cases
1	73.0	73.0
2	8.0	8.0
Missing	0	
Valid cases	81.0	81.0

II. Factor Analysis

Analysis number 1 Listwise deletion of cases with missing values
Extraction 1 for analysis 1, Principal Components Analysis (PC)
Initial Statistics:

Variable	Communality	Factor	Eigenvalue	Pct of Var	Cum Pct
MDR0	1.00000	1	3.72381	74.5	74.5
MDR12N	1.00000	2	.98002	19.6	94.1
MDR12P	1.00000	3	.13706	2.7	96.8
MDR23N	1.00000	4	.08627	1.7	98.5
MDR23P	1.00000	5	.07285	1.5	100.0

PC extracted 1 factors
Factor Matrix:

	Factor 1
MDR0	.95584
MDR12N	.90469
MDR12P	.89569
MDR23N	.74000
MDR23P	.80115

Final Statistics:

Variable	Communality	Factor	Eigenvalue	Pct of Var	Cum Pct
MDR0	.91363	1	3.72381	74.5	74.5
MDR12N	.81847				
MDR12P	.80226				
MDR23N	.54760				
MDR23P	.64185				

III. Tests de ji-cuadrado

Prueba 1 Insolación vs tipo de cavidad.

Tipo de cavidad

		Cueva	Abrigo	Covacha	Gran Cueva	Row total
Insolación	Count	1	2	3	4	
grupo 1	1	28	8	16	14	66 (91,7 %)
grupo 2	2	3	1	1	1	6 (8,3%)
	Column	31	9	17	15	72
	Total	43,10%	12,50%	23,60%	20,80%	100,00%

Chi-Square	Value	DF	Significance
Pearson	,35246	3	,94988
Likelihood Ratio	,35901	3	,94857
Linear-by-Linear-Linear Association	,21973	1	,63925

Minimum Expected Frequency - ,750
Cells with expected frequency < 5 -   4 of   8 (50.0%)
Number of Missing Observations: 9

Prueba 2.1 Distancia al mar vs tipo de cavidad I.

Tipo de cavidad

		Cueva	Abrigo	Covacha	Gran cueva	Row total
Distancia al mar	Count	1	2	3	4	
< 800 m	1	14	6	8	4	32 (44,4 %)
>= 800 m	2	17	3	9	11	40 (55,6 %)
	Column	31	9	17	15	72
	Total	43,10%	12,50%	23,60%	20,80%	100,00%

Chi-Square	Value	DF	Significance
Pearson	3,77351	3	,28698
Likelihood Ratio	3,87526	3	,27525
Linear-by-Linear-Linear Association	,99891	1	,31757

Minimum Expected Frequency - 4,000
Cells with expected frequency < 5 -   1 of   8 (12,58%)
Number of Missing Observations: 9

Prueba 2.2 Distancia al mar vs tipo de cavidad II.

Tipo de cavidad

		Cueva	Abrigo	Covacha	Gran cueva	Row total
Distancia al mar	Count	1	2	3	4	
< 1 km	1	17	6	9	6	38 (52,8%)
1-2 km	2	8	1	3	8	20 (27,8%)
> 2 km	3	6	2	5	1	14 (19,4%)
	Column	31	9	17	15	72
	Total	43,10%	12,50%	23,60%	20,80%	100,00%

Chi-Square	Value	DF	Significance
Pearson	8,08010	6	,23229
Likelihood Ratio	8,01588	6	,23694
Linear-by-Linear-Linear Association	,08412	1	,77180

Minimum Expected Frequency - 1,750
Cells with expected frequency < 5 -   7 of   12 (58,38%)
Number of Missing Observations: 9

Prueba 2.3 Distancia al mar vs tipo de cavidad III.

Tipo de cavidad

		Cueva	Abrigo	Covacha	Gran cueva	Row total
Distancia al mar	Count	1	2	3	4	
< 1 km	1	17	6	9	6	38 (52,8 %)
>= 1 km	2	14	3	8	9	34 (47,2 %)
	Column	31	9	17	15	72
	Total	43,10%	12,50%	23,60%	20,80%	100,00%

Chi-Square	Value	DF	Significance
Pearson	1,73227	3	,62978
Likelihood Ratio	1,75076	3	,62571
Linear-by-Linear-Linear Association	,74830	1	,38701

Minimum Expected Frequency - 4,250
Cells with expected frequency < 5 -   2 of   8 (25,0%)
Number of Missing Observations: 9

Prueba 3 Altitud vs tipo de cavidad.

Tipo de cavidad

Altitud	Count	Cueva 1	Abrigo 2	Covacha 3	Gran cueva 4	Row total
50 m o menos	1	22	9	14	13	58 (80,6 %)
más de 50 m	2	9		3	2	14 (19,4 %)
Column Total		31 43,10%	9 12,50%	17 23,60%	15 20,80%	72 100,00%

Chi-Square	Value	DF	Significance
Pearson	4,38443	3	,22283
Likelihood Ratio	5,95942	3	,11360
Linear-by-Linear-Linear Association	1,57464	1	,20954

Minimum Expected Frequency - 1,750
Cells with expected frequency < 5 -   3 of   8 (37,5%)
Number of Missing Observations: 9

Prueba 4 Entidad de los restos vs tipo de cavidad.

Tipo de cavidad

Entidad	Count	Cueva 1	Abrigo 2	Covacha 3	Gran cueva 4	Row total
de poca entidad	0	13	6	9	3	31 (48,4%)
de entidad	1	15	3	5	10	33 (51,6%)
Column Total		28 43,80%	9 14,10%	14 21,90%	13 20,30%	64 100,00%

Chi-Square	Value	DF	Significance
Pearson	5,99830	3	,11169
Likelihood Ratio	6,23532	3	,10071
Linear-by-Linear-Linear Association	,62439	1	,42942

Minimum Expected Frequency - 4,359
Cells with expected frequency < 5 -   2 of   8 (25,0%)
Number of Missing Observations: 17

Prueba 5 Localización de restos vs tipo de cavidad.

Tipo de cavidad

Localización	Count	Cueva 1	Abrigo 2	Covacha 3	Gran cueva 4	Row total
a menos de 5 m	1	16	9	14	4	43 (64,2%)
a más de 5 m	2	3			1	4 (6,0%)
en ambos	3	8		3	9	20 (29,9%)
Column Total		27 40,30%	9 13,40%	17 25,40%	14 20,90%	67 100,00%

Chi-Square	Value	DF	Significance
Pearson	17,41807	6	,00786
Likelihood Ratio	20,55916	6	,00220
Linear-by-Linear-Linear Association	2,18603	1	,13927

Minimum Expected Frequency -   ,537
Cells with expected frequency < 5 -   6 of   12 (50,0%)
Number of Missing Observations: 14

Prueba 6 Ocupación previa vs tipo de cavidad.

Tipo de cavidad

Ocupación previa	Count	Cueva 1	Abrigo 2	Covacha 3	Gran cueva 4	Row total
sin ocupación	0	22	9	17	10	58 (80,6%)
con ocupación	1	9			5	14 (19,4%)
Column Total		31 43,10%	9 12,50%	17 23,60%	15 20,80%	72 100,00%

Chi-Square	Value	DF	Significance
Pearson	9,94248	3	,01906
Likelihood Ratio	14,48821	3	,00231
Linear-by-Linear-Linear Association	,26864	1	,60425

Minimum Expected Frequency -   1,750
Cells with expected frequency < 5 -   3 of   8 (37,5%)
Number of Missing Observations: 9

Prueba 7 Entidad de los restos vs localización de los restos

Localización de los restos

	Count	a menos de 5 m 1	a más de 5 m 2	en ambos 3	
Entidad					
de poca entidad	0	26	1	3	30 (47,6%)
de entidad	1	13	3	17	33 (52,4%)
	Column Total	39 61,90%	4 6,30%	20 31,70%	63 100,00%

Chi-Square	Value	DF	Significance
Pearson	15,02455	2	,00055
Likelihood Ratio	16,13848	2	,00031
Linear-by-Linear-Linear Association	14,41824	1	,00015

Minimum Expected Frequency -   1,905
Cells with expected frequency < 5 -   2 of   6 (33,3%)
Number of Missing Observations: 18

Prueba 8.1 Distancia al mar vs entidad de los restos I.

Entidad de los restos

Distancia al mar	Count	de poca entidad 0	de entidad 1	Row total
< 800 m	1	16	15	31 (46,3%)
>=800 m	2	16	20	36 (53,7%)
	Column Total	32 47,80%	35 52,20%	67 100,00%

Chi-Square	Value	DF	Significance
Pearson	,34306	1	,55807
Continuity Correction	,11590	1	,73352
Likelihood Ratio	,34325	1	,55796
Linear-by-Linear-Linear Association	,33794	1	,56102
Fisher´s Exact Test:			
One-tail			,36683
Two-tail			,62795

Minimum Expected Frequency -   14,806
Number of Missing Observations: 14

Prueba 8.2 Distancia al mar vs entidad de los restos II.

Entidad de los restos

Distancia al mar	Count	de poca entidad 0	de entidad 1	Row total
< 1 km	1	18	17	35 (52,2%)
1-2 km	2	6	13	19 (28,4%)
> 2 km	3	8	5	13 (19,4%)
	Column Total	32 47,80%	35 52,20%	67 100,00%

Chi-Square	Value	DF	Significance
Pearson	3,17186	2	,20476
Likelihood Ratio	3,23350	2	,19854
Linear-by-Linear-Linear Association	,02493	1	,87453

Minimum Expected Frequency - 6,209
Number of Missing Observations: 14

Prueba 8.3 Distancia al mar vs entidad de los restos III.

Entidad de los restos

Distancia al mar	Count	de poca entidad 0	de entidad 1	Row total
< 1 km	1	18	17	35 (52,2%)
>= 1 km	2	14	18	32 (47,8%)
	Column Total	32 47,80%	35 52,20%	67 100,00%

Chi-Square	Value	DF	Significance
Pearson	,39504	1	,52966
Continuity Correction	,14722	1	,70121
Likelihood Ratio	,39551	1	,52942
Linear-by-Linear-Linear Association	,38914	1	,53275
Fisher's Exact Test:			
One-tail			,35083
Two-tail			,62670

Minimum Expected Frequency - 15,284
Number of Missing Observations: 14

Prueba 9 Altitud vs entidad de los restos.

Entidad de los restos

Altitud	Count	de poca entidad 0	de entidad 1	Row total
50 m o menos	1	28	28	56 (83,6%)
más de 50 m	2	4	7	11 (16,4%)
	Column Total	32 47,80%	35 52,20%	67 100,00%

Chi-Square	Value	DF	Significance
Pearson	,68523	1	,40779
Continuity Correction	,24766	1	,61873
Likelihood Ratio	,69427	1	,40472
Linear-by-Linear-Linear Association	,67500	1	,41131
Fisher´s Exact Test:			
One-tail			,31116
Two-tail			,51672

Minimum Expected Frequency - 5,254
Number of Missing Observations: 14

BIBLIOGRAFÍA

Adán Álvarez, G., 1992, inédito. *Colunga-Caravia (19-13): Carta Arqueológica*. Oviedo: Consejería de Cultura.

Adán Álvarez, G., 1995. Colunga-Caravia: Carta Arqueológica. 1992. *Excavaciones Arqueológicas en Asturias, 1991-94*, 3, pp. 239-242.

Aira, Mª J., Saa, P., & López, P., 1992. Cambios del paisaje durante el Holoceno: análisis de polen en turberas (Galicia, España). *Revue de Paléobiologie*, vol. 11, núm. 2, pp. 243-254.

Alcalde del Río, H., Breuil, H. & Sierra, L., 1911. *Les Cavernes de la Région Cantabrique*. Mónaco: Imp. V. A. Chêne.

Alciati, G., Cattani, L., Fontana, F., Gerhardinger, E., Guerreschi, A., Milliken, S., Mozzi, P. & Rowley-Conwy, P., 1994. Mondeval de Sora: a high altitude mesolithic campsite in the Italian Dolomites. *Preistoria Alpina*, 28, pp. 351-366.

Almagro Basch, M., 1944. Los problemas del Epipaleolítico y Mesolítico en España. *Ampurias*, VI, pp. 1-38.

Almagro Basch, M., Beltrán, A. & Ripoll, E., 1956. *Prehistoria del Bajo Aragón*. Zaragoza: Publicaciones del Instituto de Estudios Turolenses.

Almagro Basch, M., 1958. *Origen y formación del Pueblo Hispano*. Barcelona: Vergara Editorial.

Altuna Echave, J., 1972. Fauna de mamíferos de los yacimientos prehistóricos de Guipúzcoa. *Munibe*, 24, pp. 1-464.

Altuna Echave, J., 1980. *Historia de la domesticación animal en el País Vasco desde sus orígenes hasta la romanización*. *Munibe*, 32, fasc. 1-2.

Altuna Echave, J., 1986. The mammalian faunas from the prehistoric site of La Riera. En *La Riera Cave. Stone Age hunter-gatherer adaptations in northern Spain*, eds. L. G. Straus & G. A. Clark. Tempe: Arizona State University, pp. 237-274.

Altuna Echave, J., 1992a. El medio ambiente durante el Pleistoceno superior en la región cantábrica con especial referencia a sus faunas de mamíferos. *Munibe*, 44, pp. 13-29.

Altuna Echave, J., 1992b. Asociaciones de macromamíferos del Pleistoceno superior en el Pirineo occidental y el Cantábrico. En *The late Quaternary in the western Pyrenean región*, eds. A. Cearreta & F. M. Ugarte. Bilbao: Servicio de Publicaciones de la Universidad del País Vasco, pp. 15-28.

Altuna Echave, J., 1995. Faunas de mamíferos y cambios ambientales durante el Tardiglacial cantábrico. En *El Final del Paleolítico Cantábrico*, eds. A. Moure & C. González Sainz. Santander: Universidad de Cantabria, pp. 77-117.

Alvargonzález Rodríguez, R., 1989. Asturias. En *Gran Atlas de España*, vol. 1. Barcelona: Planeta, pp. 99-144.

Ananda Bhanu, B., 1992. Boundaries, obligations and reciprocity: levels of territoriality among the Cholanaickan of south India. En *Mobility and territoriality. Social and spatial boundaries among foragers, fishers, pastoralists and peripatetics*, eds. M. J. Casimir & A. Rao. New York-Oxford: St Martin's Press, pp. 29-54.

Apellániz Castroviejo, J. M., 1971. El Mesolítico de la cueva de Tarrerón y su datación por el C-14. *Munibe*, 23, pp. 91-104.

Apellániz Castroviejo, J. M. & Altuna Echave, J., 1975a. Memoria de la II campaña de excavaciones arqueológicas en la cueva de Arenaza I (San Pedro de Galdames, Vizcaya). *Noticiario Arqueológico Hispánico (Prehistoria)*, 4, pp. 155-181.

Apellániz Castroviejo, J. M. & Altuna Echave, J., 1975b. Memoria de la III campaña de excavaciones arqueológicas en la cueva de Arenaza I (San Pedro de Galdames, Vizcaya). *Noticiario Arqueológico Hispánico (Prehistoria)*, 4, pp. 183-197.

Arbizu, M., Aller, J. & Méndez-Bedia, I., 1995. Rasgos geológicos de la región del Cabo Peñas. En *Geología de Asturias*, eds. C. Aramburu & F. Bastida. Gijón: Trea, pp. 231-246.

Arias, A. & Fernández, M., sin año. *Guía turística de Asturias*. Oviedo.

Arias Cabal, P., 1986. La cerámica prehistórica del abrigo de Cueto de la Mina (Asturias). *Boletín del Instituto de Estudios Asturianos*, 119, pp. 805-831.

Arias Cabal, P., 1987. Bases para el estudio de la neolitización del oriente de Asturias. *XVIII Congreso Nacional de Arqueología*. Zaragoza, pp. 193-213.

Arias Cabal, P., 1990. Algunos indicios arqueológicos de perduraciones de elementos religiosos epipaleolíticos hasta el III milenio BC en el este de Asturias. *Zephyrus*, XLIII, pp. 39-45.

Arias Cabal, P., 1991a. *De cazadores a campesinos. La transición al neolítico en la región cantábrica*. Santander: Universidad de Cantabria-Asamblea Regional de Cantabria.

Arias Cabal, P., 1991b. La transición de sistemas de caza y recolección a sociedades productoras de alimentos en la región cantábrica. Estado de la cuestión. *XX Congreso Nacional de Arqueología*. Zaragoza, pp. 145-153.

Arias Cabal, P., 1992a. Estrategias económicas de las poblaciones del Epipaleolítico avanzado y el Neolítico en la región cantábrica. En *Elefantes, ciervos y ovicaprinos: Economía y aprovechamiento del medio en la Prehistoria de España y Portugal*, ed. A. Moure. Santander: Universidad de Cantabria, pp. 163-183.

Arias Cabal, P., 1992b. Adaptaciones al medio natural de las sociedades de la región cantábrica durante el Boreal y el Atlántico. En *The late Quaternary in the western Pyrenean region*, eds. A. Cearreta & F. M. Ugarte. Bilbao: Servicio de Publicaciones de la Universidad del País Vasco, pp. 269-283.

Arias Cabal, P., 1992c. Estrategias de aprovechamiento de las materias primas líticas en la costa oriental de Asturias (VIII-III milenios a.C.). *Treballs d'Arqueologia*, 1, pp. 37-55.

Arias Cabal, P., 1994. El Neolítico de la región cantábrica. Nuevas perspectivas. *Trabalhos de Antropologia e Etnologia*, vol. 34, núms. 1-2, pp. 91-118.

Arias Cabal, P., 1995. La cronología absoluta del Neolítico y el Calcolítico de la región cantábrica. Estado de la cuestión. *Cuadernos de Sección, Prehistoria-Arqueología*, 6, pp. 15-39.

Arias Cabal, P., 1996. Los concheros con cerámica de la costa cantábrica y la neolitización del norte de la Península Ibérica. En *"El Hombre Fósil" 80 años después: volumen conmemorativo del 50 aniversario de la muerte de Hugo Obermaier*, ed. A. Moure. Santander: Universidad de Cantabria, Fundación Marcelino Botín & Institute for Prehistoric Investigations, pp. 391-415.

Arias Cabal, P., 1997a. ¿Nacimiento o consolidación? El papel del fenómeno megalítico en los procesos de neolitización de la región cantábrica. En *O Neolítico Atlántico e as orixes do Megalitismo*, ed. A. Rodríguez Casal. Santiago de Compostela: Consello da Cultura Galega, Universidade de Santiago de Compostela & Unión Internacional das Ciencias Prehistóricas e Protohistóricas, pp. 371-389.

Arias Cabal, P. 1997b. *Marisqueros y Agricultores. Los orígenes del Neolítico en la fachada atlántica europea*. Santander: Universidad de Cantabria.

Arias Cabal, P. & Garralda, Mª D., 1995. Les sepultures epipaleolithiques de la Cueva de los Canes (Asturies, Espagne). En *Nature et Culture*, ed. M. Otte. Liège: Université de Liège, pp. 871-897.

Arias Cabal, P., Gil Álvarez, G., Martínez Villa, A. & Pérez Suárez, C., 1981. Nota sobre los grabados digitales de la cueva de los Canes (Arangas, Cabrales). *Boletín del Instituto de Estudios Asturianos*, 104, pp. 937-956.

Arias Cabal, P., Martínez Villa, A. & Pérez Suárez, C., 1986. La cueva sepulcral de Trespando (Corao, Cangas de Onís, Asturias). *Boletín del Instituto de Estudios Asturianos*, 120, pp. 1259-1289.

Arias Cabal, P. & Ontañon Peredo, R., 1996. El Neolítico en Cantabria. Ensayo de caracterización industrial. *I Congrés del Neolític a la Península Ibèrica. Formació i implantació de les comunitats agrícoles*. Gavà: Museu de Gavà, pp. 735-744.

Arias Cabal, P. & Pérez Suárez, C., 1990a. Investigaciones prehistóricas en la Sierra Plana de la Borbolla (1979-1986). *Excavaciones Arqueológicas en Asturias, 1983-86*, 1, pp. 143-151.

Arias Cabal, P. & Pérez Suárez, C., 1990b. Las excavaciones en la Cueva de Los Canes y otros trabajos en la Depresión Prelitoral del oriente de Asturias (1981-1986). *Excavaciones Arqueológicas en Asturias, 1983-86*, 1, pp. 135-141.

Arias Cabal, P. & Pérez Suárez, C., 1990c. El fenómeno megalítico en la Asturias oriental. *Gallaecia*, 12, pp. 91-110.

Arias Cabal, P. & Pérez Suárez, C., 1990d. Las sepulturas de la Cueva de los Canes (Asturias) y la neolitización de la región cantábrica. *Trabajos de Prehistoria*, 47, pp. 39-62.

Arias Cabal, P. & Pérez Suárez, C., 1992a. Las excavaciones arqueológicas en la Cueva de Los Canes (Arangas, Cabrales). Campañas de 1987 a

1990. *Excavaciones Arqueológicas en Asturias, 1987-90*, 2, pp. 95-101.

Arias Cabal, P. & Pérez Suárez, C., 1992b. Sondeo estratigráfico en la Cueva de Tiu Llines (Arangas, Cabrales). *Excavaciones Arqueológicas en Asturias, 1987-90*, 2, pp. 103-104.

Arias Cabal, P. & Pérez Suárez, C., 1995. Excavaciones arqueológicas en Arangas, Cabrales (1991-1994). Las cuevas de Los Canes, el Tiu Llines y Arangas. *Excavaciones Arqueológicas en Asturias, 1991-94*, 3, pp. 79-92.

Armendáriz Gutiérrez, A., 1993. Anton Koba (Oñati). *Arkeoikuska 92*, pp. 190-193.

Arnau Basteiro, E., 1986, inédito. *Carta Arqueológica del concejo de Piloña*. Oviedo: Consejería de Cultura.

Avello, R. S., 1975. Descubrimiento prehistórico. *Asturias Semanal*, 314, pp. 10-11.

Bagolini, B. & Dalmeri, G., 1994. Colbricon - A vent' anni dalla scoperta. *Preistoria Alpina*, 28, pp. 285-292.

Bahuchet, S., 1992. Spatial mobility and access to resources among the african Pygmies. En *Mobility and territoriality. Social and spatial boundaries among foragers, fishers, pastoralists and peripatetics*, eds. M. J. Casimir & A. Rao. New York-Oxford: St Martin's Press, pp. 205-257.

Bailey, G. N., 1973. Concheros del norte de España: una hipótesis preliminar. *XII Congreso Nacional de Arqueología*. Zaragoza, pp. 73-84.

Bailey, G. N., 1978. Shell middens as indicators of postglacial economies: a territorial perspective. En *The early postglacial settlement of northern Europe*, ed. P. Mellars. London: Duckworth, pp. 37-63.

Barandiarán Maestu, I., 1973. *Arte mueble del Paleolítico cantábrico*. Monografías Arqueológicas, 14. Zaragoza: Departamento de Prehistoria y Arqueología, e Historia de la Antigüedad de la Universidad de Zaragoza.

Barandiarán Maestu, I. & Cava Almuraza, A., 1989. El yacimiento prehistórico de Zatoya (Navarra). Evolución ambiental y cultural a fines del Tardiglaciar y en la primera mitad del Holoceno. *Trabajos de Arqueología Navarra*, 8, pp. 1-354.

Bard, E., Arnold, M., Maurice, P., Duprat, J., Moyes, J. & Duplessy, J. C., 1987. Retreat velocity of the North Atlantic polar front during the last deglaciation determined by 14C accelerator mass spectrometry. *Nature*, 328, pp. 791-794.

Barnard, A., 1992. Social and spatial boundary maintenance among southern african hunter-gatherers. En *Mobility and territoriality. Social and spatial boundaries among foragers, fishers, pastoralists and peripatetics*, eds. M. J. Casimir & A. Rao. New York-Oxford: St Martin's Press, pp. 137-151.

Barras de Aragón, F. de las, 1897-98. Cráneos prehistóricos de Valdediós. *Actas de la Sociedad Española de Historia Natural*. Madrid, pp. 42-44.

Bastida, F. & Aller, J., 1995. Rasgos geológicos generales. En *Geología de Asturias*, eds. C. Aramburu & F. Bastida. Gijón: Trea, pp. 27-33.

Bastida, F., Suárez, O., Pulgar, J. A, 1995. Geología del occidente asturiano. En *Geología de Asturias*, eds. C. Aramburu & F. Bastida. Gijón: Trea, pp. 259-276.

Bernaldo de Quirós, F., 1982. *Los inicios del Paleolítico superior cantábrico*. Madrid: monografía núm. 8 del Centro de Investigación y Museo de Altamira.

Bernaldo de Quirós, F., Gutiérrez Sáez, C., Heras, C., Lagüera, M., Pelayo, M., Pumarejo, P. & Uzquiano, P., 1992. Nouvelles donnés sur la transition Magdalénien Supérieur-Azilien. La grotte de La Pila (Cantabria, Espagne). En *Le peuplement magdalénien. Paléogéographie physique et humaine*. Paris: Ministere de l'Education Nationale et de la Culture, pp. 259-269.

Bernaldo de Quirós, F. & Neira Campos, A., 1993. Paleolítico Superior Final de Alta Montaña en la Cordillera Cantábrica (Noreste de León). *Pyrenae*, 24, pp. 17-22.

Bernaldo de Quirós, F. & Neira Campos, A., 1994. Mountain occupation sites in the Cantabrian Range (Spain). *Preistoria Alpina*, 28, pp. 49-58.

Binford, L. R., 1988. *En busca del pasado*. Barcelona: Crítica.

Blas Cortina, M. A. de, 1972. Algunos materiales megalíticos de Asturias. *Archivum*, XII, pp. 21-35.

Blas Cortina, M. A. de, 1980. El túmulo dolménico de El Cantón I (Sariego). *Noticiario Arqueológico Hispánico (Prehistoria)*, 10, pp. 9-35.

Blas Cortina, M. A. de, 1981. El Megalitismo. La ocupación humana de amplias áreas y la aparición de las primeras manifestaciones arquitectónicas. En *Historia General de Asturias*, t. I. Gijón: Silverio Cañada Editor, pp. 81-96.

Blas Cortina, M. A. de, 1983. *La Prehistoria reciente en Asturias*. Oviedo: Fundación Pública de Cuevas y Yacimientos Prehistóricos de Asturias.

Blas Cortina, M. A. de, 1987. La ocupación megalítica en el borde costero cantábrico: el caso particular del sector asturiano. En *El Megalitismo en la Península Ibérica*. Madrid: Ministerio de Cultura, pp. 127-141.

Blas Cortina, M. A. de, 1990. Excavaciones arqueológicas en la necrópolis megalítica de la Cobertoria (divisoria Lena-Quiros) y en los campos de túmulos de Piedrafita y el Llanu la Vara (Las Regueras). *Excavaciones Arqueológicas en Asturias, 1983-86*, 1, pp. 69-77.

Blas Cortina, M. A. de, 1992. Arquitecturas megalíticas en la Llaguna de Niévares (Villaviciosa). *Excavaciones Arqueológicas en Asturias, 1987-90*, 2, pp. 113-128.

Blas Cortina, M. A. de, 1995a. Dólmenes del Monte Areo, Carreño. Campañas arqueológicas de 1991 a 1994. *Excavaciones Arqueológicas en Asturias, 1991-94*, 3, pp. 93-104.

Blas Cortina, M. A. de, 1995b. Destino y tiempo de los túmulos de estructura atípica: los monumentos A y D de la estación megalítica de la Llaguna de

Niévares (Asturias). *Cuadernos de Sección, Prehistoria-Arqueología*, 6, pp. 55-79.

Blas Cortina, M. A. de & Fernández-Tresguerres, J. A., 1989. *Historia Primitiva de Asturias*. Gijón: Silverio Cañada Editor.

Blas Cortina, M. A. de, González Morales, M. R., Márquez Uría, Mª C. & Rodríguez Asensio, J. A., 1978. Picos asturienses de yacimientos al aire libre en Asturias. *Boletín del Instituto de Estudios Asturianos*, 93-94, pp. 335-356.

Bonsall, C., en prensa. The Obanian problem: coastal adaptation in the Mesolithic of western Scotland. *International Conference on the Mesolithic of Atlantic Façade*. Santander, Julio de 1994.

Borja, A., 1987. Catálogo de los moluscos marinos de la costa vasca. *Iberus*, vol. 7, núm. 2, pp. 211-223.

Borja Barrera, F., Barral Muñoz, M. A. & García Rincón, J. M., 1994. Los concheros arqueológicos de Cañada Honda y El Grillito (Estuario del Odiel, Huelva). En *Geomorfología en España*, t. I, eds. J. Arnáez Vadillo, J. M. García Ruiz & A. Gómez Villar. Logroño: Sociedad Española de Geomorfología, Universidad de La Rioja, Instituto Pirenaico de Ecología (C.S.I.C.) & Instituto de Estudios Riojanos, pp. 339-353.

Bosch-Gimpera, P., 1922. Ensayo de una reconstrucción de la Etnología Prehistórica de la Península Ibérica. *Boletín de la Biblioteca Menéndez y Pelayo*, año IV, núm. 1, pp. 11-50.

Bosch-Gimpera, P., 1945. *El poblamiento antiguo y la formación de los pueblos de España*. México: Universidad Nacional Autónoma de México.

Breuil, H. & Obermaier, H., 1912. Les premiers travaux de l'Institut de Paléontologie Humaine. *L'Anthropologie*, XXIII, pp. 1-27.

Butzer, K. W., 1964. *Environment and Archaeology. An Ecological Approach to Prehistory*. Chicago: Aldine.

Butzer, K. W. & Bowman, D., 1976. Algunos sedimentos arqueológicos asturienses de yacimientos de la España cantábrica. En *El Asturiense Cantábrico*, G. A. Clark. Madrid: CSIC, pp. 349-355.

Cabo, C. & Martínez, A., 1989, inédito. *Carta Arqueológica del concejo de Vegadeo*. Oviedo: Consejería de Cultura.

Cabrera Valdés, V., 1984. *El yacimiento de la Cueva de "El Castillo", Puente Viesgo, Santander*. Bibliotheca Prehistórica Hispana, XXII, Madrid: C.S.I.C.

Camino Mayor, J. & Viniegra Pacheco, Y., 1995. Noticia de la Carta Arqueológica del concejo de Castropol. *Excavaciones Arqueológicas en Asturias, 1991-94*, 3, pp. 168-173.

Campy, M., 1990. L'enregistrement du temps et du climat dans les remplissages karstiques: l'apport de la sédimentologie. *Karstologia Mémoires*, 2, pp. 11-22.

Carballo, J., 1924. *Prehistoria Universal y Especial de España*. Santander: Imp. de Vda. de L. de Horno.

Carballo, J., 1926. *El esqueleto humano más antiguo de España*. Santander: edición del autor.

Casimir, M. J., 1992. The dimensions of territoriality: an introduction. En *Mobility and territoriality. Social and spatial boundaries among foragers, fishers, pastoralists and peripatetics*, eds. M. J. Casimir & A. Rao. New York-Oxford: St Martin's Press, pp. 1-26.

Castaños, P., 1992. Evolución de los macromamíferos durante el Tardiglaciar cantábrico. En *The late Quaternary in the western Pyrenean región*, eds. A. Cearreta & F. M. Ugarte. Bilbao: Servicio de Publicaciones de la Universidad del País Vasco, pp. 45-56.

Cava Almuraza, A., 1978. El depósito arqueológico de la cueva de Marizulo (Guipúzcoa). *Munibe*, 30, pp. 155-172.

Cava Almuraza, A., 1988. Estado actual del conocimiento del Neolítico en el País Vasco peninsular. *Veleia*, 5, pp. 61-96.

Cava Almuraza, A., 1990. El Neolítico en el País Vasco. *Munibe*, 42, pp. 97-106.

Cearreta, A., Edeso, J. M. & Ugarte, F. M., 1992. Cambios del nivel del mar durante el Cuaternario reciente en el Golfo de Bizkaia. En *The late Quaternary in the western Pyrenean región*, eds. A. Cearreta & F. M. Ugarte. Bilbao, pp. 57-94.

Cearreta, A. & Ugarte, F. M., eds., 1992. *The late Quaternary in the western Pyrenean region*. Bilbao: Servicio de Publicaciones de la Universidad del País Vasco.

Chancerel, A. & Paulet-Locard, M. A., 1991. Le Mésolithique en Normandie: état des recherches. En *Mésolithique et Néolithisation en France et dans les régions limitrophes*. Paris: Editions du Comité des Travaux Historiques et Scientifiques, pp. 213-229.

Chapa, T., Vicent, J. M., Rodríguez, A. L. & Uriarte, A., 1998. Métodos y técnicas para un enfoque regional integrado en Arqueología: el proyecto sobre el poblamiento ibérico en el área del Guadiana Menor (Jaén). *Arqueología Espacial*, 19-20, pp. 105-120.

Chauchat, C., 1974. Datations C-14 concernant le site de Mouligna, Bidart (Pyrénées-Atlantiques). *Bulletin de la Société Préhistorique Française*, t. 71, núm. 5, p. 140.

Chenorkian, R., 1990. Conservation en milieu coquillier et reconstitution des diètes préhistoriques. *Travaux du Laboratoire d'Anthropologie et de Préhistoire des Pays de la Méditerranée Occidentale*, 1990, pp. 133-146.

Cheynier, A. & González Echegaray, J., 1964. La Grotte del Valle. *Miscelánea en Homenaje al Abate Breuil*, t. I. Barcelona: Diputación Provincial de Barcelona, pp. 327-345.

Clark, G. A., 1974. La ocupación asturiense de la Cueva de La Riera (Asturias, España). *Trabajos de Prehistoria*, 31, pp. 9-38.

Clark, G. A., 1976. *El Asturiense Cantábrico*. Bibliotheca Prehistórica Hispana, XIII. Madrid: C.S.I.C.

Clark, G. A., 1983a. *The Asturian of Cantabria. Early Holocene Hunter-Gatherers in Northern Spain*. Tucson: University of Arizona Press.

Clark, G. A., 1983b. Una perspectiva funcionalista de la prehistoria de la región cantábrica. En *Homenaje al Prof. Martín Almagro Basch* I. Madrid: Ministerio de Cultura, pp. 155-170.

Clark, G. A., 1983c. Boreal phase settlement/subsistence models for Cantabrian Spain. En *Hunter-gatherer economy in Prehistory. A european perspective*, ed. G. N. Bailey. Cambridge: Cambridge University Press, pp. 96-110.

Clark, G. A., 1989. Site functional complementary in the Mesolithic of Northern Spain. En *The Mesolithic in Europe*, ed. C. Bonsall. Edinburgh: John Donald Publishers Ltd, pp. 589-603.

Clark, G. A., 1991. Complementaridad funcional en el Mesolítico del Norte de España. *Boletín de Ciencias de la Naturaleza*, 41, pp. 345-377.

Clark, G. A., 1992. La migración como una no explicación en la Arqueología Prehistórica. En *Elefantes, ciervos y ovicaprinos: Economía y aprovechamiento del medio en la Prehistoria de España y Portugal*, ed. A. Moure. Santander: Universidad de Cantabria, pp. 17-36.

Clark, G. A., 1994. Aspectos epistemológicos de la interpretación del registro arqueológico pleistoceno: El papel del paradigma metafísico. En *Homenaje al Dr. Joaquín González Echegaray*. Santander: monografía núm. 17 del Centro de Investigación y Museo de Altamira, pp. 1-12.

Clark, G. A., 1995. Complementariedad funcional en el Mesolítico del Norte de España. En *Los últimos cazadores. Transformaciones culturales y económicas durante el Tardiglaciar y el inicio del Holoceno en el ámbito mediterráneo*, ed. V. Villaverde. Alicante: Instituto de Cultura Juan Gil-Albert & Diputación de Alicante, pp. 45-62.

Clark, G. A. & Cartledge, T., 1973. Excavaciones en la Cueva de Coberizas, Asturias (España). *Noticiario Arqueológico Hispánico (Prehistoria)*, 2, pp. 11-37.

Clark, G. A. & Clark, V. J., 1975. La Cueva de Balmori (Asturias, España): nuevas aportaciones. *Trabajos de Prehistoria*, 32, pp. 35-77.

Clark, G. A. & Lerner, S., 1980. Prehistoric resource utilization in early Holocene cantabrian Spain. *Anthropology UCLA*, vol. 10, núms. 1-2, pp. 53-96.

Clark, G. A. & Richards, L. R., 1978. Late and post-pleistocene industries and fauna from the Cave of La Riera (Province of Asturias, Spain). En *Views of the Past*, ed. L. G. Freeman. Le Hague: Mouton Publishers, pp. 117-152.

Clark, G. A. & Straus, L. G., 1977a. Algunas observaciones sobre *Revisión estratigráfica de la Cueva de La Riera*. *Boletín del Instituto de Estudios Asturianos*, 90-91, pp. 507-508.

Clark, G. A. & Straus, L. G., 1977b. Cueva de La Riera: Objetivo del Proyecto Paleoecológico e informe preliminar de la campaña de 1976. *Boletín del Instituto de Estudios Asturianos*, 90-91, pp. 489-505.

Cohen, M. N., 1981. *La crisis alimentaria de la Prehistoria*. Madrid: Alianza.

Coles, G. M., Gilbertson, D. D., Hunt, C. O. & Jenkinson, R. D. S., 1989. Taphonomy and the palynology of cave deposits. *Cave Science*, vol. 16, núm. 3, pp. 83-89.

Coque, R., 1984. *Geomorfología*. Madrid: Alianza.

Corchón, Mª S., 1986. *El arte mueble paleolítico cantábrico: contexto y análisis interno*. Madrid: monografía núm. 16 del Centro de Investigación y Museo de Altamira.

Corchón, Mª S. & Hoyos Gómez, M., 1972-73. La Cueva de Sofoxó (Las Regueras, Asturias). *Zephyrus*, XXIII-XXIV, pp. 39-100.

Courty, M. A., 1986. Quelques faciès d'altération de fragments carbonatés en grottes et abris sous roche préhistoriques. *Bulletin de l'Association française pour l'étude du Quaternaire*, 3/4, pp. 281-289.

Crusafont, M., 1963. ¿Es la industria asturiense una evolucionada pebble-culture?. *Speleon*, t. XIV, núms. 1-4, pp. 77-89.

Davidson, I. & Bailey, G. N., 1984. Los yacimientos, sus territorios de explotación y la topografía. *Boletín del Museo Arqueológico Nacional*, II, pp. 25-47.

Deith, M., 1989. Clams and salmonberries: interpreting seasonality data from shells. En *The Mesolithic in Europe*, ed. C. Bonsall. Edinburgh: John Donald Publishers Ltd, pp. 73-79.

Deith, M. & Shackleton, N., 1986. Seasonal exploitation of marine molluscs: oxygen isotope analysis of shell from La Riera cave. En *La Riera Cave. Stone Age hunter-gatherer adaptations in northern Spain*, eds. L. G. Straus & G. A. Clark. Tempe: Arizona State University, pp. 299-313.

Díaz Casado, Y., 1991. La necrópolis megalítica de la Peña Oviedo (Camaleño, Cantabria). *XX Congreso Nacional de Arqueología*. Zaragoza, pp. 183-190.

Díaz García, F., 1994a, inédito. *Carta Arqueológica de Sariego*. Oviedo: Consejería de Cultura.

Díaz García, F., 1994b, inédito. *Carta Arqueológica de Cabranes*. Oviedo: Consejería de Cultura.

Díaz Nosty, B. & Sierra Piedra, G., 1991, inédito. *Inventario Arqueológico del concejo de Navia*. Oviedo: Consejería de Cultura.

Díaz Nosty, B. & Sierra Piedra, G., 1993a, inédito. *Carta Arqueológica de Soto del Barco*. Oviedo: Consejería de Cultura.

Díaz Nosty, B. & Sierra Piedra, G., 1993b, inédito. *Carta Arqueológica del concejo de Cudillero*. Oviedo: Consejería de Cultura.

Díaz Nosty, B. & Sierra Piedra, G., 1994, inédito. *Carta Arqueológica de Boal*. Oviedo: Consejería de Cultura.

Díaz Nosty, B. & Sierra Piedra, G., 1995a. Carta Arqueológica del concejo de Carreño. *Excavaciones Arqueológicas en Asturias, 1991-94*, 3, pp. 211-212.

Díaz Nosty, B. & Sierra Piedra, G., 1995b. Carta Arqueológica del concejo de Gozón. *Excavaciones*

Arqueológicas en Asturias, 1991-94, 3, pp. 213-215.

Díaz Nosty, B. & Sierra Piedra, G., 1995c. Carta Arqueológica del concejo de Soto del Barco. *Excavaciones Arqueológicas en Asturias, 1991-94*, 3, pp. 198-199.

Díaz Nosty, B. & Sierra Piedra, G., 1995d. Carta Arqueológica del concejo de Cudillero. *Excavaciones Arqueológicas en Asturias, 1991-94*, 3, pp. 190-191.

Diez Castillo, A., 1995. El asentamiento de La Peña Oviedo (Camaleño, Cantabria): La colonización de las áreas montañosas de la Cornisa Cantábrica. *Cuadernos de Sección, Prehistoria-Arqueología*, 6, pp. 105-120.

Duchadeau-Kervazo, Ch., 1986. Les sites paleolithiques du Basin de la Dronne (nord de l'Aquitaine). Observations sur les modes et emplacements. *Bulletin de la Société Préhistorique Francaise*, t. 83, núm. 2, pp. 56-64.

Duda, R. D. & Hart, P. E., 1973. *Pattern classification and scene analysis*. New York: John Wiley & Sons.

Duplessy, J. C., Delibrias, G., Turon, J. L., Pujol, C. & Duprat, J., 1981. Deglacial warming of the northeastern Atlantic ocean: correlation with the paleoclimatic evolution of the european continent. *Palaeogeography, Palaeoclimatology, Palaeoecology*, 35, pp. 121-144.

Dupré Ollivier, M., 1988. *Palinología y Paleoambiente. Nuevos datos españoles. Referencias*. Valencia: Diputación Provincial.

Eales, N. B., 1967. *The littoral fauna of the British Isles*. Cambridge.

Edeso Fito, J. M., 1991. Variaciones del nivel del mar en el País Vasco durante el Holoceno. *Boletín de la Asociación de Geógrafos Españoles*, 13 (2ª época), pp. 21-44.

Engelstad, E., 1989. Mesolithic house sites in arctic Norway. En *The Mesolithic in Europe*, ed. C. Bonsall. Edinburgh: John Donald Publishers Ltd, pp. 331-337.

Estrada García, R., 1991, inédito. *Inventario Arqueológico del concejo de Parres*. Oviedo: Consejería de Cultura.

Fano Martínez, M. A., 1995a. Cazadores-recolectores en el sector Nalón-Deva (Asturias) durante el Boreal y el Atlántico. *Férvedes*, 2, pp. 154-159.

Fano Martínez, M. A., 1995b, inédito. *Memoria del trabajo de prospección llevado a cabo en los concejos de Villaviciosa, Colunga y Ribadesella (Asturias)*. Oviedo: Consejería de Cultura.

Fano Martínez, M. A., 1996. El Mesolítico en Asturias: delimitación cronológica y espacial. *Complutum*, 7, pp. 51-62.

Farias, P. & Marquínez, J., 1995. El relieve. En *Geología de Asturias*, eds. C. Aramburu & F. Bastida. Gijón: Trea, pp. 163-172.

Felicísimo, A. M., 1994. *Modelos digitales del terreno. Introducción y aplicaciones en las ciencias ambientales*. Oviedo: Pentalfa Ediciones.

Felicísimo, A. M. & Fernández Cepedal, G., 1984. Estimación de la radiación solar incipiente sobre superficies con pendiente y orientación variables. *Studia Oecologica*, V, pp. 267-284.

Fernández Menéndez, J., 1923. La cueva de El Bufón en Vidiago. *Ibérica*, vol. XIX, núm. 481, pp. 361-364.

Fernández Menéndez, J., 1924. Monumentos megalíticos descubiertos en Vidiago. *Ibérica*, vol. XXI, núm. 550, pp. 25-31.

Fernández Menéndez, J., 1925. La necrópolis dolménica de la Sierra Plana en Vidiago. *Ibérica*, vol. XXIII, núm. 581, pp. 360-364.

Fernández Menéndez, J., 1927. La necrópolis dolménica de la Sierra Plana de Vidiago. Primera estación neolítica descubierta en Asturias. *Ibérica*, núm. 678, pp. 312-317.

Fernández Menéndez, J., 1931. La necrópolis dolménica de la Sierra Plana de Vidiago. *Actas y Memorias de la Sociedad Española de Antropología, Etnología y Prehistoria*, X, pp. 163-190.

Fernández Menéndez, J., 1940. Los problemas del Asturiense español. *Memórias e comunicaçoes apresentadas ao Congresso da Pre e Proto-História de Portugal (I Congresso)*. Lisboa, pp. 161-166.

Fernández Rapado, R. & Mallo Viesca, M., 1965. Primera cata de sondeo en Cueva Oscura. *Boletín del Instituto de Estudios Asturianos*, 54, pp. 65-72.

Fernández-Tresguerres, J. A., 1976. Enterramiento aziliense de la Cueva de Los Azules I (Cangas de Onís, Oviedo). *Boletín del Instituto de Estudios Asturianos*, 87, pp. 273-288.

Fernández-Tresguerres, J. A., 1979. L'Azilien de la grotte de Los Azules I, Asturies (Espagne). En *La Fin des Temps Glaciaires en Europe. Chronostratigraphie et Ecologie des cultures du Paléolithique final*, dir. D. de Sonneville-Bordes. Paris: C.N.R.S., pp. 745-752.

Fernández-Tresguerres, J. A., 1980. *El Aziliense en las provincias de Asturias y Santander*. Santander: monografía núm. 2 del Centro de Investigación y Museo de Altamira.

Fernández-Tresguerres, J. A., 1989. Thoughts on the transition from the Magdalenian to the Azilian in Cantabria: Evidence from the Cueva de Los Azules, Asturias. En *The Mesolithic in Europe*, ed. C. Bonsall. Edinburhg: John Donald Publishers Ltd, pp. 582-588.

Fernández-Tresguerres, J. A., 1990. El Epipaleolítico en Asturias: El fin de los cazadores-recolectores (del X milenio al IV a. de C.). En *Historia de Asturias*, t. 1. Oviedo: La Nueva España, pp. 86-100.

Fernández-Tresguerres, J. A., 1994. El Arte Aziliense. *Complutum*, 5, pp. 81-95.

Fernández-Tresguerres, J. A., 1995. El Aziliense de la región cantábrica. En *El Final del Paleolítico Cantábrico*, eds. A. Moure & C. González Sainz. Santander: Universidad de Cantabria, pp. 199-224.

Fernández-Tresguerres, J. A., en prensa. Características del Aziliense en la Cornisa Cantábrica. *International Conference on the Mesolithic of the Atlantic Façade*. Santander, Julio de 1994.

Fernández-Tresguerres, J. A. & Junceda Quintana, F., 1992. Informe sobre las campañas de excavación realizadas en la Cueva de Los Azules entre 1986 y 1990. *Excavaciones Arqueológicas en Asturias, 1987-90*, 2, pp. 89-94.

Fernández-Tresguerres, J. A. & Junceda Quintana, F., 1995. Cueva de Los Azules. 1991-1994. *Excavaciones Arqueológicas en Asturias, 1991-94*, 3, pp. 63-64.

Fernández-Tresguerres, J. A. & Rodríguez Fernández, J. J., 1990. La Cueva de Los Azules (Cangas de Onís). *Excavaciones Arqueológicas en Asturias, 1983-86*, 1, pp. 129-133.

Flor, G., 1983. Las rasas asturianas: ensayos de correlación y emplazamiento. *Trabajos de Geología*, 13, pp. 67-81.

Florschütz, F. & Menéndez Amor, J., 1962. Beitrag zur Kenntnis der quartären Vegetationsgeschichte Nordspaniens. *Sonderdruck aus den Veröffentlichungen des Geobotanischen Institutes der Eidg. Techn. Hochschule, Stiftung Rübel*, 37, pp. 68-73.

Fortea Pérez, J., 1973. *Los complejos microlaminares y geométricos del Epipaleolítico mediterráneo español*. Salamanca: memorias del Seminario de Prehistoria y Arqueología.

Fortea Pérez, J., 1975. Tipología, hábitat y cronología relativa del Estany Gran de Almenara. *Cuadernos de Prehistoria y Arqueología Castellonense*, 2, pp. 22-37.

Fortea Pérez, J., Rasilla Vives, M. & Rodríguez Otero, V., 1995. La Cueva de Llonín (Llonín, Peñamellera Alta). Campañas de 1991 a 1994. *Excavaciones Arqueológicas en Asturias, 1991-94*, 3, pp. 33-43.

Gamble, C., 1990. *El poblamiento paleolítico de Europa*. Barcelona: Crítica.

García Guinea, M. A., 1985. Las Cuevas de El Piélago. *Sautuola*, IV, pp. 11-154.

García Quirós, P., 1992, inédito. *Inventario Arqueológico de los concejos de Avilés y Castrillón*. Oviedo: Consejería de Cultura.

García Quirós, P., 1993, inédito. *Carta Arqueológica del concejo de Muros de Nalón*. Oviedo: Consejería de Cultura.

García Quirós, P., 1995. Reseña de las Cartas Arqueológicas de los concejos de Avilés y Castrillón. *Excavaciones Arqueológicas en Asturias, 1991-94*, 3, pp. 205-210.

García-Ramos, J. C. & Gutiérrez Claverol, M., 1995. La geología de la franja costera oriental y de la depresión prelitoral de Oviedo-Cangas de Onís. En *Geología de Asturias*, eds. C. Aramburu & F. Bastida. Gijón: Trea, pp. 247-258.

Gavelas, J. A., 1980. Sobre nuevos concheros asturienses en los concejos de Ribadesella y Llanes (Asturias). *Boletín del Instituto de Estudios Asturianos*, 101, pp. 675-718.

Gómez-Tabanera, J. M., 1975. Catalogue des grottes et gisements préhistoriques dans l'est des Asturies. *Bulletin de la Société Préhistorique de L'Ariège*, XXX, pp. 29-57.

Gómez-Tabanera, J. M., 1976. Revisión estratigráfica de la Cueva de La Riera, Asturias (España). *Boletín del Instituto de Estudios Asturianos*, 88-89, pp. 855-910.

Gómez-Tabanera, J. M., Pérez Pérez, M. & Cano Díaz, J., 1975. Première prospection de Cueva Oscura de Ania dans le bassin du Nalon (Las Regueras, Oviedo) et connaissance de ses vestiges d'Art Rupestre. *Bulletin de la Société Préhistorique de L'Ariège*, XXX, pp. 59-69.

González, J. M., 1965. Localización de un pico asturiense en Luarca. *Valdediós*, pp. 35-39.

González, J. M., 1973. Recuento de los túmulos sepulcrales megalíticos de Asturias. *Archivum*, XXIII, pp. 5-42.

González Echegaray, J. & Barandiarán, I., dir., 1981. *El Paleolítico superior de la Cueva del Rascaño (Santander)*. Santander: monografía núm. 3 del Centro de Investigación y Museo de Altamira.

González Morales, M. R., 1974. El colgante decorado paleolítico de la Cueva de Collubil (Amieba, Asturias). *Boletín del Instituto de Estudios Asturianos*, 83, pp. 837-842.

González Morales, M. R., 1978. Excavaciones en el conchero asturiense de la Cueva de Mazaculos II (La Franca, Ribadedeva, Asturias). *Boletín del Instituto de Estudios Asturianos*, 93-94, pp. 363-383.

González Morales, M. R., 1982. *El Asturiense y otras culturas locales. La explotación de las áreas litorales de la región cantábrica en los tiempos epipaleolíticos*. Santander: monografía núm. 7 del Centro de Investigación y Museo de Altamira.

González Morales, M. R., 1987. Parada 6. Santoña (Abrigo de la Peña del Perro). En *Guía de Excursiones, VII Reunión sobre el Cuaternario*. Santander: AEQUA, pp. 57-59.

González Morales, M. R., 1989. Asturian resource exploitation: Recent perspectives. En *The Mesolithic in Europe*, ed. C. Bonsall. Edinburgh: John Donald Publishers Ltd, pp. 604-606.

González Morales, M. R., 1990. La Prehistoria de las Marismas: Excavaciones en el Abrigo de la Peña del Perro (Santoña, Cantabria). Campañas 1985-88. *Cuadernos de Trasmiera*, 2, pp. 13-28.

González Morales, M. R., 1991. From hunter-gatherers to food producers in northern Spain: Smooth adaptative shifts or revolutionary change in the Mesolithic. En *Perspectives on the past. Theoretical biasis in mediterranean hunter-gatherer research*, ed. G. A. Clark. Philadelphia: University of Pennsylvania Press, pp. 204-216.

González Morales, M. R., 1992. Mesolíticos y Megalíticos: la evidencia arqueológica de los cambios en las formas productivas en el paso al megalitismo en la costa cantábrica. En *Elefantes, ciervos y ovicaprinos: Economía y aprovechamiento del medio en la Prehistoria de España y Portugal*, ed. A. Moure. Santander: Universidad de Cantabria, pp. 185-202.

González Morales, M. R., 1995a. Memoria de los trabajos de limpieza y toma de muestras en los yacimientos de las Cuevas de Mazaculos y El Espinoso (La Franca, Ribadedeva) y La Llana (Andrín, Llanes) en 1993. *Excavaciones Arqueológicas en Asturias, 1991-94*, 3, pp. 65-78.

González Morales, M. R., 1995b. La transición al Holoceno en la Región Cantábrica: el contraste con el modelo del mediterráneo español. En *Los últimos cazadores. Transformaciones culturales y económicas durante el Tardiglaciar y el inicio del Holoceno en el ámbito mediterráneo*, ed. V. Villaverde. Alicante: Instituto de Cultura Juan Gil-Albert & Diputación de Alicante, pp. 63-78.

González Morales, M. R., 1996a. La transición al Neolítico en la Costa Cantábrica: la evidencia arqueológica. *I Congrés del Neolític a la Península Ibèrica. Formació i implantació de les comunitats agrícoles*. Gavà: Museu de Gavà, pp. 879-885.

González Morales, M. R., 1996b. Obermaier y el Asturiense: ocho décadas de investigación. En *"El Hombre Fósil" 80 años después: volumen conmemorativo del 50 aniversario de la muerte de Hugo Obermaier*, ed. A. Moure. Santander: Universidad de Cantabria, Fundación Marcelino Botín & Institute for Prehistoric Investigations, pp. 371-389.

González Morales, M. R., 1997. Changes in the use of caves in Cantabrian Spain during the Stone Age. En *The Human Use of Caves*, eds. C. Bonsall & C. Tolan-Smith. Oxford: BAR International Series 667.

González Morales, M. R., en prensa. Eigthy years of asturian research: After the Azilian along the cantabrian coast.' *International Conference on the Mesolithic of Atlantic Façade*. Santander, Julio de 1994.

González Morales, M. R. & Díaz Casado, Y., 1991-92. Excavaciones en los abrigos de la Peña del Perro (Santoña, Cantabria). Estratigrafía, cronología y comentario preliminar de sus industrias. *Veleia*, 8-9, pp. 43-64.

González Morales, M. R., García Codrón, J. C. & Morales Muñiz, A., 1992. El Bajo Asón del X al V milenio BP: cambios ambientales, económicos y sociales en el paso a la Prehistoria reciente. En *The late Quaternary in the western Pyrenean region*, eds. A. Cearreta & F. M. Ugarte. Bilbao: Servicio de Publicaciones de la Universidad del País Vasco, pp. 333-342.

González Morales, M. R. & Márquez Uría, Mª C., 1974. Nota sobre la Cueva de "El Quintanal" (Balmori, Llanes) y sus grabados rupestres. *Boletín del Instituto de Estudios Asturianos*, 81, pp. 235-246.

González Morales, M. R. & Márquez Uría, Mª C., 1978. The Asturian Shell Midden of Cueva de Mazaculos II (La Franca, Asturias, Spain). *Current Anthropology*, vol. 19, núm. 3, pp. 614-615.

González Morales, M. R., Marquez Uría, Mª C., Díaz, T. E., Ortea Rato, J. A. & Volman, K., 1980. Informe preliminar de las excavaciones en el conchero asturiense de la cueva de Mazaculos II (La Franca, Asturias): Campañas de 1976-78. *Noticiario Arqueológico Hispánico (Prehistoria)*, 9, pp. 35-62.

González Morales, M. R. & Morais Arnaud, J. E., 1990. Recent research on the Mesolithic in the Iberian Peninsula. En *Contributions to the Mesolithic in Europe*, eds. P. M. Vermeersch & P. Van Peer. Leuven: Leuven University Press, pp. 451-461.

González Sainz, C., 1989. *El Magdaleniense superior-final de la región cantábrica*. Santander: Tantin & Universidad de Cantabria.

González Sainz, C., 1994. Sobre la cronoestratigrafía del Magdaleniense y el Aziliense en la región cantábrica. *Munibe*, 46, pp. 53-68.

González Sainz, C., 1995. 13.000-11.000 BP. El final de la época magdaleniense en la región cantábrica. En *El Final del Paleolítico Cantábrico*, eds. A. Moure & C. González Sainz. Santander: Universidad de Cantabria, pp. 159-197.

González Sainz, C. & González Morales, M. R., 1986. *La Prehistoria de Cantabria*. Santander: Tantín.

Goy, J. L., Zazo, C., Dabrio, C. J., Lario, J., Borja, F., Sierro, F. J. & Flores, J. A., 1996. Global and regional factors controlling changes of coastlines in southern Iberia (Spain) during the Holocene. *Quaternary Science Reviews*, 15, pp. 773-780.

Grøn, O. & Skaarup, J., 1991. Møllegabet. A sumerged mesolithic site and a boat burial from Ærø. *Journal of Danish Archaeology*, 10, pp. 38-50.

Gusi Jener, F., 1975. El yacimiento lacustre epipaleolítico del Estany Gran de Almenara (Castellón). *Cuadernos de Prehistoria y Arqueología Castellonense*, 2, pp. 11-14.

Harrison, S. P. & Digerfeldt, G., 1993. European lakes as palaeohydrological and palaeoclimatic indicators. *Quaternary Science Reviews*, 12, pp. 233-248.

Hernández Pacheco, E., 1919. *La Caverna de la Peña de Candamo (Asturias)*. Madrid: Comisión de Investigaciones Paleontológicas y Prehistóricas, 24.

Hernández Pacheco, E., 1923. *La vida de nuestros antecesores paleolíticos según los resultados de las excavaciones en la cueva de la Paloma*. Madrid: Comisión de Investigaciones Paleontológicas y Prehistóricas, 31 (Serie Prehistórica 20).

Hernández Pacheco, E., 1959. *Prehistoria del Solar Hispano. Origen del Arte Pictórico*. Madrid: Real Academia de Ciencias Exactas, Físicas y Naturales.

Hernández Pacheco, E., Cabré, J. & Vega del Sella, Conde de la, 1914. *Las pinturas prehistóricas de Peña Tú (Asturias)*. Madrid: Comisión de Investigaciones Paleontológicas y Prehistóricas, 2.

Hernández Pacheco, F., Llopis Lladó, N., Jordá Cerdá, F. & Martínez, A., 1957. *Libro-Guía de la excursión N2. El Cuaternario de la Región Cantábrica*. Oviedo: Diputación Provincial.

Hodder, I., 1988. *Interpretación en Arqueología. Corrientes actuales*. Barcelona: Crítica.

Hodder, I. & Orton, C., 1990. *Análisis Espacial en Arqueología*. Barcelona: Crítica.

Hoyos Gómez, M., 1987. Upper Pleistocene and Holocene marine levels on the Cornisa Cantabrica, (Asturias, Cantabria and Basque Country) Spain. *Trabajos sobre Neógeno-Cuaternario*, 10, pp. 251-258.

Hoyos Gómez, M., 1995. Paleoclimatología del Tardiglacial en la cornisa cantábrica basada en los resultados sedimentológicos de yacimientos arqueológicos kársticos. En *El Final del Paleolítico Cantábrico*, eds. A. Moure & C. González Sainz. Santander: Universidad de Cantabria, pp. 15-75.

Hoyos Gómez, M. & Herrero Organero, N., 1989. El karst en la Cornisa Cantábrica. En *El Karst en España*, eds. J. J. Durán & J. López-Martínez. Madrid: monografía núm. 4 de la Sociedad Española de Geomorfología, pp. 109-120.

Hoyos Gómez, M., Martínez Navarrete, M. I., Chapa Brunet, T., Castaños, P. & Sánchez, F. B., 1980. *La Cueva de la Paloma, Soto de las Regueras (Asturias)*. Excavaciones Arqueológicas en España, 116. Madrid: Ministerio de Cultura.

Hoyos Sainz, L., 1947. Antropología prehistórica española. En *Historia de España*, t. I (*España prehistórica*), dir R. Menéndez Pidal. Madrid [5ª ed. 1982]: Espasa-Calpe, pp. 97-241.

Jarman, M. R., 1972. A territorial model for archaeology: a behavioural and geographical approach. En *Models in Archaeology*, ed. D. L. Clark. London, pp. 705-733.

Jordá Cerdá, F., 1953. La Cueva de Tres Calabres y el Solutrense en Asturias. *Boletín del Instituto de Estudios Asturianos*, 18, pp. 46-58.

Jordá Cerdá, F., 1954. La Cueva de Bricia (Asturias). *Boletín del Instituto de Estudios Asturianos*, 22, pp. 169-197.

Jordá Cerdá, F., 1956. La obra del Conde de la Vega del Sella y su proyección en la Prehistoria española. En *Libro Homenaje al Conde de la Vega del Sella*. Oviedo: Diputación Provincial, pp. 15-33.

Jordá Cerdá, F., 1957. *Prehistoria de la Región Cantábrica*. Oviedo: Diputación Provincial.

Jordá Cerdá, F., 1958. *Avance al estudio de la Cueva de la Lloseta (Ardines, Ribadesella, Asturias)*. Oviedo: Diputación Provincial.

Jordá Cerdá, F., 1959. Revisión de la cronología del Asturiense. *V Congreso Nacional de Arqueología*. Zaragoza, pp. 63-66.

Jordá Cerdá, F., 1963. El Paleolítico superior cantábrico y sus industrias. *Saitabi*, XIII, pp. 1-20.

Jordá Cerdá, F., 1964. El arte rupestre paleolítico de la región cantábrica: nueva secuencia cronológico-cultural. *Symposium on Prehistoric Art of the Western Mediterranean and the Sahara*. Barcelona, pp. 47-81.

Jordá Cerdá, F., 1967. La España de los tiempos paleolíticos. En *Las Raíces de España*, ed. J. M. Gómez-Tabanera. Madrid: Instituto de Antropología Aplicada, pp. 1-26.

Jordá Cerdá, F., 1970. Asturiense. En *Gran Enciclopedia Asturiana*, t. 2. Gijón: Silverio Cañada Editor, pp. 140-141.

Jordá Cerdá, F., 1975. El Paleolítico Hispano. *Las Ciencias*, vol. XL, núm. 2, pp. 1-7.

Jordá Cerdá, F., 1976. *Guía de las cuevas prehistóricas asturianas*. Salinas: Ayalga (reimp. de 1986).

Jordá Cerdá, F., 1977. *Historia de Asturias. Prehistoria*. Salinas: Ayalga.

Jordá Cerdá, F. & Berenguer, M., 1954. La Cueva de el Pindal (Asturias). Nuevas aportaciones. *Boletín del Instituto de Estudios Asturianos*, 23, pp. 3-30.

Jordá Cerdá, F., Mallo, M. & Pérez, M., 1970. Les grottes du Pozo del Ramu et de la Lloseta (Asturies, Espagne) et ses représentations rupestres paléolithiques. *Bulletin de la Société Préhistorique de l'Ariège*, XXV, pp. 95-139.

Jordá Pardo, J. F., 1983. La secuencia malacológica de la Cueva de Nerja (Málaga). Excavaciones de 1982. *Cuadernos do Laboratorio Xeoloxico de Laxe*, 5, pp. 55-71.

Jordá Pardo, J. F., 1984-85. La malacofauna de la Cueva de Nerja (III): Evolución medioambiental y técnicas de marisqueo. *Zephyrus*, XXXVII-XXXVIII, pp. 143-154.

Jordá Pardo, J. F., 1986. La fauna malacológica de la Cueva de Nerja. En *La Prehistoria de la Cueva de Nerja (Málaga)*, ed. J. F. Jordá Pardo. Málaga: Patronato de la Cueva de Nerja, pp. 147-177.

Jordá Pardo, J. F., Aura Tortosa, J. E. & Jordá Cerdá, F., 1990. El límite Pleistoceno-Holoceno en el yacimiento de la Cueva de Nerja (Málaga). *Geogaceta*, 8, pp. 102-104.

Kayser, O., 1991. Le Mésolithique Breton: un état de connaissances en 1988. En *Mésolithique et Néolithisation en France et dans les régions limitrophes*. Paris: Editions du Comité des Travaux Historiques et Scientifiques, pp. 197-211.

Larsson, L., 1990. The Mesolithic of southern Scandinavia. *Journal of World Prehistory*, vol. 4, núm. 3, pp. 257-309.

Larsson, L., 1993. The Skateholm Project: Late Mesolithic coastal settlement in southern Sweden. En *Case Studies in European Prehistory*, ed. P. Bogucki. London: CRC Press, pp. 31-62.

Laville, H., 1986. Stratigraphy, sedimentology and chronology of the La Riera cave deposits. En *La Riera Cave. Stone Age hunter-gatherer adaptations in northern Spain*, eds. L. G. Straus & G. A. Clark. Tempe: Arizona State University, pp. 25-55.

Leoz, I. & Labadia, C., 1984. Malacología marina de Ekain. En *El yacimiento prehistórico de la Cueva de Ekain (Deva, Guipuzcoa)*, eds. J. Altuna & J. M. Merino. San Sebastián: Eusko Ikaskunza, pp. 287-296.

Leroi-Gourhan, A., 1986. The palynology of La Riera cave. En *La Riera Cave. Stone Age hunter-gatherer adaptations in northern Spain*, eds. L. G. Straus & G. A. Clark. Tempe: Arizona State University, pp. 59-64.

Leroi-Gourhan, A. & Renault-Miskovsky, J., 1977. La palynologie appliquée a l'archéologie. Méthodes, limites et resultats. En *Approche écologique de l'homme fossile*, dir H. Laville & J. Renault-

Miskovsky. Supplément au *Bulletin AFEQ*, 47, pp. 35-49.

Llopis Lladó, N., 1953a. Estudios hidrogeológicos y prehistóricos en Posada (Llanes). *Speleon*, t. IV, núms. 3-4, p. 266.

Llopis Lladó, N., 1953b. Sección de Exploraciones. Asturias. *Speleon*, t. IV, núm. 2, p. 105.

Llopis Lladó, N., 1970. *Fundamentos de Hidrogeología Cárstica*. Madrid: Blume.

López, P., 1981. Análisis polínico del yacimiento de Los Azules (Cangas de Onís. Oviedo). *Botánica Macaronésica*, 8-9, pp. 243-248.

López, P., 1986. Estudio palinológico del Holoceno español a través del análisis de yacimientos arqueológicos. *Trabajos de Prehistoria*, 43, pp. 143-158.

Madariaga de la Campa, B., 1967. El género *Patella* en la Bahía de Santander: características biológicas y bromatológicas. *Anales de la Facultad de Veterinaria de León*, 13, pp. 355-422.

Madariaga de la Campa, B., 1976. Consideraciones acerca de la utilización del pico marisquero del Asturiense. En *XL Aniversario del Centro de Estudios Montañeses*, t. 3. Santander: Institución Cultural de Cantabria, pp. 437-451.

Madariaga de la Campa, B., 1980. Estudio de las comunidades de moluscos de la Cueva de El Pendo. En *El yacimiento de la Cueva de El Pendo (excavaciones 1953-57)*, J. González Echegaray, L. G. Freeman, I. Barandiarán, J. M. Apellániz, K. W. Butzer, C. Fuentes Vidarte, B. Madariaga de la Campa, J. A. González Morales & A. Leroi-Gourhan. Bibliotheca Praehistorica Hispana, XVII. Madrid, pp. 241-245.

Madariaga de la Campa, B., 1994. Consideraciones sobre la fauna malacológica en el Paleolítico cantábrico. En *Homenaje al Dr. Joaquín González Echegaray*. Santander: monografía núm. 17 del Centro de Investigación y Museo de Altamira, pp. 131-139.

Maggi, R. & Negrino, F., 1994. Upland settlement and technological aspects of the eastern ligurian Mesolithic. *Preistoria Alpina*, 28, pp. 373-396.

Mallo, M., Chapa, T. & Hoyos, M., 1980-81. Identificación y estudio de la Cueva del Río (Ribadesella, Asturias). *Zephyrus*, XXX-XXXIII, pp. 231-243.

Mallo, M. & Suárez Díaz-Estebanez, J. M., 1972-73. Las pinturas de las Cuevas de la Riera y de Balmori. *Zephyrus*, XXIII-XXIV, pp. 19-42.

Maradona Adiego, J. A. & Martínez Faedo, L., 1991, inédito. *Inventario Arqueológico de Tapia de Casariego*. Oviedo: Consejería de Cultura.

Maradona Adiego, J. A. & Martínez Faedo, L., 1995. Inventario Arqueológico del concejo de Tapia de Casariego. *Excavaciones Arqueológicas en Asturias, 1991-94*, 3, pp. 174-175.

Margalef, R., 1956. Oscilaciones del clima postglaciar del Noroeste de España registradas en los sedimentos de la Ría de Vigo. *Zephyrus*, VII, pp. 5-9.

Mariezkurrena, C., 1990. Dataciones absolutas para la arqueología vasca. *Munibe*, 42, pp. 287-304.

Mariezkurrena, K., 1990. Caza y domesticación durante el Neolítico y Edad de los Metales en el País Vasco. *Munibe*, 42, pp. 241-252.

Mariezkurrena, K. & Altuna Echave, J., 1995. Fauna de mamíferos del yacimiento costero de Herriko Barra (Zarautz, País Vasco). *Munibe*, 47, pp. 23-32.

Mariscal Álvarez, B., 1983. Estudio polínico de la turbera del Cueto de la Avellanosa, Polaciones (Cantabria). *Cuadernos do Laboratorio Xeolóxico de Laxe*, pp. 205-226.

Maroto Genover, J., 1992. La Geología aplicada a la Prehistoria. En *Ciencias, metodologías y técnicas aplicadas a la Arqueología*, ed. I. Roda. Barcelona-Bellaterra: Fundacio "La Caixa" & Publicacions de la Universitat Autonoma de Barcelona, pp. 19-29.

Márquez Romero, J. E. & Morales Melero, A., 1986. La habitabilidad de las cuevas: análisis morfológico. *Arqueología Espacial*, 7, pp. 169-181.

Márquez Uría, Mª C., 1974. Trabajos de campo realizados por el Conde de la Vega del Sella. *Boletín del Instituto de Estudios Asturianos*, 83, pp. 811-835.

Marquínez, J., 1992. Tectónica y relieve de la Cornisa Cantábrica. En *The late Quaternary in the western Pyrenean region*, eds. A. Cearreta & F. M. Ugarte. Bilbao: Servicio de Publicaciones de la Universidad del País Vasco, pp. 143-159.

Martínez, A., 1985a, inédito. *Carta Arqueológica de Cangas de Onís*. Oviedo: Consejería de Cultura.

Martínez, A., 1985b, inédito. *Carta Arqueológica de Onís*. Oviedo: Consejería de Cultura.

Martínez, A., Cabo, C. & Villa, A., 1989, inédito. *Carta Arqueológica del concejo de Villaviciosa*. Oviedo: Consejería de Cultura.

Martínez, A., Requejo, O. & Cabo, C., 1990, inédito. *Inventario Arqueológico del concejo de Gijón*. Oviedo: Consejería de Cultura.

Martínez, A., Requejo, O., Cabo, C. & Jiménez, M., 1992. Las Cartas Arqueológicas de Gijón y Villaviciosa. Método y resultados. *Excavaciones Arqueológicas en Asturias, 1987-90*, 2, pp. 237-245.

Martínez Faedo, L. & Díaz García, F., 1994, inédito. *Carta Arqueológica de Nava*. Oviedo: Consejería de Cultura.

Martínez Faedo, L. & Díaz García, F., 1995, inédito. *Carta Arqueológica de Candamo*. Oviedo: Consejería de Cultura.

Mary, G., 1983. Evolución del margen costero de la cordillera cantábrica en Asturias desde el Mioceno. *Trabajos de Geología*, 13, pp. 3-35.

Mary, G., 1992. La evolución del litoral cantábrico durante el Holoceno. En *The late Quaternary in the western Pyrenean region*, eds. A. Cearreta & F. M. Ugarte. Bilbao: Servicio de Publicaciones de la Universidad de Cantabria, pp. 161-170.

Mary, G. & Medus, J., 1993. El Holoceno de la región de San Vicente de la Barquera (Cantabria y Asturias). *Actas de la 2ª Reunión del Cuaternario Ibérico*. Madrid, pp. 961-964.

Mateu, J. F., Martí, B., Robles, F. & Acuña, J. D., 1985. Paleogeografía litoral del Golfo de Valencia durante el Holoceno inferior a partir de yacimientos prehistóricos. En *Homenaje a Juan Cuerda*. Valencia: Universitat de València, Eidgenössiche Technische Hochschule (Zürich) & Universitat de Palma de Mallorca, pp. 77-101.

Menéndez Amor, J., 1950a. Estudio de las turberas de la zona oriental asturiana. *Las Ciencias*, vol. XV, núm. 4, pp. 801-816.

Menéndez Amor, J., 1950b. Perfiles polínicos de las turberas de las rasas asturianas. *XIII Congresso Luso-Espanhol para o Progresso das Ciências*, t. V, 4ª secçao. Lisboa, pp. 351-364.

Menéndez Amor, J., 1968. Estudio esporo-polínico de una turbera en el Valle de la Nava (provincia de Burgos). *Boletín de la Real Sociedad Española de Historia Natural (Geología)*, 66, pp. 35-39.

Menéndez Amor, J. & Florschütz, F., 1961. Contribución al conocimiento de la historia de la vegetación en España durante el Cuaternario. *Estudios Geológicos*, XVII, pp. 83-99.

Menéndez Amor, J. & Florschütz, F., 1963. Sur les éléments steppiques dans la végétation quaternaire de l'Espagne. *Boletín de la Real Sociedad Española de Historia Natural (Geología)*, 61, pp. 121-133.

Montserrat Martí, J. M., 1992. *Evolución glaciar y postglaciar del clima y la vegetación en la vertiente sur del Pirineo: estudio palinológico*. Zaragoza: monografías del Instituto Pirenaico de Ecología, 6.

Moreno Nuño, R., 1995a. Catálogo de malacofaunas de la Península Ibérica. *Archaeofauna*, 4, pp. 143-272.

Moreno Nuño, R., 1995b. Arqueomalacofaunas de la Península Ibérica: un ensayo de síntesis. *Complutum*, 6, pp. 353-383.

Mörner, N. A., 1995. Sea level and climate-the decadal -to-century signals. *Journal of Coastal Research Special Issue*, 17, pp. 261-268.

Moure Romanillo, A., 1992. *La Cueva de Tito Bustillo. El arte y los cazadores del Paleolítico*. Gijón: Trea.

Moure Romanillo, A. & Cano Herrera, M., 1976. La Cueva del Río de Ardines (Ribadesella, Asturias). *Boletín del Instituto de Estudios Asturianos*, 87, pp. 260-271.

Mújica, J. A. & Armendáriz, A., 1991. Excavaciones en la estación megalítica de Murumendi (Beasain, Gipuzkoa). *Munibe*, 43, pp. 105-165.

Newell, R. C., Pye, V. I. & Ahsanullah, M., 1971. The effect of thermal acclimation on the heat tolerance of the intertidal prosobranchs *Littorina littorea* (L.) and *Monodonta lineata* (Da Costa). *Journal of Experimental Biology*, 54, pp. 525-533.

Obermaier, H., 1916. *El Hombre Fósil*. Madrid: Comisión de Investigaciones Paleontológicas y Prehistóricas, 9.

Obermaier, H., 1924. *Fossil Man in Spain*. New Haven: The Hispanic Society of America by the Yale University Press.

Obermaier, H., 1925. *El Hombre Fósil*. Madrid: Comisión de Investigaciones Paleontológicas y Prehistóricas, 9 (2ª ed. refundida y ampliada). Edición facsimilar editada y coordinada por J. M. Gómez-Tabanera (Madrid 1985).

Ormazabal, A., 1994. Las industrias prehistóricas del yacimiento de San Juan (Castro-Urdiales, Cantabria) y su contextualización cronológica y cultural. *Veleia*, 11, pp. 7-22.

Ortea Rato, J. A., 1980. El género *Patella* Linné 1758 en Asturias. *Boletín de Ciencias de la Naturaleza*, 26, pp. 57-72.

Ortea Rato, J. A., 1986. The malacology of La Riera cave. En *La Riera Cave. Stone Age hunter-gatherer adaptations in northern Spain*, eds. L. G. Straus & G. A. Clark. Tempe: Arizona State University, pp. 289-298.

Palmer, S., 1989. Mesolithic sites of Portland and their significance. En *The Mesolithic in Europe*, ed. C. Bonsall. Edinburgh: John Donald Publishers Ltd, pp. 254-257.

Palmer, S., 1990. Culverwell. Unique opportunities for studying the intra-site structure of a mesolithic habitation site in Dorset, England. En *Contributions to the Mesolithic in Europe*, eds. P. M. Vermeersch & P. Van Peer. Leuven: Leuven University Press, pp. 87-91.

Pemán, E., 1990. Los micromamíferos en el Pleistoceno Superior del País Vasco. *Munibe*, 42, pp. 259-262.

Peñalba, Mª C., 1988a. Análisis polínicos de dos turberas holocenas de Navarra, España. En *Actas del VI Simposio de Palinología (A.P.L.E.)*, eds. J. Civis Llovera & Mª J. Valle Hernández. Salamanca, pp. 327-331.

Peñalba, Mª C., 1988b. Analyse pollinique de quatre tourbières du Pays Basque Espagnol. *Institut Français de Pondichéry, Travaux de la Section Scientifique et Technique*, XXV, pp. 65-71.

Peñalba, Mª C., 1992. La vegetación y el clima en los montes vascos durante el Pleistoceno superior y el Holoceno según los análisis polínicos. En *The late Quaternary in the western Pyrenean región*, eds. A. Cearreta & F. M. Ugarte. Bilbao: Servicio de Publicaciones de la Universidad del País Vasco, pp. 171-182.

Peñalba, Mª C., 1993. Biogeografía holocena de las principales especies forestales del norte de la Península Ibérica. *Cuadernos de Sección, Historia 20*, pp. 391-409.

Pérez Pérez, M., 1974. Sobre la tipología del pico asturiense. *Boletín del Instituto de Estudios Asturianos*, 81, pp. 3-19.

Pérez Pérez, M., 1975. Los yacimientos prehistóricos de la Región del Cabo Peñas. *XIII Congreso Nacional de Arqueología*. Zaragoza, pp. 109-119.

Pérez Pérez, M., 1977. Presentación de algunos materiales procedentes de la Cueva Oscura de Ania. *XIV Congreso Nacional de Arqueología*. Zaragoza, pp. 179-196.

Pérez Pérez, M. & González Menéndez, L., 1990. El yacimiento paleolítico de Santa María del Mar (Castrillón, Asturias). Características geológicas del entorno. *Boletín del Instituto de Estudios Asturianos*, 135, pp. 591-615.

Pérez Pérez, M. & González Menéndez, L., 1991. El yacimiento paleomesolítico de Pinos Altos -San Martín de Laspra, Castrillón (Asturias)- y su entorno geológico y ambiental". *Boletín de Ciencias de la Naturaleza*, 41, pp. 275-344.

Pérez Pérez, M. & González Menéndez, L., 1996. Nuevo yacimiento paleomesolítico en Aramar, Luanco (Gozón-Asturias) y sus aspectos geológicos. *Veleia*, 13, pp. 7-70.

Pérez Suárez, C., 1982, inédito. *Carta Arqueológica de los concejos de Llanes y Ribadedeva (Asturias)*. Memoria de licenciatura inédita. Universidad de Oviedo.

Pérez Suárez, C., 1992, inédito. *Carta Arqueológica de Llanes y Ribadedeva*. Oviedo: Consejería de Cultura.

Pérez Suárez, C., 1995. Carta arqueológica de los concejos de Llanes y Ribadedeva (1992). *Excavaciones Arqueológicas en Asturias, 1991-94*, 3, pp. 243-245.

Pérez Suárez, C. & Arias Cabal, P., 1979. Túmulos y yacimientos al aire libre de la Sierra Plana de la Borbolla. *Boletín del Instituto de Estudios Asturianos*, 98, pp. 695-715.

Pericot, L., 1942. *Historia de España. Épocas Primitiva y Romana*, t.1. Barcelona: Instituto Gallach de Librería y Ediciones (2ª ed.).

Pericot, L., 1950. *La España Primitiva*. Barcelona: Barna.

Quevauviller, P. & Moita, I., 1986. Histoire holocene d'un systeme transgressif: La plate-forme du nord Alentejo (Portugal). *Bulletin de l'Institut de Géologie du Bassin d'Aquitaine*, 40, pp. 85-95.

Quintanal Palicio, J. M., 1991. *Nuevos lugares prehistóricos de Asturias descubiertos por los Grupos de Espeleología "Polifemo" y "Oviedo"*. Oviedo: Gofer.

Ramil Rego, E., 1989-90. Habitabilidad cavernícola: elección de asentamientos. *Brigantium*, 6, pp. 191-197.

Ramil Rego, E., 1993. Evolución climática e historia de la vegetación durante el Pleistoceno superior y el Holoceno en las regiones montañosas del Noroeste Ibérico. En *La evolución del paisaje en las Montañas del entorno de los Caminos Jacobeos. Cambios ambientales y actividad humana*, eds. A. Pérez Alberti, L. Guitián & P. Ramil Rego. A Coruña: Xunta de Galicia, pp. 25-60.

Ramil Soneira, J. & Pena Puentes, R., 1994. Conjunto lítico de Sarello (Serantes). Rasa litoral cantábrica. *Gallaecia*, 13, pp. 489-494.

Rasilla Vives, M. de la, 1982. Notas sobre la relación hombre/medio ambiente en el Paleolítico superior de la región cantábrica. *Helike*, 1, pp. 19-30.

Rasilla Vives, M. de la, 1983. Distribución y dispersión de yacimientos paleolíticos en Asturias y Santander. *Homenaje al Prof. Martín Almagro Basch I*. Madrid: Ministerio de Cultura, pp. 171-178.

Rasilla Vives, M. de la, 1984. Asentamientos del Paleolítico Superior en Asturias y Santander: Distribución, incidencia del medio físico y relaciones. *Arqueología Espacial*, 2, pp. 165-179.

Rasilla Vives, M. de la, 1990. Cueto de la Mina. Campañas 1981-1986. *Excavaciones Arqueológicas en Asturias, 1983-86*, 1, pp. 79-86.

Rasilla Vives, M. de la, 1991. *El Conde de la Vega del Sella y la Arqueología Prehistórica en Asturias*. Oviedo: Principado de Asturias.

Renault-Miskovsky, J. & Leroi-Gourhan, A., 1981. Palynologie et Archéologie: nouveaux résultats, du Paléolithique supérieur au Mésolithique. *Bulletin de l'Association Française pour l'Étude du Quaternaire*, 3-4, pp. 121-128.

Ríos González, S., 1995. Resumen de la carta arqueológica de Proaza. *Excavaciones Arqueológicas en Asturias, 1991-94*, 3, pp. 200-202.

Roche, J., 1989. Spatial organization in the mesolithic sites of Muge (Portugal). En *The Mesolithic in Europe*, ed. C. Bonsall. Edinburgh: John Donald Publishers Ltd, pp. 607-613.

Rodríguez Asensio, J. A., 1978. Nota preliminar sobre las excavaciones en el yacimiento de Bañugues (Gozón-Asturias). *Boletín del Instituto de Estudios Asturianos*, 93-94, pp. 357-368.

Rodríguez Asensio, J. A., 1983. *La presencia humana más antigua en Asturias (El Paleolítico Inferior y Medio)*. Oviedo: Fundación Pública de Cuevas y Yacimientos Prehistóricos de Asturias.

Rodríguez Asensio, J. A., 1987. Cueva de la Lluera, Priorio (Oviedo). *Arqueología 84-85*, pp. 29-30.

Rodríguez Asensio, J. A., 1990. Excavaciones arqueológicas realizadas en la Cueva de La Lluera (San Juan de Priorio, Oviedo). *Excavaciones Arqueológicas en Asturias, 1983-86*, 1, pp. 15-17.

Rodríguez Asensio, J. A., 1992. La Cueva de Trescalabres (Posada de Llanes, Asturias) y sus pinturas rupestres. *Excavaciones Arqueológicas en Asturias, 1987-90*, 2, pp. 81-87.

Rodríguez Asensio, J. A., 1995a. Gijón antes de Gijón: los inicios. En *Astures. Pueblos y Culturas en la Frontera del Imperio Romano*. Gijón: Gran Enciclopedia Asturiana, pp. 189-199 y 302.

Rodríguez Asensio, J. A., 1995b. Excavaciones arqueológicas en Cabo Busto (Valdés). Un asentamiento achelense. *Excavaciones Arqueológicas en Asturias, 1991-94*, 3, pp. 7-18.

Rodríguez Asensio, A. & Flor Rodríguez, G., 1980-81. Estudio del yacimiento prehistórico de Bañugues y su medio de depósito (Gozón, Asturias). *Zephyrus*, XXX-XXXIII, pp. 205-222.

Rodríguez Asensio, A. & Noval Fonseca, M. A., 1998. *Gijón antes de Gijón. Breve aproximación a los primeros grupos predadores en la Prehistoria de Asturias*. Gijón: Gran Enciclopedia Asturiana & Ayuntamiento de Gijón.

Rodríguez Asensio, J. A. & Quintanal Palicio, J. M., 1995. Exploración del monte La Llera y sus cavidades

(Posada de Llanes). *Excavaciones Arqueológicas en Asturias, 1991-94*, 3, pp. 61-62.

Rodríguez Otero, V., 1985-86a, inédito. *Carta Arqueológica de Siero*. Oviedo: Consejería de Cultura.

Rodríguez Otero, V., 1985-86b, inédito. *Carta Arqueológica de Noreña*. Oviedo: Consejería de Cultura.

Rodríguez Otero, V., 1990, inédito. *Inventario Arqueológico de las Peñamelleras*. Oviedo: Consejería de Cultura.

Rodríguez Otero, V. & Camino Mayor, J., 1989a, inédito. *Inventario Arqueológico del concejo de Tineo*. Oviedo: Consejería de Cultura.

Rodríguez Otero, V. & Camino Mayor, J., 1989b, inédito. *Carta Arqueológica del concejo de Salas*. Oviedo: Consejería de Cultura.

Romero, D. & Sendín, M. A., 1985. El karst litoral del oriente asturiano y su aprovechamiento humano. *Ería*, 1985 (Noticias y materiales), pp. 123-145.

Ruddiman, W. F. & Mcintyre, A., 1981. The north Altantic Ocean during the last deglaciation. *Palaeogeography, Palaeoclimatology, Palaeoecology*, 35, pp. 145-214.

Salas, L., 1995. Correlación entre el clima y la transgresión marina holocena en el Cantábrico. *Actas da 3ª Reuniao do Quaternário Ibérico*. Coimbra, pp. 309-313.

Sánchez Goñi, Mª F., 1993a. *De la taphonomie pollinique à la reconstitution de l'environnement. L'exemple de la région cantabrique*. Oxford: BAR International Series 586.

Sánchez Goñi, Mª F., 1993b. Criterios de base tafonómica para la interpretación de análisis palinológicos en cueva: el ejemplo de la región cantábrica. *Estudios sobre Cuaternario*, 1993, pp. 117-130.

Sánchez Goñi, Mª F., 1994. L'environnement de l'homme préhistorique dans la région cantabrique d'après la taphonomie pollinique des grottes. *L'Anthropologie*, t. 98, núms. 2-3, pp. 379-417.

Sánchez Goñi, Mª F., 1996a. Les changements climatiques du Paléolithique supérieur. Enquête sur le rapport entre Paléoclimatologie et Préhistoire. *Zephyrus*, XLIX, pp. 3-36.

Sánchez Goñi, Mª F., 1996b. Vegetation and sea level changes during the Holocene in the estuary of the Bidasoa (Southern part of the bay of Biscay). *Quaternaire*, vol. 7, núm. 4, pp. 207-219.

Selby, M. J., 1985. *Earth's changing surface*. Oxford: Clarendon Press.

Shennan, S., 1992. *Arqueología cuantitativa*. Barcelona: Crítica.

Sierra Piedra, G. & Díaz Nosty, B., 1992, inédito. *Carta Arqueológica de los concejos de Gozón y Carreño*. Oviedo: Consejería de Cultura.

Soares, J., 1992. Les territorialités produites sur le littoral centre-sud du Portugal au cours du processus de neólithisation. *Setúbal Arqueologica*, IX-X, pp. 17-35.

Soares, J., 1995. Mesolítico-Neolítico na costa sudoeste: transformações e permanências. *Trabalhos de Antropologia e Etnologia*, vol. 35, núm. 2, pp. 27-45.

Sokal, R. R. & Rohlf, F. J., 1969. *Biometría. Principios y métodos estadísticos en la investigación biológica*. Madrid: H. Blume.

Solé Sabaris, L., 1987. La Meseta y sus rebordes. En *Geografía general de España*, dir. M. de Terán, L. Solé Sabarís & J. Vilá Valentí. Barcelona: Ariel (1ª ed. 1978), pp. 47-82.

Sørensen, S. A., 1992-93. Lollikhuse, a dwelling site under a kitchen midden. *Journal of Danish Archaeology*, 11, pp. 19-29.

Straus, L. G., 1979a. Mesolithic adaptations along the northern coast of Spain. *Quaternaria*, 21, pp. 305-327.

Straus, L. G., 1979b. Caves: a palaeoanthropological resource. *World Archaeology*, vol. 10, núm. 3, pp. 331-339.

Straus, L. G., 1981. On marine hunter-gatherers: a view from Cantabrian Spain. *Munibe*, 33, pp. 171-173.

Straus, L. G., 1985. Chronostratigraphy of the Pleistocene-Holocene transition: the Azilian problem in the Franco-Cantabrian Region. *Palaeohistoria*, 27, pp. 89-122.

Straus, L. G., 1986. A comparison of La Riera assemblages with those from contemporary sites in Cantabrian Spain. En *La Riera Cave. Stone Age hunter-gatherer adaptations in northern Spain*, eds. L. G. Straus & G. A. Clark. Tempe: Arizona State University, pp. 219-236.

Straus, L. G., 1988-89. Upper Paleolithic and Mesolithic artifacts from Cantabrian Spain in the Museu Nacional de Arqueologia e Etnologia (Lisboa). *O Arqueólogo Português*, série IV, núms. 6/7, pp. 23-42.

Straus, L. G., 1992. *Iberia before the iberians. The Stone Age Prehistory of Cantabrian Spain*. Alburquerque: University of New Mexico Press.

Straus, L. G., 1995a. A través de la frontera Pleistoceno-Holoceno en Aquitania y en la Península Ibérica: cambios ambientales y respuestas humanas. En *El Final del Paleolítico Cantábrico*, eds. A. Moure & C. González Sainz. Santander: Universidad de Cantabria, pp. 341-363.

Straus, L. G., 1995b. Diversity in the face of adversity: Human adaptations to the environmental changes of the Pleistocene-Holocene transition in the Atlantic Regions of Aquitaine, Vasco-Cantabria and Portugal. En *Los últimos cazadores. Transformaciones culturales y económicas durante el Tardiglaciar y el inicio del Holoceno en el ámbito mediterráneo*, ed. V. Villaverde. Alicante: Instituto de Cultura Juan Gil-Albert & Diputación de Alicante, pp. 9-22.

Straus, L. G. & Clark, G. A., 1986a. La Riera archaeological remains. Level contents and characteristics. En *La Riera Cave. Stone Age hunter-gatherer adaptations in northern Spain*, eds. L. G. Straus & G. A. Clark. Tempe: Arizona State University, pp. 75-187.

Straus, L. G. & Clark, G. A., 1986b. Synthesis and conclusions-Part II: The La Riera excavation, chronostratigraphy, paleoenvironments and cultural sequence in perspective. En *La Riera Cave. Stone Age hunter-gatherer adaptations in northern Spain*, eds. L. G. Straus & G. A. Clark. Tempe: Arizona State University, pp. 367-383.

Straus, L. G. & Clark, G. A. eds, 1986c. *La Riera Cave. Stone Age hunter-gatherer adaptations in northern Spain*. Tempe: Arizona State University.

Straus, L. G., Clark, G. A., Altuna, J., González Morales, M. R., Laville, H., Leroi-Gourhan, A., Menéndez, M. & Ortea, J., 1983. Excavaciones en la Cueva de La Riera (1976-1979): un estudio inicial. *Trabajos de Prehistoria*, 40, pp. 9-57.

Straus, L. G., Clark, G. A., Altuna, J., Ortea, J., 1980. Subsistencia en el norte de España durante la última glaciación. *Investigación y Ciencia*, 47, pp. 78-87.

Straus, L. G., Clark, G. A. & González Morales, M. R., 1978. Cronología de las industrias del Würm tardío y del Holoceno temprano en Cantabria: Contribuciones del Proyecto Paleoecológico de la Riera. En *C-14 y Prehistoria de la Península Ibérica*, M. Almagro-Gorbea *et al*. Madrid, pp. 37-43.

Straus, L. G. & González Morales, M. R., 1996. Preliminary excavations in El Miron cave (Ramales de la Victoria, Cantabria, Spain). *Old World Archaeology Newsletter*, vol. XX, num. 1, pp. 14-18.

Suárez Vega, L. C., 1974. *Estratigrafía del Jurásico en Asturias*, 2 tomos. Cuadernos de Geología Ibérica, t. 5, nº 3. Oviedo: C.S.I.C.

Sullivan, A. P., 1978. Inference and evidence in Archaeology: a discussion of the conceptual problems. En *Advances in Archaeological Method and Theory*, vol. 1, ed. M. B. Schiffer. San Diego, pp. 183-222.

Ters, M., 1973. Les variations du niveau marin depuis 10.000 ans, le long du littoral Atlantique Français. En *Le Quaternaire: Geodynamique, Stratigraphie et Environnement, Travaux Recent, 9éme Congrés Internationale de l'INQUA*. Christchurch (New Zealand), pp. 114-135.

Ters, M., 1976. Les lignes de ravage holócene, le long de la côte atlantique française. En *La Préhistoire Française*, t. II. Paris: CNRS, pp. 27-30.

Ters, M., 1977. Le déplacement de la ligne de rivage, au cours de l'Holocène, le long de la cote Atlantique Française. En *Approche écologique de l'homme fossile*, dir. H. Laville & J. Renault-Miskovsky. Supplément au *Bulletin AFEQ*, núm. 47, pp. 179-181.

Texier, J. P., 1990. Bilan sur les paléoenvironnements des moustériens charentiens d'Europe occidentale d'après les donnees de la Géologie. En *Les Moustériens Charentiens*. Brive, 15-19.

Uría Ríu, J., 1958. Los cráneos prehistóricos de Valdediós. Noticia sobre su hallazgo. *Valdediós*, pp. 12-38.

Utrilla Miranda, P., 1981. *El Magdaleniense inferior y medio en la costa cantábrica*. Santander: monografía núm. 4 del Centro de Investigación y Museo de Altamira.

Utrilla Miranda, P., 1994. Campamentos-base, cazaderos y santuarios. Algunos ejemplos del paleolítico peninsular. En *Homenaje al Dr. Joaquín González Echegaray*. Santander: monografía núm. 17 del Centro de Investigación y Museo de Altamira, pp. 97-113.

Uzquiano, P., 1995. L'evolution de la vegetation a l'Holocene initial dans le nord de l'Espagne a partir de l'etude anthracologique de trois sites archeologiques. *Quaternaire*, vol. 6, núm. 2, pp. 77-83.

Vega del Sella, Conde de la, 1914. *La Cueva del Penicial (Asturias)*. Madrid: Comisión de Investigaciones Paleontológicas y Prehistóricas, 4.

Vega del Sella, Conde de la, 1915. Avance al estudio del Paleolítico Superior en la Región Asturiana. *Congreso de la Asociación Española para el Progreso de las Ciencias*. Madrid, pp. 139-160.

Vega del Sella, Conde de la, 1916. *Paleolítico de Cueto de la Mina (Asturias)*. Madrid: Comisión de Investigaciones Paleontológicas y Prehistóricas, 13.

Vega del Sella, Conde de la, 1921. *El Paleolítico de Cueva Morín (Santander) y Notas para la climatología cuaternaria*. Madrid: Comisión de Investigaciones Paleontológicas y Prehistóricas, 29 (Serie Prehistórica 25).

Vega del Sella, Conde de la, 1923. *El Asturiense. Nueva industria preneolítica*. Madrid: Comisión de Investigaciones Paleontológicas y Prehistóricas, 32 (Serie Prehistórica 27). En *La Cueva del Penicial y el Asturiense*. Reimp. en Biblioteca de Autores Asturianos, vol. 15, introducción de Mª C. Márquez Uría. Gijón 1991: Auseva.

Vega del Sella, Conde de la, 1925. La transición al Neolítico en la costa cantábrica. *Actas y Memorias de la Sociedad Española de Antropología, Etnografía y Prehistoria*, IV, Mem. XL, Sección 34, pp. 165-172.

Vega del Sella, Conde de la, 1927. La industria asturiense y el ídolo prehistórico de Peña Tú. *Ibérica*, 683, pp. 292-293.

Vega del Sella, Conde de la, 1930. *Las Cuevas de la Riera y Balmori (Asturias)*. Madrid: Comisión de Investigaciones Paleontológicas y Prehistóricas, 38 (Serie Prehistórica 29).

Vidal Romaní, J. R., 1980. Las cavidades naturales en granito. Posibles hábitats durante la Prehistoria de Galicia. *Gallaecia*, 6, pp. 191-196.

Villa Valdés, A., 1991, inédito. *Inventario Arqueológico del concejo de Valdés*. Oviedo: Consejería de Cultura.

Villa Valdés, A., 1992, inédito. *Inventario Arqueológico del concejo de El Franco*. Oviedo: Consejería de Cultura.

Villa Valdés, A., 1995. Inventario arqueológico del concejo de Valdés (1990). *Excavaciones Arqueológicas en Asturias, 1991-94*, 3, pp. 185-189.

Viniegra Pacheco, Y. & Camino Mayor, J., 1991, inédito. *Inventario Arqueológico del concejo de Castropol.* Oviedo: Consejería de Cultura.

Vita-Finzi, C. & Higgs, E. S., 1970. Prehistoric economy in the Mount Carmel area of Palestine. Site catchment analysis. *Proceedings of the Prehistoric Society,* XXXVI, pp. 1-37.

Waselkov, G. A., 1987. Shellfish gathering and shell midden archaeology. En *Advances in Archaeological Method and Theory,* vol. 10, ed. M. B. Schiffer. San Diego, pp. 93-210.

Woodman, P. C. & Andersen, E., 1990. The irish later Mesolithic: a partial picture. En *Contributions to the Mesolithic in Europe,* eds. P. M. Vermeersch & P. Van Peer. Leuven: Leuven University Press, pp. 377-387.

Yarritu, Mª J. & Gorrotxategi, X., 1995a. El Megalitismo en el Cantábrico oriental. Investigaciones arqueológicas en las necrópolis megalíticas de Karrantza (Bizkaia), 1979-1994. La necrópolis de Ordunte (Valle de Mena, Burgos), 1991-94. *Cuadernos de Sección, Prehistoria-Arqueología,* 6, pp. 155-198.

Yarritu, Mª J. & Gorrotxategi, X., 1995b. El poblamiento al aire libre durante el Neolítico y el Calcolítico en el Cantábrico oriental. Los poblados de Zalama, Ordunte (Valle de Mena, Burgos) e Ilso Betaio (Garape-Artzendariz, Enkarterria, Euskal Herria). *Cuadernos de Sección, Prehistoria-Arqueología,* 6, pp. 199-250.

Zapata, L., 1995a. La excavación del depósito sepulcral calcolítico de la Cueva Pico Ramos (Muskiz, Bizkaia). La industria ósea y los elementos de adorno. *Munibe,* 47, pp. 35-90.

Zapata, L., 1995b. El yacimiento arqueológico de la Cueva de Pico Ramos (Muskiz, Bizkaia). *Cuadernos de Sección, Prehistoria-Arqueología,* 6, pp. 251-257.

Zazo, C., Goy, J. L., Somoza, L., Dabrio, C. J., Belluomini, S. I., Lario, J., Bardají, T. & Silva, P. G., 1994. Holocene sequence of sea-level fluctuations in relation to climatic trends in the Atlantic-Mediterranean linkage coast. *Journal of Coastal Research,* 10 (4), pp. 933-945.

Zazo, C., Goy, J. L., Lario, J. & Silva, P. G., 1996. Littoral zone and rapid climatic changes during the last 20,000 years. The Iberia study case. *Zeitschrift fur Geomorphology,* 102, pp. 119-134.

Zubizarreta, A., 1995. La estación megalítica de Artxanda (Bilbao, Bizkaia). Excavación del dólmen de Hirumugarrieta 2. *Cuadernos de Sección, Prehistoria-Arqueología,* 6, pp. 259-276.

CARTOGRAFÍA BÁSICA

Instituto Geográfico y Catastral, 1943. *Mapa Topográfico Nacional de España*, E. 1:50.000, hoja núm. 32 (Llanes). Madrid.

Instituto Geográfico y Catastral, 1944. *Mapa Topográfico Nacional*, E. 1:50.000, hoja núm. 31 (Ribadesella). Madrid.

Instituto Geográfico Nacional, 1968. *Mapa Topográfico Nacional*, E. 1:50.000, hoja núm. 33 (Comillas). Madrid.

Instituto Geográfico Nacional, 1980a. *Mapa Topográfico Nacional de España*, E. 1:25.000, hoja núm. 11-IV (Luarca). Madrid.

Instituto Geográfico Nacional, 1980b. *Mapa Topográfico Nacional de España*, E. 1:25.000, hoja núm. 13-II (San Juan de Nieva). Madrid.

Instituto Geográfico Nacional, 1981a. *Mapa Topográfico Nacional de España*, E. 1:25.000, hoja núm. 14-I (Candás). Madrid.

Instituto Geográfico Nacional, 1981b. *Mapa Topográfico Nacional de España*, E. 1:25.000, hoja núm. 14-IV (Gijón). Madrid.

Instituto Geográfico Nacional, 1982a. *Mapa Topográfico Nacional de España*, E. 1:25.000, hoja núm. 13-IV (Avilés). Madrid.

Instituto Geográfico Nacional, 1982b. *Mapa Topográfico Nacional de España*, E. 1:25.000, hoja núm. 14-III (Gijón Oeste). Madrid.

Instituto Geográfico Nacional, 1982c. *Mapa Topográfico Nacional de España*, E. 1:25.000, hoja núm. 33-III (San Vicente de la Barquera). Madrid.

Instituto Geográfico Nacional, 1987a. *Mapa Topográfico Nacional de España*, E. 1:25.000, hoja núm. 31-I (Ribadesella). Madrid.

Instituto Geográfico Nacional, 1987b. *Mapa Topográfico Nacional de España*, E. 1:25.000, hoja núm. 31-II (Nueva). Madrid.

Instituto Geográfico Nacional, 1987c. *Mapa Topográfico Nacional de España*, E. 1:25.000, hoja núm. 31-IV (Benia). Madrid.

Instituto Geográfico Nacional, 1987d. *Mapa Topográfico Nacional de España*, E. 1:25.000, hoja núm. 56-I (Carreña-Cabrales). Madrid.

Instituto Geográfico Nacional, 1990a. *Mapa Topográfico Nacional de España*, E. 1:25.000, hoja núm. 32-I (Llanes). Madrid.

Instituto Geográfico Nacional, 1990b. *Mapa Topográfico Nacional de España*, E. 1:25.000, hoja núm. 32-III (Porrúa). Madrid.

Instituto Geográfico Nacional, 1990c. *Mapa Topográfico Nacional de España*, E. 1:25.000, hoja núm. 32-IV (Colombres). Madrid.

Instituto Geográfico Nacional, 1991a. *Mapa Topográfico Nacional de España*, E. 1:25.000, hoja núm. 30-II (Colunga). Madrid.

Instituto Geográfico Nacional, 1991b. *Mapa Topográfico Nacional de España*, E. 1:25.000, hoja núm. 30-I (Villaviciosa). Madrid.

Instituto Geológico y Minero de España, 1973a. *Mapa Geológico de España*, E. 1:50.000, hoja núm. 30 (Villaviciosa). Madrid.

Instituto Geológico y Minero de España, 1973b. *Mapa Geológico de España*, E. 1:50.000, hoja núm. 15 (Lastres). Madrid.

Instituto Geológico y Minero de España, 1973c. *Mapa Geológico de España*, E. 1:50.000, hoja núm. 14 (Gijón). Madrid.

Instituto Geológico y Minero de España, 1973d. *Mapa Geológico de España*, E. 1:50.000, hoja núm. 13 (Avilés). Madrid.

Instituto Geológico y Minero de España, 1976a. *Mapa Geológico de España*, E. 1:50.000, hoja núm. 33 (Comillas). Madrid.

Instituto Geológico y Minero de España, 1976b. *Mapa Geológico de España*, E. 1:50.000, hoja núm. 12 (Busto). Madrid.

Instituto Geológico y Minero de España, 1980a. *Mapa Geológico de España*, E. 1:50.000, hoja núm. 10 (Ribadeo). Madrid.

Instituto Geológico y Minero de España, 1980b. *Mapa Geológico de España*, E. 1:50.000, hoja núm. 11 (Luarca). Madrid.

Instituto Geológico y Minero de España, 1981. *Mapa Geológico de España*, E. 1:50.000, hoja núm. 32 (Llanes). Madrid.

Instituto Geológico y Minero de España, 1986. *Mapa Geológico de España*, E. 1:50.000, hoja núm. 31 (Ribadesella). Madrid.

Instituto Hidrográfico de la Marina, 1991. *De Comillas al puerto de Llanes*, Carta núm. 938. Cádiz.

Servicio Geográfico del Ejército, 1988. *Cartografía Militar de España. Mapa General*, Serie L, E. 1:50.000, hoja núm. 10 (Ribadeo). Madrid.

Servicio Geográfico del Ejército, 1989. *Cartografía Militar de España. Mapa General*, Serie L, E. 1:50.000, hoja núm. 15 (Lastres). Madrid.

ÍNDICE ALFABÉTICO DE YACIMIENTOS

Abrigo I del Puerto de Vidiago: XII, 62, 87.
Abrigo II de la Torre: XII, 63.
Abrigo II del Puerto de Vidiago: XII, 62, 94.
Águila II, cueva del: XII, 61.
Águila, cueva del: XII, 61.
Aitzbitarte IV, cueva de: 36.
Alloru, abrigo del: XII, 57.
Anton Koba: 27.
Aramar, playa de: 40, 42.
Arangas, cueva de: 1,18,19, 20, 22, 23, 24, 25, 26, 27, 70, 103.
Arenaza, cueva de: 28, 31, 32, 33.
Arenillas, abrigo de: XII, 64, 99, 100.
Arenillas, cueva de: 33.
Arnero, cueva de: 51, 55.
Azules, cueva de los: 1,3,4,6, 22, 23,24, 25, 26, 36, 77.
Balmori, cueva de: 3,16, 22, 23, 26, 37, 40, 57, 76, 94.
Bañugues, ensenada de: 9, 18, 39, 42, 72, 73, 94.
Barra, cueva de la: XII, 13, 69, 80, 87, 88, 90, 94, 100.
Beg-er-vil: 99.
Boheriza 2: 33.
Bones, cueva de: 44, 55.
Boquera, cueva de la: 46, 48, 55.
Boriza, cueva de la: XII, 54.
Boriza, cuevas de la: XII, 57.
Bricia II, cueva de: 52, 55.
Bricia IV, cueva de: 51, 55.
Bricia, cueva de: 17, 25, 29, 35, 36, 37, 52, 55, 76, 94.
Cabaña 2: 33.
Cabra Muerta, playa de: 35, 39, 42.
Cabrera, cueva de la: XII, 67, 74, 89, 94, 100.
Camaleón, cueva del: 50, 55.
Cámara, cueva de: 53, 54, 55, 94, 97, 99.
Canes, cueva de los: 1,2,18,19,20, 22, 23, 24, 25, 26, 27, 29, 30, 31, 32, 33, 70, 103, 104.
Cantón I: 30.
Cáraba, cueva de: XII, 62.
Carabu, cueva del: 48, 55.
Carmona, cueva de: 44, 55, 73.
Castiello, abrigos del: XII, 54.
Castillo, cueva del: 26.
Castru los Conejos, cueva del: XII, 69.
Cementerio, cueva del: 47, 55.
Cendres, cova de les: 9.
Ceñil, cueva de: 46, 55, 94.
Chora, cueva de la: 33.
Ciernes, cueva: XII, 60.
Cierro, cueva del: 37, 45, 55.
Coberizas, cueva de: 23, 25, 36, 37, 50, 55.
Collamosa, cueva de: XII, 59.
Collubil, cueva de: 23.
Collubina, cueva: XII, 59.
Colmenera, cueva de la: XII, 58, 87, 88.

Colomba, cueva de: 50, 55.
Comontan, cueva del: 48, 55.
Cordoveganes, cueva de: XII, 61, 99.
Cotobasero 2: 33.
Covacha de la Torre: XII, 63.
Covajorno, cueva de: XII, 58.
Covariellas, las: XII, 66.
Cuartamentero, cueva de: XII, 59.
Cuerres, cueva de: 48, 55.
Cuesta Pimiango I: XII, 68, 80, 87, 88.
Cueto de la Mina: 16, 17, 22, 23, 26, 30, 52, 55, 76, 94.
Cuetu la Hoz, cueva del: 47, 55.
Cuetu Molín: XII, 61, 80, 86, 87.
Cuetu, cueva del: 35, 45, 48, 55.
Cuevona (Cue), la: XII, 59.
Cuevona de Tronía: XII, 66, 67, 90, 100.
Cuevona, la: 44, 55.
Culverwell: 75, 97.
Ekain, cueva de: 36.
Elefante, cueva del: XII, 59.
Entencueva, cueva de: XII, 61.
Ería la Rasa: 20, 38.
Espinoso, cueva del: 96.
Estany Gran d'Almerana: 9.
Fonfría, cueva de: XII, 16, 35, 37, 56, 72, 80, 87, 88, 94.
Fontica, cueva de la: 53, 55.
Fresno, cueva de: 45, 55.
Grandiella (Entrelascuevas), cueva de: XII, 58, 80, 87, 94, 95, 97, 98.
Gustianroi, cueva de: XII, 58.
Herriko Barra: 28, 29, 32, 33.
Hirumugarrieta 2: 33.
Horadada, cueva de: XII, 60.
Huerta l'Monge, cueva de la: XII, 64.
Hueso, cueva del: 14.
Jartosa, abrigos de la: XII, 63.
Juan de Covera, cueva de: XII, 37, 61.
Junco, cueva de: 47, 55.
Larrarte: 31, 32, 33.
L'Atalaya: 39, 42.
Llaguna de Niévares, la: 31, 32, 33.
Llamazúa, cueva: 53, 55, 94, 97, 98, 100.
Llamorey: 50, 55.
Llana, cueva de la: XII, 1, 30, 37, 60.
Llera, cueva de la: 51, 55.
Llongar, abrigo de la: XII, 30, 57.
Llonín, cueva de: 23, 26.
Lloseta, cueva de la: 23, 29, 30, 37, 46, 55.
Lluera, cueva de la: 2, 22, 23, 25, 26.
Lumentxa, cueva de: 36.
Madalenas, cueva de las: XII, 62, 99.
Mar, cuevas del: 9, 49, 55.
Maragateo, cueva de: XII, 62, 94.
Marizulo, cueva de: 33.
Mary, cueva: XII, 54.
Mazaculos I, cueva de: XII, 1, 66.
Mazaculos II, cueva de: XII, 1, 3, 4, 6, 16, 18, 23, 24, 25, 27, 29, 30, 31, 32, 33, 35, 36, 37, 65, 72, 76, 96, 97, 101.
Menores, cueva de los: XII, 56.

Mirón, cueva del: 26, 33.
Moita do Sebastiao: 75, 77, 99.
Molera, cueva de la: 47, 55.
Molino de Gasparin, abrigo del: XII, 37, 65, 87.
Molino, cueva del: 44, 55.
Monte Areo: 30, 31, 32, 33.
Mouligna: 33.
Muries, les: 38, 42.
Muro, cueva el: XII, 56.
Nerja, cueva de: 10.
Novales, cueva de: XII, 63.
Oscura de Ania, cueva: 3, 22, 23, 24, 25, 26.
Oscura de Perán, cueva: 14,18, 22, 23, 24, 26.
Palacio, cuevas del: 53, 55.
Pallota, abrigo de la: XII, 58.
Pallota, cueva de la: XII, 58.
Paloma, cueva de la: 22, 23, 26.
Pando, cueva de: 44, 55.
Panes, abrigos de: 23.
Parres, abrigo de: XII, 58.
Pedroses, cueva de les: 29, 30, 31, 32, 33, 45, 55.
Pendo, cueva del: 36.
Pendueles, abrigos de: XII, 29, 30, 63.
Penicial, cueva del: 15,16, 24, 25, 35, 36, 37, 49, 55.
Peña Caldeira: 14.
Peña del Perro, abrigo de la: 4, 9, 20, 26, 36, 37, 77.
Peña Oviedo: 30, 31, 32, 33.
Peña Tú: 16.
Peña, covachos de la: XII, 60, 80, 87, 94, 95, 100.
Pico Ramos, cueva de: 28, 29, 32, 33.
Piedrafita V: 30.
Piélago, cueva del: 26.
Pila, cueva de la: 26.
Piles, río: 40, 42.
Pindal, el: XII, 17, 23, 26, 37, 66, 80, 87, 88, 94.
Pinos Altos: 38, 48.
Posada, abrigo de: 51, 55.
Presa, cueva de la: 13, 35, 47, 48, 55, 94.
Providencia, la: 41, 42.
Puente de Puertas, abrigo del: XII, 61.
Punta de la Vaca de Luanco: 35, 39, 40, 42.
Punta Segareo: 39, 42.
Punteu, cueva: 49, 55, 99.
Purón, abrigo del río: XII, 9, 30, 61.
Quintana, abrigo de: XII, 54.
Quintanal, cueva del: XII, 57, 87.
Quintas, cueva de las: 51, 55.
Rascaño, cueva del: 26.
Riera, cueva de la: 2, 3, 4, 6,16,17,18, 21, 22, 23, 24, 25, 26, 27, 30, 31, 33, 36, 37, 52, 55, 76, 90, 94, 99, 101.
Salitre, cueva del: 26.
San Antolín, abrigos de: 51, 55, 100.
San Antonio, cueva de: 47, 55.
San Emeterio, abrigo de: XII, 67, 80, 87, 88.
San Juan: 26.
Sarello: 20, 38.
Sierra Plana de la Borbolla (Vidiago): XII, 16, 17, 18, 25, 27, 28, 63.
Silluca, cueva de la: XII, 9, 64.

Sobrepeña: 20, 41, 42, 94.
Sofoxo, cueva de: 23.
Sohornos, cueva de: XII, 60.
Sollao, cueva de: XII, 63.
Sonraxa, cueva de: XII, 60.
Sta. Marina, cueva de: XII, 62, 89.
Taraxu, cueva del: 73.
Tarrerón, cueva de: 26, 28, 29, 32, 33.
Tena, abrigo de la: 45, 55.
Tenis, cueva del: 46, 48, 55, 100.
Tina 2: XII, 29, 67, 68, 87, 99.
Tina 3: XII, 67, 87.
Tina 6: XII, 68.
Tina 7: XII, 68.
Tina 8: XII, 69.
Tito Bustillo, cueva de: 13.
Toral I, cueva del: XII, 59.
Toral III, cueva del: XII, 59.
Toralete II, cueva del: XII, 64.
Toralete, cueva del: XII, 64.
Torca del Alloru: 51, 55.
Toró, conchero de: XII, 59.
Torrevidiego, abrigo de: XII, 27, 58, 97, 100.
Trecha, cueva de la: 28, 29, 32, 33.
Trescalabres, cueva de: XII, 17, 37, 54.
Trescuetu, covacho de: XII, 62.
Trikuaizti I: 33.
Tronía, abrigo de: XII, 66, 90.
Uña, cueva de la: 26.
Valdediós, cueva de: 42, 73.
Valle, cueva del: 26.
Vega Chica I, cueva de: XII, 57.
Vega Chica II, cueva de: XII, 57.
Ventana, cuetu la: 44, 55.
Viesques: 18, 40, 42.
Volcán, cova del: 9, 10.
Zatoya, cueva de: 31.